浙江省普通高校“十三五”新形态教材

新 材 料 计 量 检 测 标 准 丛 书

功能材料计量与质量管理

Functional Materials Metrology and Quality Management

王疆瑛◎主　编

卫国英　张景基◎副主编

中国铁道出版社有限公司

CHINA RAILWAY PUBLISHING HOUSE CO., LTD.

内 容 简 介

本书是根据中国计量大学材料科学与工程专业教学计划和“功能材料计量与质量管理”课程教学大纲要求编写的。本书是材料科学与工程学科专业的一门主干课程，其宗旨是让学生在计量技术和质量等基础学习之上，对材料科学与工程专业涵盖的内容，特别是功能材料计量和质量管理有深入的了解和学习。本书介绍了计量学的概念及其发展、计量单位、量值传递与溯源、十大专业计量、功能材料计量、质量管理概论、质量控制技术、质量管理体系等内容。

本书可作为高等院校材料类专业及相关专业本科或研究生的教材，也可作为计量管理人员和从事相关工作人员的参考用书。

图书在版编目(CIP)数据

功能材料计量与质量管理 / 王疆瑛主编. —北京：中国铁道出版社有限公司，2020.11
(新材料计量检测标准丛书)
ISBN 978-7-113-27358-3

Ⅰ.①功… Ⅱ.①王… Ⅲ.①功能材料-计量②功能材料-质量管理 Ⅳ.①TB34

中国版本图书馆 CIP 数据核字(2020)第 203374 号

书　　名：功能材料计量与质量管理
作　　者：王疆瑛

策　　划：初　祎
责任编辑：尹　娜　钱　鹏　　**电话：**(010) 51873135　　**电子信箱：**624154369@qq.com
封面设计：刘　颖
责任校对：王　杰
责任印制：樊启鹏

出版发行：中国铁道出版社有限公司（100054，北京市西城区右安门西街 8 号）
网　　址：http://www.tdpress.com/51eds/
印　　刷：三河市宏盛印务有限公司
版　　次：2021 年 1 月第 1 版　2021 年 1 月第 1 次印刷
开　　本：787 mm×1 092 mm　1/16　**印张：**13.75　**字数：**322 千
书　　号：ISBN 978-7-113-27358-3
定　　价：38.00 元

前　　言

计量是国家质量基础设施的重要要素之一，发挥着基础性的技术支撑作用。计量是指实现单位统一、量值准确可靠的活动。计量是科学技术的基础，没有计量就没有科学。计量涉及国民经济和社会发展的各个领城、各个方面，是一个国家和地区核心竞争力的重要标志之一。新材料作为我国七大战略性新兴产业，是我国实现从工业大国向工业强国转型的基本保障。新材料是指具有优异性能的结构材料和特殊性质的功能材料，如高端金属结构材料、磁光电功能材料、新能源材料等，有着广阔的市场前景和重大需求。功能材料计量是指应用测量技术确定功能材料的固有内在特性和外延特性，包括组分特性、微观结构特性和物理、化学性能的表征与测量的科学。

质量发展是兴国之道，强国之策。质量反映一个国家的综合实力，是企业和产业核心竞争力的体现，也是国家文明程度的体现；是科技创新、资源配置、劳动者素质等因素的集成，又是法治环境、文化教育、诚信建设等方面的综合反映。质量强国已成为国家战略，提升全民质量素养是质量强国战略的重要基石，全面的质量提升必然要求强化全民的质量意识和素养作为思想引领。

为了材料类专业的学生更好地了解计量的发展和在功能材料中的应用以及质量的重要性，掌握必备的计量及其发展、计量技术、功能材料计量以及质量等方面的基础知识，进一步巩固功能材料计量的工作原理和质量管理方法，增强对功能材料计量与质量管理工作的认识，培养学生的计量和质量意识、分析和解决问题的能力，编者在充分搜集有关计量及其技术、功能材料计量和质量管理方面文献资料的基础上，编写了本书。

本书是根据中国计量大学材料科学与工程专业教学计划和“功能材料计量与质量管理”课程教学大纲要求编写的。本书是材料科学与工程专业的一门主干课程，其宗旨是让学生在计量技术和质量等基础学习之上，对材料科学与工程专业涵盖的内容，特别是功能材料计量和质量管理有深入的了解和学习。

全书内容共 8 章，第 1 章到第 5 章为功能材料计量，主要包括计量学概念及其发展，使读者了解计量的定义、起源、发展和重要性；介绍了计量单位，使读者了解单位制、国际单位制、基本物理常数和单位的量子基准；介绍量值传递与溯源，使读者了解计量基准、计量标准、测量器具、量值传递与溯源、标准物质和测量不确定度等；介绍功能材料计量，使读者了解功能材料概念与分类、十大专业计量、功能材料计量的内容、功能材料计量检测测量不确定度评定和功能材料计量的应用实例等。第 6 章至第 8 章为质量管理，主要包括质量管理概论、质量控制技术和质量管理体系，使读者了解质量与质量管理的基本知识和原理、质量管理技术方法和质量管理体系等。本书每章后都留有一定量的习题，这些习题是为了巩固每章知识点和检验知识掌握程度而设置的。

本书由中国计量大学王疆瑛任主编，由中国计量大学张景基和卫国英任副主编。具体编写分工如下：第1章、第2章、第5章、第6章由王疆瑛编写，第3章、第7章由张景基编写。第4章、第8章由卫国英编写，全书由王疆瑛统稿。

本书得到浙江省普通高校“十三五”新形态教材项目和中国计量大学国家一流专业材料科学与工程专业建设资助，特此感谢。

本书可作为高等学校材料类专业及相关专业本科或研究生的教材，内容取舍受到学时的限制，对于本书未涉及的内容，有兴趣的读者可查阅所列的参考资料。

限于作者的知识水平，错误和不当之处在所难免，敬请广大读者不吝指正。

编　者

2020.7

目　　录

第一篇　功能材料计量

第二篇　质量管理

第一篇　功能材料计量

第1章　计量概念及其发展

“计量”这个名词，在新中国成立之前称为“度量衡”，即关于长度、容量和质量的计算。新中国成立后，1953年确认采用“计量”一词，取代使用了几千年的度量衡，并赋予了更广泛的内容。按照计量技术规范JJF 1001—2011《通用计量术语及定义》，“计量”是指实现单位统一、量值准确可靠的活动。

计量源于测量，而又严于一般测量，它涉及整个测量领域，并按法律规定，对测量起着指导、监督、保证的作用。计量和测量是两个词，在含义上有所不同。测量（measurement）：以确定被测对象量值为目的的全部操作。计量不是一个单纯的测量活动，也不是单一的技术行为或动作，而是围绕测量的一系列活动。因此，与一般测量工作相比，计量具有更广泛的工作内涵和更严谨的科学要求。计量工作是一项具有丰富的组织管理内涵和专门的科学技术知识的系统工程，在维护社会公平和促进经济发展方面发挥着重要的作用。计量的重要性决定了计量具有准确性、一致性、溯源性和法制性的特点。

计量的概念是随着社会生产的发展逐步形成的。当生产的发展和商品的交换变成社会性活动时，客观上就需要测量单位的统一，并要求在一定准确度内对同一物体在不同地点，用不同的测量手段，达到其测量结果一致。为此，就要求以法定的形式建立统一的单位制，建立计量基准、标准，并以这种计量基准、标准检定其他计量器具，保证量值准确可靠。量值准确可靠的测量，包含为达到测量单位统一、测量量值准确可靠的全部活动，如确定计量单位制，研究建立计量基准、标准，进行量值传递、计量监督管理等。

计量涉及工农业生产、国防建设、科学试验。国内外贸易及人民生活、健康、安全等各方面，是国民经济的一项重要技术基础。随着社会经济迅速发展，计量已经从古代的度量衡，逐步发展为长度、温度、力学、电磁学、光学、声学、化学、无线电、时间频率、电离辐射等各种专业，形成了有关测量知识领域的一门独立的学科——计量学。可以说凡是为实现单位统一，保障量值准确可靠的一切活动，均属于计量的范围。

纵观历史，计量从来都是统一管理国家、维持国家秩序的重要手段。中国古代历朝更替，必重整度量衡。可以说，度量衡的统一是国家统一的重要标志。1985年，《中华人民共和国计量法》公布，标志着中国计量工作从行政管理走向法治管理，并逐渐与国际接轨。

如今，计量已经被赋予新的内涵和使命，成为国家核心竞争力的重要标志之一，计量是保障经济正常运转的技术手段。在经济交往中，公平贸易必须经过计量才能实现。计量贯穿于生产经营的各个环节，是工业生产的“眼睛”，工业发达国家把计量检测、原材料和工艺装备列为现代工业生产的三大支柱。计量是科学技术的基础,没有计量就没有科学。历史上三次技术革命都是以计量测试技术突破为前提。计量精度的每一次提高,都给相关领域的测量、科学仪器的进步以及技术创新以极大的推动力量。同样,未来的技术革命无论是信息技术还是新能源技术或生物技术,都必须依赖于计量测试技术的发展。

因而,在构成国家核心竞争力的三大要素中——经济基础、企业管理、科技创新,均以计量作为基础支撑,都以计量的发展进步作为技术引领。计量的水平直接影响经济发展水平、企业管理水平以及科技创新水平,反映了国家核心竞争力的水平。因此,面对日趋激烈的国际竞争,世界上包括美国、欧盟和日本在内的许多发达国家纷纷加大了对计量科学研究的投入,以切实保证并有效提高本国计量科技的支撑能力,在新一轮全球竞争中占据优势。

1.1 计量学的定义

从科学的发展来看,计量曾经是物理学的一部分,后来随着领域和内容的扩展,形成了一门研究测量理论和实践的综合性科学,成为一门独立的学科——计量学。根据计量技术规范 JJF 1001—2011《通用计量术语及定义》可知,计量学是"关于测量及其应用的科学",计量学涵盖有关测量的理论及其实践的各个方面,而不论测量的不确定度如何,也不论测量是在科学技术的哪个领域中进行。具体地说计量学研究可测的量,计量单位,计量基准、标准的建立、复现、保存及测量仪器,量值传递与溯源,测量不确定度、数据处理、测量理论及其方法,以及计量的监督和管理等。计量学也研究物理常量。计量学作为一门科学,它同国家法律、法规和行政管理紧密结合的程度,在其他学科中是少有的。计量是科学技术和管理的结合体,它包括计量科技和计量管理两个方面,两者相互依存,互相渗透,即计量管理工作具有较强的法制性,而计量科学技术中又涉及较强的技术性,所以,计量科学的研究不仅涉及有关计量科学技术,同时涉及有关法制计量和计量管理内容。

计量学是一门科学,而一门科学的建立必然有其内在的逻辑性和自洽性,其发展必然有其自身的历史和技术规律,其创新必然有其自身切入点。只有认识和把握这些规律,才能更好更快地推动计量科学的演进和创新。人们从不同的角度,对计量学进行过不同的分类。例如:把涉及计量单位的换算、计量器具基本特性、测量数据处理等共性问题的,称为通用计量学;把涉及长度、温度、硬度等特定量具体应用的,称为应用计量学;把涉及自动测量、在线测量、动态测量等测量技术和测量方法的,称为技术计量学;把涉及量的定义和单位的实现、复现等测量理论的,称为理论计量学;把涉及计量工作中法律、法规和法定要求与法制管理的,称为法制计量学;把涉及计量在国民经济中作用和效益评估的,称为经济计量学或效益计量学;等等。21 世纪,国际上趋向于把计量学分为科学计量、工程计量和法制计量 3 类,分别代表计量的基础、应用和政府起主导作用的社会事业 3 个方面。这时,计量学通常简称为计量。

科学计量是指基础性、探索性、先行性的计量科学研究,通常用最新的科技成果来精确地定义与实现计量单位,并为最新的科技发展提供可靠的测量基础。科学计量本身属于精确科学，通常是国家计量研究机构的主要任务，包括计量单位与单位制的研究、计量基准与标准的研制、物理常量与精密测量技术的研究、量值溯源与量值传递系统的研究、量值比对方法与测量不确定度的研究等。计量学是关于测量的科学，意味着它要求单位的定义建立在最新科技成果的基础上，能以当前最小的不确定度实现或复现，并在过渡到新定义时保持原来的单位尺度或大小不变。同时，还要求所有单位构成一个简明的、可在各国和各学科中通用的单位体系，即构成一个实用的一贯单位制。科学家们经过一百多年的努力，在米制基础上建立的国际单位制(SI)，就是一种这样的单位制。在其包含的7个基本单位中，秒的定义建立在铯原子常量的基础上，实现的不确定度约为 10^{-18} 量级，是全部单位中最好的；米的定义建立在真空光速和秒定义基础上；开尔文的定义建立在水三相点的特定物质常量基础上；摩尔的定义建立在碳原子常量和千克定义基础上；安培的定义建立在真空磁导率和米、千克、秒定义基础上；坎德拉的定义建立在特定单色辐射和米、千克、秒定义基础上；千克的定义则建立在特定宏观物体的脆弱基础上，对其进行修改的要求最为迫切，实现的可能方案尚在探索中。从对单位定义的理论要求看，基本单位最好仅仅定义在基本物理常量基础上，以便保持单位的尺度恒久不变；从对单位在实际测量中的使用要求看，则希望实现或复现的不确定度越小越好。计量学家只能在满足实际使用要求的前提下，去追求理论上的完善。

工程计量也称工业计量，是指各种工程、工业、企业中的实用计量，例如，有关能源或材料的消耗、工艺流程的监控以及产品质量与性能的测试等。工程计量涉及面甚广，随着产品技术含量提高和复杂性的增大，为保证经济贸易全球化所必需的一致性和互换性，它已成为生产过程控制不可缺少的环节。工程计量测试能力，实际上是一个国家工业竞争力的重要组成部分，在以高技术为基础的经济构架中显得尤为重要。随着微电子工业的迅速发展，纳米计量已成为热门话题，它涉及物体及其表面的特征，1 nm～1 μm 范围内测量对象的间隔或位移，例如，超大规模集成芯片结构的线宽、台阶、膜厚等。利用纳米技术可以操纵单个原子，从而为制造量子器件或单电子器件以及制造原子密度的数据存储器提供了可能。如果说20世纪三四十年代的核技术是对物质潜在能量的开发，使“单位质量物质”的爆炸能力提升百万倍的话，那么，纳米技术将是对物质潜在信息和结构的开发，将使“单位体积物质”储存和处理信息的能力增加百万倍。这里，计量型原子力显微镜和具有扫描隧道及原子力探头的扫描探针显微镜，将为评定纳米测量不确定度的影响因素及统一纳米量值的方法提供有力手段。

法制计量是与法定计量机构工作有关的计量，涉及对计量单位、计量器具、测量方法及测量实验室的法定要求。法制计量由政府或授权机构根据法制、技术和行政的需要进行强制管理，其目的是用法规或合同方式来规定并保证与贸易结算、安全防护、医疗卫生、环境监测、资源控制、社会管理等有关的测量工作的公正性和可靠性，因为它们涉及公众利益和国家可持续发展战略。法制计量的特征除了政府起主导作用，即由政府或代表政府的机构管理外，还有一个明显的特征：直接传递到公众一端，即直接与最终用户的计量器具及其测量结果有关。它涉及的不仅是有利益冲突而需要保护，以及测量结果需要公共机构予以特别关注或特殊信任的领域，还包括测量结果违背公众利益的领域，即保护与违背两者常常是并存的。例如，随着人们对健康日趋关心，先进的医疗设备发展迅速，愈来愈多的测量方法和计量器具被应用于医疗和保健，从而形成了“医疗计量”分支，涉及温度、压力、质量、超声、电离辐射、生物力学、脑电流、血液成分等有关参量的测量、分析及监控。忽视医疗计量会造成可怕的医疗事故。例如，用伽马刀放射治疗肿瘤，因聚焦偏差过大会使正常组织被迫接受过高剂量而坏死；用眼球激光治疗仪治疗白内障，因吸收功率误差较大而会灼伤视网膜，造成不可逆转的失明悲剧。现代计量科学技术的成就，保证了所用的法制计量器具被控制在最大允许误差范围之内，不仅减少了商贸、医疗、安全等诸多领域的纠纷，而且维护了消费者利益，促进了社会发展，从而给国民经济带来可观的效益。

由此可见，科学计量既为法制计量提供技术保障，或者说法制计量是以科学计量为其行政执法的技术基础，也为工程计量和新技术发展提供测量基础。正如科学家门捷列夫说过的：“没有测量，就没有科学”。另一方面，科学计量本身又必须用最新的科技成果来发展自己，使之始终保持在先行位置，这就决定了它属于精确科学。正如王大珩院士指出的：“计量学是提高物理量量化精确性的科学，是物理的基础和前沿”。因此，计量事业理所当然地属于国家的基础设施事业之一。

随着科学技术和生产的发展，计量学的内容还会更加丰富。计量学应用的范围十分广泛，人们从不同角度，对计量学进行过不同的划分。我国目前按专业，把计量分为十大类计量，即几何量计量、热学计量、力学计量、电磁学计量、电子学（无线电）计量、时间频率计量、电离辐射计量、声学计量、光学计量、化学计量。

计量学通常采用当代的最新科技成果，计量水平往往反映了科技水平的高低。计量又是科学技术的基础，没有计量就没有科技的发展，计量学的发展将大大推动科学技术的发展。计量科学在人类的发展历史中起着举足轻重的作用，它伴随着物品交换活动的诞生和发展。随着人类的进步和生产的社会分工，社会产品对通用性和互换性要求越来越高，这就促使古代度量衡逐步发展为计量技术，即所有的测量值只有在给出的测量不确定度范围内溯源到计量单位上才可靠。任何测量仪器只有经过计量校准后方能使用，否则测量出的测量值不可靠，不可信。计量科学历经 18 世纪的力学计量和热力学计量，19 世纪的电磁计量和 20 世纪的量子计量等阶段逐步形成了多学科、多种类的当代计量学，主要具有如下几个特点：

①计量学是一切测量技术的科学基础；

②计量学是建立在最新物理学理论和效应的基础上，利用最现代化的技术手段来研究物理量与化学量及其测试方法的一门崭新的学科；

③计量学的发展，促进了自然科学的进步，生产的现代化；

④计量学是社会安全与安定的技术保证和科学基础。

现代计量科学技术的成就，在大规模制造的高新技术产品中发挥了不可低估的作用。为了保证产品的质量，特别是保证贸易全球化所必须的互换性，高准确度的测量已成为整个生产和工艺过程控制不可缺少的环节。

1.2 计量的产生与发展

计量离不开国家行为，它起源于原始社会，是伴随着制造生产工具、分配生活物品、交换剩余物品等社会生产力的发展而产生的。度量衡制度，是计量最早的、比较完整的管理制度。整个封建社会，每逢改朝换代常常要重新颁布“度量衡”制度，因此计量是国家管理和国家制度中的一个重要的基础部分。

1.2.1　计量的起源

计量起源于古代各国，沿用已久的各不相同的计量单位和有关的制度不可能自发地统一。即使是一国范围内统一计量制度，也只有借助于政府的力量才可能实现。

中国古代计量的发生，可以追溯到四五千年以前的原始社会末期。黄帝“设五量”，简称为度、量、衡、里、数。“度、量、衡”是我国古代对长度、体积、重量计量的统称。夏王朝，人们开始追求朴素的度量衡标准，大禹治水用“准”定平直，“绳”测长短，“规”画圆，“矩”画方。“矩”还可以用来确定山川之高下、大地之远近。商王朝，开始有计量器制。已出现度量衡器制和计量年月日的历法。商代有传世的一支骨尺、二支牙尺。商代甲骨文中有土地面积单位“田”字；采用干支记日法和“十三月”的记载。这是中国设置闰月的开端，为中国传统历法奠定了基础。在西周时期的青铜器上，就有明确的计量重量单位锊，并出现了计量昼夜时刻的漏刻。春秋战国时期把度量衡看作权力和社会公正的象征。《管子·七法》：“尺寸也，绳墨也，规矩也，衡石也，斗斛也，谓之法”。把颁行度量衡制作为治国方略，用度量衡的准确一致来比喻法律的公正性。

公元前 221 年，秦始皇统一中国后，颁布诏书统一度量衡。从此开辟了我们国家法治计量工作的新纪元。汉朝度量衡制度汉承秦制，包括度量衡标准的建立、度量衡器具的制造、计量单位制度的建立等。西汉末年，王莽篡权成立了新朝，对前朝的度量衡制度进行了整理、分析、研究甚至改革，并且出书《审度·嘉量·权衡》，被录入《汉书·律历志》，成为我国古代度量衡史上最早、最系统、最有权威的度量衡专著，标志着度量衡技术和管理工作规范化、制度化。

三国、两晋、南北朝时期度量衡单位量值经历着激烈的变化过程。公元 589 年隋朝建立了统一的多民族国家，至隋文帝，又把经过南北朝而混乱的度量衡再一次统一起来，这是中国第二轮统一的度量衡单位量制，从此以后度量衡制度进入了一个稳步发展的时期。

唐朝对度量衡管理较严，有严格的管理制度，颁发了度量衡标准器，还将度量衡法制管理条文载入法律文书《唐律疏议》之中的做法，是中国历史上将度量衡法令载入国家法律条文的首例。宋朝在度量衡制度上也有巨大的贡献，发明了航海罗盘、秤等。至今，航海罗盘还在影响世界，秤还在影响中国。

元朝基本上沿用了宋朝原有的典章制度。明清各朝都依唐律，把度量衡制列为本朝法典，颁发标准器并定期检定。强调度量衡标准需由政府制定，严禁私自制造计量器具。清朝康熙皇帝亲自累黍定尺并在他主编的《律吕正义》中对度量衡制度做了详细的描述，形成了著名的营造库平制。清末光绪规定以尺、升、两为度量衡的基本单位，进一步确立了中国两千多年来独特的、统一的、科学的度量衡单位体系。

早期的计量相当于法制计量，只是范围较窄，主要限于与贸易和税收有关的测量而已。计量管理工作的主要部分——法制计量，历来是由政府所主导的一项社会事业。约 18 世纪开始，由于国际贸易和科学技术的发展，欧洲国家之间出现统一计量制度的需求。1867 年举行的巴黎博览会上专门成立了“度量衡和货币委员会”，以处理因计量单位不同而产生的问题。1875 年 5 月 20 日签署了《米制公约》和 1955 年 10 月 12 日签署了《国际法制计量组织公约》，都属于政府间的多边协议，相应成立的两个国际组织也都是政府间的组织。

1.2.2 计量的发展

计量的发展具有悠久的历史，大体上可以分为原始、经典和现代三个阶段。

(1)原始阶段：以经验和权力为主，大多利用人、动物或自然物作为计量基准。例如，中国古代的布手知足、掬手为升、十发为程、黄钟律管等；相传在大禹治水时，就用了“准绳”和“规”“矩”等计量器具体；公元前 221 年，秦始皇统一中国后建立了全国统一的度量衡制度，其中度制和量制的大部分采用了十进制，并实行定期检定计量器具的法制管理。古埃及的尺度是以人的胳膊到指尖的距离为依据的，称为“腕尺”(约 46 cm)。英国的码(yd)是亨利一世将其手臂向前平伸，从其鼻尖到指尖的距离(1 yd = 0.914 4 m)；英尺(ft)是查理曼大帝的脚长(1 ft = 0.304 8 m)；英寸(in)是英王埃德加的手指关节的长度(1 in = 25.4 mm)；而英亩则是两牛同轭，一日翻耕土地的面积(1 英亩 = 4.05×10^{3} m^{2})。

(2)经典阶段：一个以宏观现象与人工实物为科学基础的阶段。标志是 1875 年签订的《米制公约》。包括根据地球子午线 1/4 长度的一千万分之一建立了铂铱合金制的米原器；根据 $1m^{3}$ 水在规定温度下的质量建立了铂铱合金制的千克原器；根据地球绕太阳公转周期确定了时间单位秒。它们形成一种基于所谓自然不变的米制，并成为国际单位制的基础。但是这类宏观实物基准随着时间的推移或地点的变动，其量值不可避免的受物理或化学性能缓慢变化的影响而发生漂移，从而影响了复现、保存，并限制了准确度的提高。实际上英国物理学家、数学家 J. C. 麦克斯韦在 1870 年曾指出，长度、质量和时间应当建立在原子波长、频率和原子质量中，而不是在运动着的星体或物体上。

(3)现代阶段：以量子理论为基础，由宏观实物基准过渡到微观量子基准。国际上已正式确立的量子基准有长度单位米基准、时间单位秒基准、电压单位伏特基准和电阻单位欧姆基准。从经典理论来看，物质世界在做连续、渐进的宏观运动；而在微观量子体系中，事物的发展是不连续的、跳跃的，也是量子化的。由于原子的能级非常稳定，跃迁时辐射信号的周期自然也非常稳定，因此，跃迁所对应的量值是固定不变的。这类微观量子基准，包括 1960 年用氪-86 原子的特定能级跃迁所定义的米、1967 年用铯-133 原子特定能级跃迁所定义的秒等，提高了 SI 基本单位实现的准确性、稳定性和可靠性。但是它们仍与某种原子的特定量子跃迁过程有关，因而尚不具备普适性。显然，最好的方案莫过于用基本物理常量(普适常量)来定义计量单位。例如，1983 年将米定义为光在真空中 1/299 792 458 s 的时间间隔内所行进的长度，即认为真空中光速作为一个定义值恒为 299 792 458 m/s(约为 30 万 km/s)；而长度事实上变成了时间(频率)的导出量。这种定义通过不变的光速给出了空间和时间的联系，使得新定义的米只依赖于目前测量不确定度最小(10^{-15} 量级)的频率，从而具有准确性、稳定性、可靠性和普适性。从计量发展的另一角度看，由于计量是历史发展早期各国单独确定的，并作为民族文化社会制度的一部分而继承和发展的，因而直到 19 世纪，各国使用的计量单位及其进位制度、计量器具和管理措施等彼此差异甚大。相应地，计量学长期停留在记述种种计量单位及其换算关系上，计量管理工作则停留在各国、各地区各自为政的状态。

随着工业和国际贸易、特别是物理学等实验科学的迅速发展，需要测量的量已从传统的度量衡剧增至上百个。18～19世纪，欧美的科学家们开始创建一种以科学实验为基础、要在国际上通用的计量单位制。《米制公约》的签署，标志着近代计量的开始，这一阶段的主要特征是：计量摆脱了利用人体、自然物体作为"计量基准"的原始状态，进入以科学技术为基础的发展时期。这个时期的计量基准大都是经典理论下指导的宏观实物基准。例如，根据地球子午线长度的四千万分之一长度制作的"米原器"等，并建立了一种所有国家都能使用的计量单位制。

现代计量标志是1960年国际计量大会决议通过并建立的国际单位制。它将以经典理论为基础的宏观实物基准，转为以量子物理和基本物理常数为基础的微观自然基准，即量子计量，以期保持基本单位的长期稳定性。1960年，第十一届国际计量大会(CGPM)通过正式"国际单位制"。它包括米(m)、千克(kg)、秒(s)、安培(A)、开尔文(K)、坎德拉(cd)6个基本单位、2个辅助单位和19个导出单位，还有组成倍数和分数单位用的词头。1971年，第十四届国际计量大会(CGPM)又决定在基本单位中增加物质的量的单位摩尔(mol)，从而形成了一套完整的国际单位制。

通过国际单位制，则标志着各国计量制度基本统一和计量学基本成熟。计量的发展趋势，主要沿着两个方面：①利用最新科技成果不断完善国际单位制；②推动全球计量体系的形成，逐步实现国际间测量与校准结果的相互承认，以适应国际贸易和经济全球化的需要。

在中国，1959年6月25日国务院发布《关于统一计量制度的命令》，确定以当时的国际公制即后来的国际单位制为国家的基本计量制度。1985年9月6日全国人大常委会通过《中华人民共和国计量法》，标志着中国的计量工作纳入了法制计量管理的轨道，计量法律和法规体系已基本完成，经过半个世纪的努力，在中国逐渐形成了门类基本齐全，技术上比较先进的计量基准、标准体系，以及比较完整的计量机构体系。

科技的发展，为计量科学提供了新理论、新技术和新材料。近年来各国都在研究新的计量技术，特别是量子计量技术，用量子现象复现量值的计量基准统称为量子计量基准。量子计量基准与传统的计量基准比较有以下显著的优点：

①准确度高，利用量子技术发展出来的量子计量基准的准确度一般比实物计量基准高几个数量级；

②量子计量基准可以重复建立，安全性好，打破了传统最高计量基准只有一个的缺陷；

③采用量子计量基准可以避免由于计量基准量值的逐级传递带来的误差等问题。

因此，量子计量基准一出现就得到了广泛的关注，发展迅速。我国的量子计量技术的研究也取得了较大的成绩，2013年中国科学技术大学中科院量子信息重点实验室李传锋研究组与量子弱测量理论奠基人之一的以色列教授Fadiman的研究组合作，开发出新型量子弱测量技术，首次利用廉价的商用发光二极管白光源实现量子高精密测量，时间测量的精度达到阿秒量级($1\ as = 10^{-18}\ s$)，相应距离的测量精度达到0.1 nm($1\ nm = 10^{-9}\ m$)，即可以分辨出一个原子大小的位置移动。同时，探测装置简单实用且性能稳定，不受环境相干的影响。业内专家认为，该方法成本低，应用前景广阔，将为量子精密测量技术走向实用化打下重要基础。

1.2.3 计量的重要性

计量与人们的生活息息相关，人类早期社会出现的以物易物就是对计量的一种运用，只不过那时候还没有统一的标准。随着商品经济的发展，人类对计量的要求也越来越高。一个大众认可的计量标准是社会秩序稳定的基础之一，因为一个统一的标准可以减少因计量而产生的事故和纠纷。在现代生活中，计量渗透到人们生活的各个方面：小的方面，菜市场的电子秤、家用电表和水表等都需要经过计量部门检定合格之后才能进入到日常生活中来。大的方面，安全生产中的安全防护等离开了计量工作也就没有保障；医院里的各种计量和化验设备都需要经过严格的检定，只有合格的产品才能投入使用，因为计量和化验数据将直接影响医生的决策；此外，企业的生产活动、国与国之间的贸易往来都离不开计量。由此可见，计量技术工作为社会经济和科学技术再发展提供重要的尺度标准，是保障各行各业有序发展的基石。重视和加强计量工作，对内，可以保障社会公平、维护社会稳定，促进社会和谐；对外，可以促进国际贸易公平有序发展，维护国家和消费者的权益。改革开放以后，国家对计量工作高度重视，出台了一系列政策措施促进计量工作的发展。随着经济全球化的发展，我国与世界各国的经济交往更加密切，对计量工作的要求也有了新的要求，计量工作必须跟上国家经济发展的步伐，更好地为国家的经济建设服务。

计量与社会经济的各部门、人民生活的各个方面有着密切的关系，同时又是一项非常复杂的社会活动，是技术与管理的结合体。计量的技术行为通过准确的测量来体现；计量的监督行为通过实施法制管理来体现。

计量有以下 4 个特性：

(1)准确性。准确性是计量的基本特点，是计量科学的命脉，是计量技术工作的核心。它表征被测量的测得值与其真值间的一致程度。只有量值而无准确程度的结果，严格来说不是计量结果。准确的量值才具有社会实用价值。所谓量值统一，说到底是指在一定准确程度上的统一。

(2)一致性。在统一计量单位的基础上，无论在何时何地采用何种方法，使用何种测量仪器，及由何人测量，只要符合有关要求，其测量结果应在给定区间内有一致性。测量结果可重复、再现、比较。

(3)溯源性。任何测量结果或测量标准的值，都能通过一条具有规定不确定度的不间断的比较链，与测量基准联系起来的特性，溯源到同一基准，是准确性、一致性的技术保证。

(4)法制性。计量的社会性本身就要求一定的法制来保障。不论是单位制的统一，还是基准、标准的建立、量值传递网的形成，检定的实施等各个环节，不仅要有技术手段，还要有严格的法制监督管理。

计量不同于一般的测量。测量是为确定量值而进行的全部操作，一般不具备、也不必具备计量的 4 个特性。所以，计量属于测量而又严于一般的测量，在这个意义上可以狭义地认为，计量是与测量结果的置信度有关，与不确定度联系在一起的规范化的测量。

实际上，科技、经济和社会愈发展，对单位统一、量值准确可靠的要求愈高，计量的作用也就愈显重要。

1.2.4　计量的发展趋势

从计量的角度，已经进入了这样一个时代：国际计量新格局雏形形成、国家对计量的需求日益突出、国际单位制部分基本单位面临重新定义、计量新专业的涌现、计量校准服务的革命性变化。

“米制公约”从最初的 17 个成员国发展到现在的 59 个成员国和 42 个附属成员国及经济体，因米制公约而产生的国际计量大会(CGPM)、国际计量委员会(CIPM)和国际计量局(BIPM)等机构开展促进世界范围内计量量值统一的相关工作。当代计量学正处于经典物理学与量子物理学的交界处，也处于宏观与微观的交界处，它趋于利用原子与原子间的物理特性及其新型量子效应和基本物理常数。建立以量子物理学为基础的新型量子单位制，这就预示着当代计量学正处于变更和更新时期。为此，各个国家都在投入大量资金，召集高端人才进行计量科学的研究，其中从事的项目之一是计量基本单位定义的更新研究，例如，现行国际单位制(SI)的 7 个计量基本单位千克 (kg)、米(m)、秒(s)、安[培](A)、开[尔文](K)、坎[德拉](cd)和摩[尔](mol)都已经利用以量子物理学为基础的基本物理常量和原子的物理特性作了更新。新一轮的工业革命、科技革命已经开始，计量现在遇到了新机遇和新挑战。挑战是要求计量更加精准，更加快速。同时，迎来了一个前所未有的机遇，就是计量单位的重新定义。7 个基本量要全部实现，用基本物理常数和量子重新定义。带来的最大好处是实现无处不在的复现，最终实现无处不在的最佳测量。

随着经济全球化和科技水平的显著提高，全球计量事业进入了高速发展的快车道。计量的发展与科技、经济的发展相同步，国家工业竞争力水平、社会生活质量取决于现代计量。国际计量技术发展新进展主要表现在如下几个方面。

1. 国际单位制(SI)面临的重大变革

国际单位制是计量学研究的基础和核心。米、千克、秒、安培、开尔文、摩尔、坎德拉 7 个基本单位的复现、保存和量值传递是计量学最根本的研究课题。利用以量子物理为基础的实验手段，将国际单位制基本单位定义在基本物理常数的基础上，这已成为国际计量科技的发展趋势。2018 年 11 月 16 日，第 26 届国际计量大会(CGPM)经表决全票通过了关于 SI 修订的“1 号决议”，SI 基本单位有了新的定义(或表述)。根据决议，SI 基本单位中的 4 个，即千克、安培、开尔文和摩尔分别改由普朗克常数 h、基本电荷常数 e、玻耳兹曼常数 k 和阿伏加德罗常数 N_A 定义。

这是自 1960 年国际单位制(SI)建立以来前所未有的重大变革，将从根本上保证 SI 的长期稳定性，对于整个世界计量界乃至社会各个领域的测量准确度将产生深远的影响。

2. 前沿测量技术迅猛发展

未来计量科技要解决超小(原子)和超大尺度下的测量，在超短(原秒 1/1 000 飞秒)和超长(千年)的时间范围内对物质属性的测量，在复杂苛刻、有干扰或快速变化等极端环境中实现准确测量等。英国国家科学、创新和技术部提出八大前瞻技术领域：大数据和高效能计算、卫星和商业应用的空间、机器人和自动化系统、合成生物学、再生医学、农业科技、先进材料和纳米技术、能源及其存储。英国国家物理研究院（NPL）根据英国国家需求，重点发展未来计量前沿技术，统计建模和"值得信赖 "的算法（针对数据进行分析和可靠性方面），通过测量和建模来表征原子、分子、生物系统和材料。美国国家标准与技术研究院则长期重点优化生物技术、模拟仿真、大数据、系统工程等能力。

3. 校准技术和方式的改变

"智能和互联式测量"将大量多功能传感器的应用与互联网的应用结合起来，形成"物联网"，实现网络化校准。"嵌入式和普及式测量"在产品设计阶段就将测量功能嵌入机器或仪器中，成为机器或仪器的既有功能，使得用户在生产过程中就可以进行"实时测量"并在测量当时就完成溯源。美国国家标准与技术研究院（NIST）开展"就地精确测量"研究，设备和产品等采用就地精确测量，提供持续的质量控制和保证，就地测量技术将采用量子物理学研究方法，包括原子和电磁场之间的互动，实现产业和技术群体相关测量学的基础发展。有了这些技术，每个制造工艺将会持续参照精确的标准；持续对电量、压力和温度提供追溯测量，从而提供效率和安全保障；每个空中交通控制雷达系统可以得到持续校准。几乎所有主要产品或工艺将会采用固有的校准技术，从精确物理测量中得到益处。芯片技术将会扩大NIST对一些设备的应用，比如超小型原子钟、磁强计和其他各种测量设备、电量、温度、时间、磁场、运动、加速度、力、重力和许多其他物理测量。

NIST支持就地精确测量的活动包括：开发芯片级技术，用于精确测量电量、温度、力、运动、加速度、重力和其他物理量；与大学和产业研究者合作，共同开发新的超小型测量技术；与大学和产业研究者合作，开发新的方法，将多种精确测量技术应用到单一的小型、可靠、低成本的测量平台上；促进技术从NIST到产业的转移。

4. 经济、社会应用领域需求更高

建立可持续发展的低碳经济，促进科学发现、技术创新和技术密集型增长，提高公民福祉和公众安全是计量未来发展的目标。NIST、NPL都将促进国家创新、提升工业竞争力、提高生活质量作为自己的主要任务。NPL重点关注先进制造、航空航天、国防与安全、数字经济、能源、卫生保健，可持续性发展和空间领域，以及国家测量体系战略中确定的国家经济和社会挑战。

NIST开展的持续而深入的研究工作包括：可互用智能电网建设，太阳能及存储等先进能源技术，绿色节能建筑测量和标准；支撑总体经济系统碳排放限制和交易体系的测量与标准，纳米技术相关环境、健康和安全测量与标准；医疗信息技术，支撑医疗领域创新的测量标准和测量技术；信息技术安全，如数字安全，量子信息科学；材料、纳米材料的发展及其在航空、航天和安全保障领域的应用，以及测量科学前沿的量子计量标准和测量技术等。

5. 计量作为国家质量基础设施要素之一

计量是国家质量基础设施的重要要素之一，发挥着基础性的技术支撑作用。为消除贸易壁垒，促进全球贸易公平，各类商品的检测和校准实验室国际互认迅速发展，其基础是各国计量基标准和各国计量院校准测量能力的等效和互认。在国际计量互认协议的框架下，各国计量院积极参加国际比对，使计量在便利国际贸易和促进经济全球化中发挥着愈加重要的作用。

总之，现代计量发展的趋势：一是利用最新科技成果不断完善国际单位制及其实验基础，使单位的定义及其计量基准、计量标准建立在基本物理常数稳固的基础上；二是通过国际量值比对以及质量管理体系与测量能力的演示，推动全球计量体系的形成，逐步实现国际间校准与测量结果的相互承认。

【思考题与习题】

1. 计量的定义是什么？举例说明计量的作用和意义。
2. 计量与测量有什么区别？计量的特点有哪些？
3. 计量学研究的内容有哪些？
4. 什么是度量衡？
5. 什么是“米制公约”？
6. 国际计量技术发展新进展有哪些？

第2章 计量单位

为了建立统一而合理的计量制度，需要考虑三个方面的问题：一是作为基本单位定义的自然物应是不变的；二是制作或复现标准器的材料应有很好的稳定性；三是同一种类的各单位之间的进位应简单划一。

基本单位定义的变迁，既反映了物理学发展对计量学的推动作用，也反映了计量学发展对物理学的反作用。计量学发展的目标是不断探索新的不变量作为基本单位的定义，并在保持量值一致的前提下，完善复现方法，提高复现的准确度，用相应的确定频率值和基本常数为基础来定义新的国际单位制体系，这是现代物理学和计量学发展的必然趋势。

2.1 量和量值

2.1.1 量的定义

自然科学的任务在于探索物质运动的规律，那么“量”就是阐述运动规律的一个十分重要的基本概念。JJF 1001—2011《通用计量术语及定义》中**量的定义是：“现象、物体或物质的特性，其大小可用一个数和一个参照对象表示。”**在其注释中又讲“参照对象可以是一个测量单位、测量程序、标准物质或其组合”。

计量学中的量是指可以测量的量，这种量可以是广义的(一般概念的)，如长度、质量(重量)、温度、电流、时间等。也可以是特指的，即特定的，如一个人的身高、一辆汽车的自重、某一天气温等。在计量学中，把宽度、厚度、周长、波长等称为同一类量，可以相互直接进行比较的量，称为同种量，如不同人的身高可相互进行比较，不同日期的气温可以相互比较等。从量的定义，被研究的对象可以是自然现象，也可以是物质本身，它包含两重意义，一方面人们通常理解量的具体意义是指它的大小、轻重、长短等；但另一方面从广义的角度可理解为现象、物体和物质的特性区别，如长度和重量是不同性质的量。所以，量必须可以定性区别，而又能定量确定，这是现象、物体和物质的一种属性。

量从概念上一般可以分为物理量、化学量、生物量等，按其在计量学中的地位和作用，可以有不同的分类方法。一种可以分为基本量和导出量，“在给定量制中约定选取的一组不能用其他量表示的量”称为基本量，这些量相互之间独立，如国际单位制中基本量有7个，即长度、质量、时间、电流、热力学温度、物质的量和发光强度。量制中由基本量定义的量称为导出量，如运动速度是长度除以时间，力是质量乘以加速度，而加速度是速度除以时间，所以也是导出量。量还可以分为被测量和影响量，拟测量的量称为被测量，也可定义为受到测量的量，有时又称待测量。在直接测量中不影响实际被测的量，但会影响示值与测量结果之间关系的量称为影响量，如在长度测量中，温度的不同或变化都会给测量结果带来影响。按照被计量的对象是否具有能量，量还可以分为有源量和无源量。被计量的对象本身具有一定的能量，称为有源量，如温度、力、照度等，所以观察者无须为计量中的信号提供外加能源。若被计量的对象本身没有能量，就称为无源量，如长度、材料特性的硬度等。

自然界中的量特别多，怎样来表示呢？可用符号来表示，称为量的符号。通常是用单个拉丁字母或希腊字母，有时带有下脚标（以下简称"下标"）或其他的说明性标记。书写时，量的符号都必须用斜体，符号后面不加圆点，如长度（l、L）、量（Q）、力（F）、电流（I）等。如果在某些情况下，不同的量有相同的符号或是对一个量有不同的应用或要表示不同的值时，可采用下标予以区分。其原则是，表示物理量符号的下标用斜体表示，如 C_p（p 为压力）、I_λ（λ 为波长）等。其他下标用正体表示：如 E_{k}（k 为动的）、g_{n}（n 为标准）等。用作下标的数应当用正体表示，如 $T_{1/2}$ 等。下标表示数的字母等符号一般都应用斜体表示，如 δ_{ik}（i、k 为连续数，均为斜体）。

人类为了生存和发展，想方设法去认识和了解自然界，因为自然界的一切事物都是由一定量组成的，也是通过量体现的。为了探索宇宙中星球的奥秘，一些国家在研制各种航天器和人造卫星，去探测地球以外星球上存在什么物质，可供人们利用。探索中就必须对量进行测量、分析和研究，分清量的性质，确定量的大小。计量就是为达到这一目的而使用的重要手段，所以计量是对量的定性分析和定量确定的过程。

2.1.2 量值

量的大小可以用量值来表示，**用数值和参照对象一起表示的量的大小称为量值**，即量值的大小可以用一个数乘一个参照对象来表示。参照对象可以是测量单位、测量程序、标准物质或其组合，例如参照对象为测量单位，某物体的质量为 15 kg、某导线的长度 110 cm 等。参照对象为测量程序，如某钢材的硬度为 58.6 HRC(150 kg)。

量可以表示为

$$A=\{A\}\cdot[\mathrm{A}]$$

式中 A——量的符号；

$\{A\}$——用计量单位$[\mathrm{A}]$表示量 A 的数值；

$[\mathrm{A}]$——量 A 所选用的计量单位。

在使用相同计量单位的条件下，数值大表示量大，数值小表示量小。一般情况下，量的大小并不随所用计量单位而变化，即一个量的量值大小与所选择的计量单位无关，变化的只是数值和单位，如，某棒的长度为 15 cm，也可以用 150 mm 来表示它。一个量的大小，由于选择计量单位不同，其对应的数值也不相同，但这个量的量值是不变的。量值是由数值和计量单位（参照对象）两部分组成的，表达时，选用的计量单位大小要合适，一般应使量的数值处于 0.1～1 000 范围内，例如：0.003 65 m 可以写成 3.65 mm；3.7×10^4 kg 可以写成 37 t。当量值中数值为 0 时，如电流 I 为 0 时，有两种表示方法，即 $I=0$ 或 $I=0$ A，一般认为前者较为简明。当量值表示为一个范围时，要注意计量单位的正确表达，如今天的气温为 12 ℃～17 ℃，或(12～17)℃，而不能表示为 12～17 ℃，因为前者是数值，后者是量值，它们不能等同。量和量值是计量学中最基本的概念，保证量值的准确可靠是计量工作的核心之一。了解量和量值、量的符号及表示、量值的正确表达有助于做好计量工作。

2.1.3 量制与量纲

量制：彼此间存在确定关系的一组量，即在特定科学领域中的基本量和相应导出量的特定组合。一个量制可以有不同的单位制。

量纲：以给定量制中基本量的幂的乘积表示该量制中某量的表达式，其数字系数为1，$\dim Q = L^{\alpha} M^{\beta} T^{\gamma} I^{\delta} \Theta^{\epsilon} N^{\zeta} J^{\eta}$。长度的量纲为L，速度为$LT^{-1}$，力为$L^{-1}MT^{-2}$，动能和功都为$L^2MT^{-2}$。同种量的量纲一定相同，相同量纲的量却不一定是同种量。

2.2 单位和单位制

2.2.1 单位

计量单位是为定量表示同种量的大小而约定的定义和采用的特定量，可简称为“单位”。计量单位是共同约定的一个特定参考量。约定采用的数值等于1的特定量，计量单位可简称为单位可这样理解，单位是用于定量表达同类量大小的一个参考量。当选用的单位即参考量不同时，量的数值也有所不同。换言之，量的大小与单位无关，相同的量改变的只是所采用的计量单位和数值。

根据约定赋予计量单位的名称和符号，“表示测量单位的约定符号”称为计量单位符号，每一个计量单位都有规定的代表符号。为了方便世界各国统一使用，国际计量大会对计量单位符号有统一的规定，把它称为国际符号，如SI中，长度计量单位米的符号为m，力的计量单位牛〔顿〕的符号为N。我国选定的非SI质量单位吨的符号为t，平面角单位度的符号为(°)等。计量单位的符号有国际符号和中文符号，中文符号通常由单位的中文名称的简称构成，如电压单位的中文名称是伏特，简称伏，则电压单位的中文符号就是伏。若单位的中文名称没有简称，单位的中文符号只能用全称，如摄氏温度单位的中文符号为摄氏度，不能为度，因为度是我国选定的非SI平面角的计量单位。若单位是由中文名称和词头构成，则单位的中文符号应包括词头，如压力单位带词头的中文符号为千帕、兆帕等。同一个量可以用不同的计量单位表示，但无论何种量其量的大小与所选用的计量单位无关，即一个量的量值大小不随计量单位的改变而改变，而量值因计量单位选择不同而表现形式各异。如，某杆的长度为1.5 m，也可表示为15 dm或150 cm或150 mm；某物的重量为0.5 kg，也可表示为500 g。计量单位通常可分为基本单位和导出单位。“对于基本量，约定采用的测量单位”称为基本单位，如SI中，基本单位有7个，如米(长度)、千克(质量)等。在给定量制中，基本量约定认为彼此独立，但相对应的基本单位并不都彼此独立，如长度是独立的基本量，但其新的单位(米)定义中，却包含了时间基本单位秒，所以在现代计量学中，一般不再将基本单位称为独立单位。“导出量的测量单位”称为导出单位，如SI中速度单位米每秒(m/s)、力的单位牛($N = kg \cdot m \cdot s^{-2}$)等。导出单位可由多种形式构成：由基本单位和基本单位组成，如速度单位米/秒；由基本单位和导出单位组成，如力的单位牛为千克·米·秒$^{-2}$，其中米·秒$^{-2}$是加速度单位，为导出单位；由基本单位和具有专门名称的导出单位组成，如功和热量的单位焦耳为牛·米，其中牛为具有专门名称的导出单位。

对于给定量制和选定的一组基本单位，由比例因子为1的基本单位的幂的乘积表示的导出单位称为一贯导出单位，其中基本单位的幂是按指数增长的基本单位，一贯性仅取决于特定的量制和一组给定的基本单位，如SI中的速度单位为m/s、压力单位为$m^{-1} \cdot kg \cdot s^{-2}$（帕）等。一贯单位与所给定的量制和选定的一组基本单位有关，所以导出单位可以对一个单位制是一贯性的，而对另一个单位制就不是一贯性的，如厘米每秒是CGS（厘米·克·秒）单位制中的一贯导出单位，但在SI中就不是一贯导出单位。

合理地表达一个量的大小，仅使用一个基本单位显然很不方便，为此，1960年第十一届国际计量大会对SI构成中的十进倍数和分数单位进行了命名。给定测量单位乘以大于1的整数得到的测量单位称为倍数单位；给定测量单位除以大于1的整数得到的测量单位称为分数单位。它们是在基本单位和一贯导出单位前加一个符号，使它成为一个新的计量单位。加上的符号称为词头，用10的指数表示，10^3为k（千）、10^6为M（兆）、10^{-3}为m（毫）、10^{-6}为μ（微）等。例如：长度单位km（千米）、力的单位MN（兆牛）、热力学温度的单位mK（毫开）、电压单位μV（微伏）等。在SI中，词头共有20个，由10^{-24}到10^{24}。

2.2.2 单位制

选定的基本量及由其构成的导出量合起来就成为一个量制。基本量选择不同，也就有不同的量制。对于给定量制的一组基本单位、导出单位、其倍数单位和分数单位及使用这些单位的规则称为计量单位制，简称单位制，如SI、CGS单位制、MKS（米·千克·秒）单位制等。在给定量制中，每一个导出量的测量单位均为一贯导出单位的单位制称为一贯单位制，如SI。不属于给定单位制的计量单位称为制外单位。在我国法定计量单位中，国家选定的非国际单位制单位的质量单位吨（t）、体积单位升（L）、土地面积公顷（hm^2）等对SI来讲就是制外单位。

2.3 国际单位制

2.3.1 国际单位制的形成

计量单位制的形成和发展，与科学技术的进步、经济和社会的发展、国际间的贸易发展和科技交流，以及人们生活等紧密相关。米制是国际上最早建立的一种计量单位制，早在十七世纪，计量单位和计量制度比较混乱，影响了国际贸易的开展、经济的发展及科技的交流，人们迫切希望科学家们探索研究一种新的、通用的、适合所有国家的计量单位和计量制度。于是在1791年经法国科学院的推荐，法国国民代表大会确定了以长度单位米为基本单位的计量制度，规定了面积的单位为平方米，体积的单位为立方米。同时给质量单位作了定义，采用1立方分米的水在其密度最大时的温度（4 ℃）下的质量。因为这种计量制度是以米为基础，所以把它称为米制。为了进一步统一世界的计量制度，1869年法国政府邀请一些国家派代表到巴黎召开“国际米制委员会”会议。1875年3月1日，法国政府又召集了有20个国家的政府代表与科学家参加的“米制外交会议”，并于1875年5月20日由17个国家的代表签署了《米制公约》，为米制的传播和发展奠定了国际基础。由各签字国的代表组成的国际计量大会(CGPM)是“米制公约”的最高组织形式,下设国际计量委员会(CIPM),其常设机构为国际计量局(BIPM)。1889 年召开了第一届国际计量大会。我国于 1977 年加入“米制公约”。

1948 年召开的第九届国际计量大会作出决定,要求国际计量委员会创立一种简单而科学的且供所有“米制公约”成员国都能使用的实用单位制。1954 年,第十届国际计量大会决定采用米、千克、秒、安培、开尔文和坎德拉作为基本单位。1958 年,国际计量委员会又通过了关于单位制中单位名称的符号和构成倍数单位和分数单位的词头的建议。1960 年召开的第十一届国际计量大会决定把上述计量单位制命名为“国际单位制”,并规定其国际符号为“SI”。1971 年召开的第十四届国际计量大会决定增加物质的量的单位摩尔作为基本单位。从 1975 年第十五届国际计量大会到 1991 年第十九届国际计量大会,先后决定增加放射性计量的 2 个具有专门名称的导出单位贝可勒尔和戈瑞,同时又增加了 4 个词头,即 10^{-24}、10^{-21}、10^{21} 和 10^{24},从而形成了一个较为完整的计量单位制体系——国际单位制。随着科技、经济和社会的发展,国际单位制还会进一步得到充实和完善。

2.3.2 国际单位制及其单位

中华人民共和国成立前,我国多种单位制并用,如米制(公制)、市制、英制等。1959 年国务院发布了《关于统一计量制度的命令》,确定米制为我国计量制度。国际单位制形成后,我国对推行国际单位制很重视,1977 年国务院颁布的《计量管理条例(试行)》第三条规定:“我国的基本计量制度是米制(即“公制”),逐步采用国际单位制”。1978 年国务院又批准成立了由 20 人组成的“国际单位制推行委员会”,负责组织全国性的国际单位制推行工作。为了保证国家计量制度的统一,1985 年我国颁布的《计量法》第三条规定:“国家采用国际单位制”。什么是国际单位制? JJF 1001—2011《通用计量术语及定义》中讲,“由国际计量大会(CGPM)批准采用的基于国际量制的单位制,包括单位名称和符号、词头名称和符号及其使用规则”称为国际单位制。其中的国际量制是指与联系各量的方程一起作为国际单位制基础的量制,而量方程是指给定量制中各量之间的数学关系,它与测量单位无关。它是以符号表示量之间关系的公式,如 $F=ma$,就是反映力与质量和加速度之间关系的量方程,它不同于单位方程。单位方程是指“基本单位、一贯导出单位或其他测量单位间的数学关系”,如果 $J=\mathrm{kg}\cdot\mathrm{m}^2\cdot\mathrm{s}^{-2}$,它反映功(能量)的单位与长度单位、质量单位和时间单位之间关系的单位方程。国际单位制的单位由两部分组成,即 SI 单位和 SI 单位的倍数单位。SI 单位的倍数单位包括 SI 单位的十进倍数和分数单位。7 个 SI 基本单位是:长度单位米(m)、质量单位千克(kg)、时间单位秒(s)、电流单位安(A)、热力学温度单位开(K)、物质的量单位摩尔(mol)和发光强度单位坎德拉(cd)。对每一个 SI 基本单位都作了严格的定义,如米的定义是:“光在真空中于 1/299 792 458 s 的时间间隔内所经路径的长度。”国际单位制的导出单位由两部分组成,一部分是包括 SI 辅助单位在内的具有专门名称的 SI 导出单位(共 21 个)。由于导出单位中有的单位名称太长,读写都不方便,所以国际计量大会决定对常用的 19 个 SI 导出单位给予专门名称,这些具有专门名称的导出单位绝大多数都是以科学家的名字命名的,如力的单位 $\mathrm{kg}\cdot\mathrm{m}\cdot\mathrm{s}^{-2}$ 称为牛(N)。1984 年我国公布法定计量单位时,将平面角弧度(rad)和立体角球面度(sr)称为 SI 辅助单位。1990 年,国际计量委员会规定它们是具有专门名称的 SI 导出单位的一部分。国家标准 GB 3100—1993《国际单位制及其应用》中已将平面角弧度和立体角球面度列入具有专门名称的 SI 导出单位。用 SI 基本单位或 SI 基本单位和具有专门名称的 SI 导出单位的组合通过相乘或相除构成的但没有专门名称的 SI 导出单位,称为组合形式的 SI 导出单位。这类单位很多,如加速度单位 $m \cdot s^{-2}$、面积单位 m^2、电场强度单位 V/m 等。SI 单位的倍数单位是由 SI 词头加在 SI 基本单位或 SI 导出单位前面所构成的单位,如千米(km)、毫伏(mV)等,但千克(kg)除外。国际单位制中 SI 词头有 20 个,从 $10^{-24} \sim 10^{24}$,其中 4 个是十进位的,即 10^2 为百(h)、10^1 为十(da)、10^{-1} 为分(d)和 10^{-2} 为厘(c),其余 16 个词头都是千进位,如兆帕(MPa)、微安(μA)等。词头的符号有国际通用符号和中文符号,如 10^3 国际符号为 k,中文符号为千;10^6 为 M(兆);10^{-3} 为 m(毫);10^{-6} 为 μ(微)等。具有专门名称的 SI 导出单位和 SI 词头可以查阅有关资料。

2.3.3 国际单位制的特点

国际单位制能广泛被应用,主要是由于它具有以下特点:

①具有统一性。它包括力学、热学、电磁学、光学、声学、物理化学、固体物理学、分子和原子物理学等各理论科学和各科学技术领域的计量单位,并将科学技术、工业生产、国内外贸易及日常生活中所使用的计量单位都统一在一个计量单位制中,坚持一个单位只有一个名称和一个国际符号的原则。

②具有简明性。它取消了相当数量的烦琐的制外单位,简化了物理定律的表示形式和计算手续,省去了很多不同单位制之间的单位换算。由于其是一种十进制单位,贯彻了一贯性原则,使它显得简单明了,方便使用。

③具有实用性。SI 基本单位和大多数 SI 导出单位的大小都很实用,而且其中大部分已经得到了广泛使用,如 A(安)、J(焦)等。由 SI 词头构成的十进倍数单位,可以使单位大小在很大范围内调整。

④具有合理性。国际单位制坚持"一个量对应一个 SI 一贯制导出单位"的原则,避免了多种单位制和单位的并用及换算,消除了许多不合理甚至是矛盾的现象,如用焦耳代替了尔格、大卡、瓦特小时等,避免了同类量具有不同的量纲的矛盾。

⑤具有科学性。国际单位制的单位是根据科学实验所证实的物理定律严格定义的,它明确和澄清了很多物理量与单位的概念,并废弃了一些旧的不科学的习惯概念、名称和用法,如把千克(俗称公斤)既作为质量单位,又作为重力单位,质量与重力是两个性质完全不同的物理量。

⑥具有精确性。7 个 SI 基本单位都能以当代科学技术所能达到的最高准确度来复现和保存。目前,我国长度计量单位米复现不确定度为 2×10^{-11} m,时间秒复现不确定度为 5×10^{-16} s 等。

⑦具有继承性。国际单位 7 个 SI 基本单位中有 6 个是米制原来所采用的,它克服了米制的不足,但又继承了米制的优点。它是建立在米制基础上的单位制,所以称它为现代米制。

除上述优点外,国际单位制还具有通用性强、比较稳定等特点,因此被国际上许多国家、国际性科学组织和经济组织所采用。

2.3.4 法定计量单位与应用

1. 什么是法定计量单位

1984 年 2 月 27 日，国务院发布《关于在我国统一实行法定计量单位的命令》，内容要求："我国的计量单位一律采用《中华人民共和国法定计量单位》"；"我国目前在人民生活中采用的市制计量单位，可以延续使用到 1990 年，1990 年年底以前要完成向国家法定计量单位的过渡"。同时强调"计量单位的改革是一项涉及各行各业和广大人民群众的事，各地区、各部门务必充分重视，制定积极稳妥的实施计划，保证顺利完成"。什么是法定计量单位，JJF 1001—2011《通用计量术语及定义》中解释为"国家法律、法规规定使用的测量单位"，也就是国家法律承认，具有法定地位的允许在全国范围内统一使用的计量单位。一个国家有一个国家的法定计量单位，在这个国家，任何地区、部门、单位和个人都必须毫无例外的遵照执行。以法律或法令的形式统一计量单位制度，是古今中外普遍采取的做法，世界上许多国家也都把统一计量单位制度作为基本国策，有的还载入了国家宪法。一个国家颁布统一采用计量单位时，无论是否冠以"法定"的名称，其实质上已经成为法定计量单位。

2. 我国法定计量单位的内容

我国的法定计量单位是以国际单位制为基础，同时选用一些符合我国国情的非国际单位制单位所构成的。

我国选定作为法定单位的非国际单位制单位共 15 个。这 15 个单位中，既有国际计量委员会允许在国际上保留的单位。如时间、平面角单位、质量单位吨，体积单位升等，也有我国根据我国具体情况自行选定的单位。如旋转速度单位 r/min，线密度单位 tex 就是我国工程技术界和纺织工业界广泛使用的计量单位。

中华人民共和国法定计量单位：
- 国际单位制（SI）
- 选定的非国际单位制单位
- 组合形式单位（由以上单位按需要根据使用方法构成）

我国法定计量单位（见表 2-1）完全以国际单位制为基础，因此具有国际单位制的所有优点，并具有国际性，有利于我国与世界各国的科技、文化交流和经济贸易往来。同时又结合我用具体实际，以国家法令形式发布，后来又写入《中华人民共和国计量法》，具有高度的权威性和法规性，有利于全国各地迅速采用。同时还具有中国特色，如 16 个词头名称中有 8 个中文名称，即兆（10^6）、千（10^3）、百（10^2）、十（10）、分（10^{-1}）、厘（10^{-2}）、毫（10^{-3}）、微（10^{-9}）与国际上定名不同。这是继承我国几千年来科技文化传统，考虑我国人民群众使用习惯而定名的，既通俗易懂，又方便使用。

表 2.1 可与国际单位制单位并用的我国法定计量单位

量的名称	单位名称	单位符号	与 SI 单位的关系
时间	分	min	1 min=60 s
	[小]时	h	1 h=60 min=3 600 s
	日（天）	d	1 d=24 h=86 400 s

续上表

量的名称	单位名称	单位符号	与SI单位的关系
[平面]角	度	°	$1° = (\pi/180)$ rad
	[角]分	′	$1' = (1/60)° = (\pi/10\ 800)$ rad
	[角]秒	″	$1'' = (1/60)' = (\pi/648\ 000)$ rad
体积	升	l,L	$1\ \mathrm{l} = 1\ \mathrm{dm}^3 = 10^{-3}\ \mathrm{m}^3$
质量	吨	t	$1\ \mathrm{t} = 10^3\ \mathrm{kg}$
	原子质量单位	u	$1\ \mathrm{u} \approx 1.660\ 540 \times 10^{-27}\ \mathrm{kg}$
旋转速度	转每分	r/min	$1\ \mathrm{r/min} = (1/60)\mathrm{s}^{-1}$
长度	海里	n mile	1 n mile=1 852 m(只用于航行)
速度	节	kn	1 kn=1 n mil/h(只用于航行)
能	电子伏	eV	$1\ \mathrm{eV} \approx 1.602\ 177 \times 10^{-19}\ \mathrm{J}$
级差	分贝	dB	
线密度	特[克斯]	tex	$1\ \mathrm{tex} = 10^{-6}\ \mathrm{kg/m}$
面积	公顷	hm^2	$1\ \mathrm{hm}^2 = 10^4\ \mathrm{m}^2$

3. 法定计量单位的使用方法及规则

1984年6月9日,国家计量局以(84)量局制字第180号文件颁布了《中华人民共和国法定计量单位使用方法》。根据《中华人民共和国法定计量单位使用方法》,对计量单位的使用做以下简介:

1)法定计量单位和词头的名称

(1)法定计量单位的名称

①这里所说的法定计量单位名称,均指单位的中文名称。单位的中文名称分全称和简称两种。例如,电流单位全称为“安培”,简称为“安”;电功率的单位全称“瓦特”,简称“瓦”。

国际单位制中凡用方括号括上的都可以使用简称。如频率的单位赫[兹],其简称为赫。

简称有两个作用,一是简称可在不引起混淆的场合下,等效于它的全称使用;二是在初中、小学课本和普通书刊中有必要时,可将单位简称(包括带有词头的单位简称)作为符号使用,这样的符号称为中文符号。

②组合单位的中文名称与其符号表示的顺序一致。符号中乘号没有对应名称,除号的对应名称为“每”字,无论分母中有几个单位,“每”字都只能出现一次。例如比热容单位的符号是J/(kg·K),中文单位名称是“焦耳每千克开尔文”。还有电扇的转速符号为1 160 r/min,900 r/min,正确的单位名称是1 160 r/min、900 r/min,而不能说成每分1 160转、每分900转。

③乘方形式的单位名称,其顺序应是指数名称在前,单位名称在后。相应的指数名称由数字加“次方”而成,但长度的2次和3次幂表示面积和体积时,可用“平方”和“立方”作为指数名称,如导线的截面积10 mm^2,房屋建筑面积100 m^2 等。

④书写单位名称时,不加任何表示乘或除的符号,如乘、除(“· ”“×”“÷”“/”)或其他符号。如密度单位 $\mathrm{kg/m}^3$ 的名称应写成为“千克每立方米”,而不是“千克/立方米”;力矩的

单位全称为“牛顿米”,而不是“牛顿乘米”或“牛顿·米”。

⑤单位名称和符号必须作统一使用,不能分开。例如,温度单位的摄氏度,不能写成摄氏 20 度,而应写成 20 摄氏度;冰箱的温度范围的标记应写成“-18 摄氏度至 3 摄氏度”或“-18 ℃~3 ℃”,不应写成“-18~3 摄氏度”。规格单位名称也一样,如锅的规格系列应写成“20~36 cm”,不应写成“20 cm~36 cm”。

(2)法定计量单位的词头名称

对于 SI 词头,国际上规定了统一的名称和符号,为了照顾习惯、方便使用,使人们逐步熟悉并过渡到使用 SI 词头的国际符号,我国法定计量单位规定了词头相应的中文名称和符号。

但是,在汉语中是没有类似词头这一种构词成分的。汉语中只有数词,没有词头。汉字中仅有部首偏旁之类,它们各有特定含义,但又不是单独一个词,不能代替如手、水、人等使用,仅是一些汉字的组成部分。这样,在词头译成汉语时就产生了困难。例如,表示加大一千倍的词头 kilo,含义虽是“千”,但在汉语中有另外的数词来表示千,作为词头的 kilo 不能代替数词千使用。

2)法定计量单位和词头的符号

法定计量单位和词头的符号是一个单位或词头的简明标志,主要是为了方便使用。

(1)法定计量单位的符号

法定计量单位的符号可用国际通用纯字母表示,也可用中文符号表示。但纯字母符号是全世界通用,所以应积极推荐纯字母表达符号。

①计量单位用纯字母符号表达。

当计量单位用字母表达时,一般情况单位符号字母用小写;当单位来源于人名时,符号的第一个字母必须大写。只有体积单位“升”特殊,这个符号可写成大写 L,又可写成小写的 l。这是因为“升”的符号最早是小写的,由于小写 l 与阿拉伯数字 1 难以分辨,后来国际计量大会作出决议,升的符号可以写成大写 L,这样在小写尚未废除的情况下,大小写并用,这是国际单位制中唯一不是来源于科学家名字命名而使用大写的符号。

②计量单位用中文符号表示。

当计量单位用中文符号表示时,其组合单位的中文符号可直接用表示乘或除的形式,也可直接用数字“2”“3”或“-1”“-3”等表示指数幂的形式,这是同组合形式计量单位名称的主要区别。非组合形式的计量单位其中文符号名称的简称相同。例如,电流的单位的中文全名称为“安培”,其简称为“安”,而“安”也是中文符号。没有简称的计量单位,其中文符号与单位名称相同。

③词头的符号用字母表达时,其形式只有法定计量单位规定的一种。词头的符号用中文表达时,用词头的简称。如词头全称为艾[可萨],其中文符号为艾。没有简称的用全称表达词头的中文符号。如“厘”,其中文符号也是“厘”。

(2)组合单位符号的书写形式

①相乘形式构成的组合单位符号的书写形式。

相乘形式构成的组合单位,其国际符号有下列两种形式(以力矩单位为例):a. N·m:用居中圆点;b. Nm:紧排。其中文符号只有一种:牛·米,即用居中圆点。

一般说来，组合单位中各个单位的排列次序无原则规定，但应注意两点：

第一点，不能加词头的单位不应放在最前面。例如，能量的单位“瓦特小时”的国际符号应为“W·h”，不应为“h·W”。因为若用后者，将来这个单位在构成十进倍数和分数单位时会有困难(小时符号h，按规定是不允许加词头的)。

第二点，若组合单位中某单位的符号同时又是词头符号，并可能发生混淆时，该单位也不能放在最前面。例如，力矩的单位应为N·m，不宜写成mN，以免误解为十进分数单位“毫牛”。

②相除形式构成的组合单位符号的书写形式。

相除形式构成的组合单位，其国际符号有下列三种形式(以密度单位为例)：a. kg/m^3：用斜线；b. $kg \cdot m^{-3}$；c. kgm^{-3} 用负指数将相除转化为相乘，乘号用居中圆点或紧排。其中文符号有两种形式：a. 千克/米^3：用斜线；b. 千克·米$^{-3}$：用负指数，相乘用居中圆点。

由此可见，相除形式构成的组合单位，其符号形式归纳起来有两种：一是采用分式形式；二是采用负数幂的形式。一般情况下两种形式可任意选用，但碰到以下两种情况则要限用。

第一种情况：当可能发生误解时，应尽量采用分式形式或中间乘号用居中圆点表示的负数幂形式。例如，速度单位“米每秒”的符号宜用“m/s”或“$m \cdot s^{-1}$，而不宜用“ms^{-1}”，以免误解为“每毫秒”。

第二种情况：当分子无量纲而分母有量纲时，一般不用分式而用负数幂的形式，例如，波数的单位符号是m^{-1}，一般不用1/m。

另一种情况是在进行运算时，组合单位的除号可用水平横线表示。例如，速度单位可写成m/s或米/秒。

(3)书写单位和词头应注意的事项

①单位和词头符号所用的字母，不论是拉丁字母或希腊字母，一律用正体，无一例外。

这一条是根据国际上的有关规定作出的。除规定单位和词头符号用正体外，还规定数学常数(例如自然对数的底e)、三角函数(sin，tan等)必须用正体。规定用斜体的有：量的符号(例如A表示面积，F表示力等)，物理常数符号(例如引力常数G等)；一般函数$f(x)$等。

②单位和词头的符号尽管来源于相应的单位的词语，但它们不是缩略语，书写时不能带省略点，且无复数形式。

一般地说，单位符号要比单位名称简单，但不能把单位符号加上省略点作为单位名称的缩写。不过，如果单位符号位于句末，后面可按语法要求加上实点，但这个实点不能紧接在单位的符号后面，而应留半个字的空位。

在一些外文中，可数名词有数的变化。在英文中，可数名词的复数形式就是单数形式(即原形)加词尾s或es构成(特殊例外)。但是单位符号却无变化，即不能加词尾s来表示复数。有些单位符号最后一个字母为s，如ms、kgs等，并不是表示复数形式，这里的s是时间单位秒的符号。

③单位符号的字母一般为小写体，但如果单位名称来源于人名时，符号的第一个字母为大写体。例如，一般是小写的，m(米)、s(秒)、cd(坎德拉)；来源于人名的，A(安培)、N(牛顿)、Pa(帕斯卡)、Hz(赫兹)。

但如前所述有一个例外，即升为L，以免用小写“l”时与阿拉伯数字“1”相混淆。

关于非来源于人名的单位符号用小写字母的规定,也适用于非国际单位制单位。例如,质量的单位吨用"t"不用"T";原子质量单位用"u"不用"U";压力单位巴用 bar 不用 Bar。

④词头符号的字母,当所表示的因数,在 106 以上时为大写体,其余均为小写体,也就是 M(兆)以上词头为大写体,即 M,G,T,P,E 等 5 个,其余均为小写体。

⑤一个单位符号不得分开,要紧排。

例如,摄氏温度的单位℃,不得写成^{0}C;压力单位 Pa,不得写成 P a。

⑥词头和单位符号之间不留间隔,不加表示相乘的任何符号,也不必加圆括号。

例如,面积单位"平方千米"的符号是 km^2,不应为 $k \cdot m^2$ 或 $k \times m^2$,也不必写为 $(km)^2$。因为十进倍数和分数单位的符号原本强调整体使用,km 是整体,指数对整个单位起作用,加圆括号是多余的。

但有一个例外,在中文符号中,当词头和数词有可能发生混淆时,要用圆括号。例如,2 000 m^2,如写成 2 千米^2,可能误解为"2 km^2",以千米作为计量单位,则宜加圆括号,写成"2 千(米)^2"。

⑦相除形式的组合单位,在用斜线表示相除时,单位符号的分子和分母都与斜线处于同一行内,而不宜分子高于分母。当分母中包含两个以上单位时,整个分母一般应加圆括号,而不能使斜线多于一条。

例如,比热容的单位为 J/(kg·K),不能写为 J/kg/K。

⑧单位与词头的符号按名称或简称读音。

例如 kg 应读成"千克",而不应按英文字母读。

3)法定计量单位和词头的使用规则

(1)单位名称与符号的使用场合

单位的名称,一般只用于叙述性的文字中,单位的符号则在公式、数据表、曲线图、刻度盘和产品铭牌等需要简单明了表示的地方使用,也可用于叙述性文字中。着重强调以下几点:

①单位的简称在不致混淆的场合下可等效于全称使用,因此当然可用于叙述性文字中。

②国际符号使用于任何场合。但国际符号仅用来表示相应的单位,不能借作文字使用。例如:"每公斤鱼价值 15 元"不能写成"每 kg 鱼 15 元"。

③在符号使用时,应优先使用国际符号。中文符号一般在初中、小学课文和普通书刊中使用。

(2)组合单位加词头的原则

①相乘形式的组合单位加词头,词头通常加在组合单位中的第一个单位前。例如,力矩的单位 N·m,加词头 M 时,写成 MN·m 不宜写成 N·Mm,更不应写成 M·Nm。

②相除形式的组合单位加词头,词头通常应加在分子中的第一个单位之前,分母中一般不加词头。

例如,摩尔内能单位 kJ/mol,不宜写成 J/mmol。

但有几个例外情况:

a. 质量 SI 单位 kg 可允许在分母中使用,此时把 kg 作为质量单位的整体来看待,不作为分母中的单位加词头。

例如，比热容的单位 J/(kg·K)均属此种情况。

b. 当组合单位中分母是长度、面积或体积单位时，分母中按习惯与方便也可选用词头使构成相应组合单位的十进倍数和分数单位。

例如，密度的 SI 单位为 kg/m^3，它的十进倍数单位为 kg/dm^3，也可以为 g/cm^3；电场强度的 SI 单位为 V/m，它的十进倍数单位为 kV/m、或 V/mm。

c. 分子为 1 的组合单位加词头时，词头只能加在分母的单位上，且是在其中的第一个单位上。

例如，波数的 SI 单位 1/m，它的十进倍数单位为 1/mm。

(3)单位的名称或符号要整体使用

一个单位，不论是基本单位、组合单位，还是它们的十进倍数和分数单位，使用时均应作为一个整体来对待。为此，有相应的规定：

①在书写或读音时，不能把一个单位的名称随意拆开，更不能在其中插入数值。例如，“20 ℃应写成或读成“20 摄氏度”，不能写成和读成“摄氏 20 度”。

②十进倍数和分数单位的指数，是对包括词头在内的整个单位起作用。例如，$1\ cm^2=1(cm)^2=1(10^{-2}\ m)^2$，但是 $1\ cm^2\neq10^{-2}\ m^2$。又如，$1\ Hz=1\ s^{-1}$，但 $1\ kHz\neq1\ ks^{-1}$。因为写成 $1\ ks^{-1}$，其负指数就将对“ks”这个倍数单位整体起作用，即，$1\ ks^{-1}=1(ks)^{-1}=1(10\ s^3)^{-1}=10\ s^{-3}=1\ mHz$。显然，意义完全不同。

(4)不能单独使用词头

①不能把词头当作单位使用。

例如，“这个电容器的电容为 10 μ”应改为“这个电容器的电容为 10 μF”。

②不能把词头单纯当作因数使用。

例如，$10^{-3}s^{-1}=1ms^{-1}$ 这个等式就不成立。因为将数 10^{-3} 随便地代之以相应的词头 m，岂不知，词头 m 应先跟其相应的单位 s 结合，负指数再对新构成的“ms”起作用，即 $1\ ms^{-1}=1(ms)^{-1}=(10^{-1}s)^{-1}=10^3\ s^{-1}$，显然原先等式两边是不相等的。

(5)词头不能重叠使用

过去，习惯把一些常见的词头重叠起来，代替不常用的词头，出现在一些单位中，较常见的有“微微法(μμF)”“毫微秒(mμs)”等，这种用法是错误的，正确的是：微微法改用皮法(pF)，毫微秒改用纳秒(ns)。不过，由于部分词头中的中文名称就是数词，用这些词表示数值再与有词头的单位连用，不属于词头重叠使用。例如，可以写“三千千瓦”这里，前面一个“千”字是数词，后一个“千”字是词头，因而“千千”不是词头重叠。把“三千千瓦”用符号表示应是“3×10^3 kW”或“3 000 kW”这里 3×10^3 表示有一位有效数字，而 3 000 表示有四位有效数字。

(6)限制使用 SI 词头的单位

①SI 词头不能加在非十进制的单位上。

例如，与 SI 单位并用的平面角单位“度”“[角]分”“[角]秒”与时间单位“分”“时”“天(日)”等，不能加 SI 词头。

②在 15 个国家选定的非国际单位制单位中，只有“吨”“升”“电子伏”“分贝”(词头加在分贝前)、“特克斯”这 5 个单位，有时可加 SI 词头。

但是,摄氏温度单位“摄氏度”,虽然是 SI 导出单位,但是它也不能加词头。

(7)避免单位的名称与符号以及单位的国际符号与中文符号的混用

①单位的中文名称和中文符号不应混用。

例如:“力矩单位是牛顿·米”“瓦特的表示式是焦耳/秒”,这两个说法中的“牛顿·米”和“焦耳/秒”就是中文名称和中文符号的混用。因为若是表示单位名称,则不应有表示相乘和相除的符号“· ”和“/”,应写为“牛顿米”和“焦耳每秒”;若是表示单位的符号,那么不应用单位的全称,而应用单位的简称,则应写为“牛·米”和“焦/秒”。又如,“电荷面密度的 SI 单位是库伦每米^2”,也是中文名称和中文符号混用的一种形式。若是表示单位的符号,则应写为“库/米^2”;若是表示单位的名称,则应写为“库伦每平方米”或“库每平方米”。

为避免上述混用,要注意以下两点:

第一点,凡是单位名称则不应出现任何数学符号,如居中圆点“·”、除线“/”、指数“×”等。其中所用的单位全要用名称(全称和简称均可)。

第二点,凡是单位的中文符号,则其中所用到的单位要全用该单位的简称,当没有简称时才能用全称。

②单位的国际符号和中文符号也不应混用。

例如,“速度的单位是 m/秒”“电能的单位是 kW·小时”,这些就是单位的国际符号和中文符号的混用。造成这种情况的原因是有的单位的国际符号,如 m、W 等较熟悉;有的单位的国际符号,如 s、h 等较生疏,于是就代之以中文符号。其实这种混用是不允许的。按规范要求,上述两个单位应写成“m/s”“kW·h”,或写成“米/秒”“千瓦·小时”。

这里有一个例外,“℃”是摄氏度的国际单位符号,但它又可作为中文符号,此符号“℃”具有双重性,在使用中要能鉴别。

例如,比热容的单位写成“焦/(千克·℃)”是允许的。

2.4 基本物理常数

基本物理常数,它们不仅在物理学理论结构中占据重要的位置,而且在单位制、计量学、天文学和宇宙学领域中也有重要的应用。用基本物理常数可以建立自然计量基准。

基本物理常数,就是自然界的自然单位。基本物理常数是指那些在物理学中起着基本而广泛作用的普适常数。诸如普朗克常数 h、真空中的光速 c、电子静止质量 m_e、基本电荷量 e、阿伏伽德罗常数 N_A,以及许多有关微观粒子的常数等,都是自然界本身固有的单位。以基本物理常数作为自然单位的优越性,不仅仅在于使数值合理,应用方便,易于把握,而且还在于基本物理常数是自然界的客观量和绝对量,正如 Planck 所指出:“它们与特定的物体或者物质无关,而且在任何时候,对于任何一种文明,甚至地球以外的和非人类的文明,都必须保持它的意义。”因而这些常数可以称为“基本物理量度单位”。

计量单位必须用计量基准来复现和保存。基准必须准确度高,长期稳定,便于复制,使用方便。在相当长时期,SI 的基本单位和导出单位大都采用宏观实物基准。例如,“米”曾长期用“铂铱米尺”作为基准,“伏”长期用“Weston 电池组”为基准,“千克”自 1889 年至今一直用“铂铱千克砝码”为基准等。这些基准都是“人造”基准。它们受材料特性的限制,稳定性不够好，不可能长期恒定。环境、温度、搬运等因素的影响都可能使基准发生漂移。一旦基准原器遭到战争或自然灾害、意外事故的损坏，复制将无所依据。而且，实物基准有其准确度极限，精密测量往往受到基准自身准确度的限制。现代科学技术，尤其是精密测量技术的发展，要求基准的准确度和稳定性有大幅度的提高，但靠改善材料特性来提高人造实物基准准确度和稳定性的潜力是很有限的。因此，要满足飞速发展的科学技术的需要，就必须另辟蹊径以建立高度准确、长期稳定的新的基准。

科学家们在长期的科学探索中发现，自然界中“最稳定的并不是某种具体的材料而是一些基本物理常数，这些常数出现在各种基本的物理方程之中，而这些方程正是支配着自然界中各种物质运动的基本规律，只要这些规律不变，基本物理常数也就不会变。如果把计量基准建立在基本物理常数的基础上，其稳定性就可大幅度提高而不受材料特性的限制。而且，这种自然基准具有不会老化，不会磨损，不会被毁灭，复现性不受时间和空间限制等优点。

以基本物理常数为基础建立自然计量基准的设想，Planck 早在 1906 年就提出过。但由于当时科学技术条件的限制，测量基本物理常数的准确度很低，不可能付诸实现。60 年以后，随着量子电子学、激光、超导等先进技术的迅速发展，基本物理常数的准确度迅速提高，Planck 的理想不但具有重大的现实意义，而且已经部分地实现。

用基本物理常数定义计量基准的几个实例如下。

1. 用光速 c 定义“米”

长度单位“米”是最先实现用基本物理常数来定义的单位之一。1889 年国际计量局成立之初，曾定义“铂铱米尺”作为米的基准，1927 年第七届国际计量大会确定用镉红线的 155 316 4.13 个波长作为米的基准，1960 年 10 月第十一届国际计量大会第六号决议规定：米的长度等于氪-86 原子的 $2P_{10}$ 和 5 d 能级之间跃迁的辐射在真空中波长的 1 650 763.73 倍。

科学的发展要求不断地提高基准的准确度、稳定性和复现精度。于是，1983 年 10 月召开的第十七届国际计量大会正式通过了用光速常数 c 定义“米”的决议：米是光在真空中在 1/299 792 458 s 的时间间隔内所行路程的长度。这里的“299 792 458”就是 c 值，是自然界中最基本、最重要的常数之一，目前认为它是一个恒定不变的量。因此，新的米定义把 c 值“固定”为 299 792 458 m/s，这样，c 就是一个完全精确的值，不再具有任何不确定度，也不需要用实验来测定。用 c 来定义“米”，除了稳定性好，可保持永久不变之外，还有如下主要优点：其一，准确度高。新米定义表现为：光在 1 s 内传播 c(m)，在 $1/c$ s 内传播 1 m，即

$$\lambda = c/f$$

c 规定为准确值，而频率 f 是目前测量准确度最高的物理量，某些先进国家(例如美国)已达 10^{-18} 的准确度，并在进一步的提高之中。因此，由上式得出的波长(长度)值与 f 有同等的准确度，比用旧基准测量的极限准确度(10^{-10})提高几个量级。而且，随着测量频率准确度的提高，长度测量的准确度还有望进一步提高。

其二，实现两大基本单位的统一。因为按照用 c 定义的新基准，长度单位已成为由时间单位派生的一个“导出”单位。但在目前，考虑到长度单位在单位制中占有重要地位，废除它作为基本单位会引起量纲上许多麻烦，因此，目前仍然把它作为基本单位。

其三，利于天文数据的长期稳定。保持 c 值固定不变，就可保证不再因为 c 的尾数不断变动而不得不经常修改浩瀚的天文数据。这对于天文学尤其有利。

2. 用 $h/2e$ 定义“伏”

1910 年以后,全世界各地均以“Weston 标准电池组”来保存和复现电压单位(伏),虽然标准电池组被放置在精心设计和建设的恒温恒湿防震室中,但终因物理和化学因素变化,其值仍不断变化;为了消除各国电压单位量值之差的差异,国际计量局从 1935 年开始,安排各国电压单位量值进行国际比对,每三年比对一次,至 1973 年共比对了十三次。国际比对的结果表明,这类电池组的电动势每三年有万分之几的漂移,但不清楚这些漂移来自国际计量局的标准电池组还是来自参加比对的国家的电池组,或者两者都在变动;此外,比对前后电池组运输过程是否引起电动势变化也属未知。因此,用 Weston 电池组作为电压基础是有问题的。

1962 年,英国剑桥大学学生 Jose Phson 从理论上预言:两块弱耦合超导体形成的超导结受到微波照射,就会产生电压—电流特性阶跃现象(现称为 Jose Phson 约瑟夫森效应):

$$V_n = n\frac{hf}{2e}$$

这一预言于 1963 年被美国的 Rowel L 等人首先从实验上证实。上式中,n 为阶数,V_n 为第 n 阶电压,f 为入射的微波频率。因为 n 一旦选定就不变,$h/2e$ 是常数,频率 f 又是可调的,利用上式可以进行电压绝对测量。

按照当前的理论和实验知识,V_n 与超导结的材料、几何形状、形式特征、装配方法无关,而且几乎不受环境条件的影响,只由频率 f 决定。而频率 f 的测量,目前已达 10^{-18} 的准确度。这样,利用约瑟夫森效应就可实现极为准确的电压基准。只要 $h/2e$ 不变,这样定义出来的电压基准也就不会变。

这种用 $h/2e$ 定义的电压基准的优越性是明显的。美国从 1972 年 7 月 1 日起就已建立这种基准。经国际商定,自 1976 年开始正式采用这种基准保存电压单位值,$2e/h$ 值经协议暂固定为 483 594.0 GHz。

3. 普朗克常数的测量

测量普朗克常数的关键技术之一是瓦特秤(Watt balance),由 NPL 的 Bryan Kibble 于 1975 年是首次提出。2016 年,为纪念 Bryan Kibble 的去世,瓦特秤被重新命名为基布尔秤(Kibble balance)。

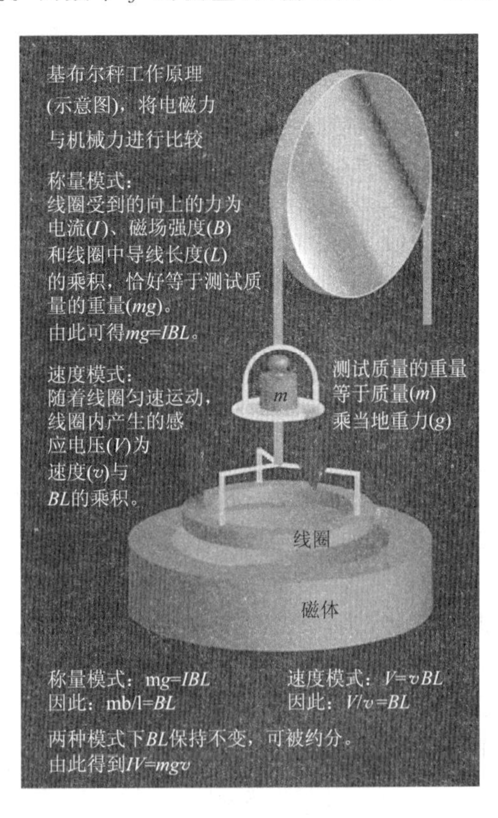

图 2.1 基布尔秤原理图

基布尔秤原理(见图 2.1):在普通的天平秤中,在秤的一端放上待称量的物体,在另一端逐渐加砝码,直到砝码的质量(重力)等于待称量物体的质量(重力),秤就会保持平衡。基布尔秤与此不同的是,虽然要平衡的一端仍然是物体的重力,另一端却是通电线圈与磁场相互作用产生的电磁力。

基布尔秤可以在两种不同模式下运行：

(1)称量模式(Weighing mode)

将待称量物体放在线圈上方的秤盘中，产生向下的重力(mg)。然后，在基布尔秤的称量模式下，让电流通过线圈，直到电流和磁体相互作用产生的向上的力恰好平衡向下的重力，系统达到平衡，记录此时的电流。这个力的计算非常简单，就是19世纪人们已经知道的安培定律：$F=IBL$(I 是电流，B 是磁感应强度，L 是线圈长度)。但问题是要精确的测量 BL 异常困难，而这需要下一步“速度模式”的进一步测量。

(2)速度模式(Velocity mode)

速度模式运用的也是一条19世纪就发现的定律——法拉第电磁感应定律。在基布尔秤中，取出待称量物体，关掉通过线圈的电流，让相干激光保证线圈以恒定的速度在周围磁场中运动，此时会产生感应电动势 V，并与线圈速度 v 成正比，即 $V=vBL$。这里的 BL 与称量模式的完全相同。然后，结合 $mg=IBL$ 和 $V=vBL$ 这两个公式，发现公式两边的 BL 相互抵消了，最终得到 $IV=mgv$(也就是电功率和机械功率的平衡，它们的单位都是瓦特)。所以，质量可以通过 $m=IV/gv$ 计算。然而，这一切与普朗克常数有什么关系呢？普朗克常数与电压和电流又有何联系？这背后其实跟两个物理常数——约瑟夫森常数($K_J=2e/h=483\ 597.9$ GHz/V)和冯·克利青常数($R_K=h/e^2=25\ 812.807\ \Omega$)有关，这两个常数的确定都获得了诺贝尔奖。1962年，约瑟夫森(Brian Josephson)提出了与电压测量有关的约瑟夫森效应，当施加在超导结上的电压产生频率与电压成正比的交流电时，就会产生交流约瑟夫森效应，频率的测量可以比其他任何量都要精确。因此，约瑟夫森常数提供了一种测量电压的精确方法。

电流的测量则是通过测量线圈的电阻，而这与冯·克利青常数 R_K 相关。R_K 描述的是在某些类型的物理系统中，电阻以离散的量子化的形式存在，而非连续的数值。R_K 具有极高的精度，因而在世界各地被用作电阻的标准。这两个常数都与普朗克常数有关。如此，普朗克常数就可以通过电流和电压与质量联系起来。如果精确知道物体的质量，就可以测量 h 的数值；反过来，如果知道 h 的确切数值，也就可以测量物体的质量。而后者，正是此次重新定义质量所依据的原理。

另一种计算普朗克常数的方法——用硅原子的质量来定义千克，方法是计算1 kg的超纯硅-28(硅的最丰富的同位素，总共包含28个质子和中子)球体中的原子数量。而这背后与另一个熟知的常数有关，即阿伏伽德罗常数(N_A)。准确地测定阿伏伽德罗常数 N_A 是利用单晶硅晶体。一个单晶硅晶体由它的密度 ρ、质量 m、体积 V、摩尔质量 M_{Si} 以及它的(带有 n 个原子的)单晶胞体积 V_0，可以算出阿伏伽德罗常数 N_A：

$$N_A=\frac{M_{Si}}{\rho V_0/n}=\frac{M_{Si}n}{\rho a_0^3}$$

据此可由阿伏伽德罗常数导出宏观与微观单位间的关系，就是摩尔体积与原子体积之比。为此，需要进行4个量的科学测定，即硅的原子量、单晶硅的体积和密度、单晶胞的体积，以及单晶胞内含有的原子数目。

在目前的国际单位制中，阿伏伽德罗常数被定义为12克碳-12所包含的原子数目，其数值大约为 6.022 140 76×10^{23} mol^{-1}。通过已知的方程，就可以通过阿伏伽德罗常数计算出普朗克常数。

困难的是，如何精确确定阿伏伽德罗常数的数值？为了最小化不确定性，科学家将 1 kg 均匀的硅-28 晶体制作成一个近乎完美的球体，完美到如果让这个“硅球”膨胀到地球那么大，那么硅球的表面上“最高的山峰”和“最深的海洋”也不过 3～5 nm 的差距。另一方面，这块硅-28 晶体球的纯度高达 99.999 5%，这种高纯度确保了所有原子具有同样的质量，因而可以简化计算。

光学干涉测量术使得对球体直径的测量可以精确到纳米量级；而 X 射线晶体学则提供了硅晶体结构的图像。根据这些，就可以精确确定阿伏伽德罗常数的数值。对“硅球”的四项测量也符合国际要求。基布尔秤和阿伏伽德罗常数这两种方法形成互补，最终确定了普朗克常数的值为 6.626 070 15×10^{-34} J·s，不确定度只有十亿分之十。

总之，目前计量基准发展的总趋势是：通过频率准确测量，利用基本物理常数来定义其他基本单位，建立起永久不变的自然计量基准。当然，利用基本物理常数建立起来的基准的准确度，有赖于目前的基本物理常数的知识。

2.5 单位的量子基准

经典计量中所用的计量基准主要是实物基准。这种实物基准的缺点正在于它们是一些具体的宏观实物。由于受一些不易控制的物理和化学过程的影响，实物基准所保存的量值会发生缓慢地变化，已不能满足现代工业和科学技术对计量准确度日益提高的要求。如果只从改善材料稳定性和制作工艺的方向努力，已很难大幅度提高实物基准的准确度。但是，20 世纪量子物理学的光辉成就为计量科学提供了飞跃发展的机会，特别是提供了建立量子基准以代替传统的实物基准的可能性。

量子物理学阐明了各种微观粒子的运动规律，特别是微观粒子的态和能级的概念。按照量子物理学，宏观物体中的微观粒子如果处于相同的微观态，其能量有相同的确定值，也就是处于同一能级上。当粒子在不同能级之间发生量子跃迁时，将伴随着吸收或发射能量等于能级差 ΔE 的电磁波能量子，也就是光子。而且电磁波频率 f 与 ΔE 之间满足普朗克公式，即两者之间成正比，而比例系数为普朗克常数 h。也就是说，电磁波的频率反映了能级差的数量。值得注意的是，宏观物体中基本粒子的能级结构与物体的宏观参数，如形状、体积、质量等并无明显关系。因此，即使物体的宏观参数随时间发生了缓慢变化，也不会影响物体中微观粒子的量子跃迁过程。这样，如果利用量子跃迁现象来复现计量单位，就可以从原则上消除各种宏观参数不稳定产生的影响，所复现的计量单位不再会发生缓慢漂移，计量基准的稳定性和准确度可以达到空前的高度。更重要的一点是量子跃迁现象可以在任何时间、任何地点用原理相同的装置重复产生，不像实物基准是特定的物体，一旦由于事故而毁伤，就不可能再准确复制。因此用量子跃迁复现计量单位对于保持计量基准量值的高度连续性也有重大的价值。习惯上，此类用量子现象复现量值的计量基准统称量子计量基准。

第一个付诸实用的量子计量基准是 1960 年国际计量大会通过采用的氪-86 光波长度基准。其原理是利用氪-86 原子在两个特定能级之间发生量子跃迁时所发射的光波的波长作为长度基准。此种基准不像原来的 X 形原器米尺实物基准那样，长度量值受环境温度、气压等因素的影响，其准确度比实物基准高出近百倍，达到 10^{-9} 量级。

第二个量子计量基准，也是最著名和最成功的一种量子计量基准，是 1967 年在国际上正式启用的铯原子钟。此种基准用铯原子在两个特定能级之间的量子跃迁所发射和吸收的无线电微波的高准确频率作为频率和时间的基准，以代替原来用地球的周期运动导出的天文时间基准。尽管地球这个实物庞大无比，但其各种宏观参数亦在缓慢地变化，因而其运动的稳定性并不高，仅为 10^{-8} 量级。而近年来铯原子钟的准确度已达到 10^{-15} 量级，比地球运动的稳定性高了 6～7 个数量级，几千万年才有可能相差 1 s，充分说明了量子计量基准的重大优越性。铯原子钟的巨大成功在天文学、通信技术以至全球定位技术、导弹发射等方面均得到了广泛的应用。量子计量基准的准确性也受到一些原则性的限制。前面已谈到过，量子计量基准的高准确度源于微观粒子在能级间的量子跃迁过程的高稳定性。当然，这首先要求与跃迁有关的能级本身十分稳定。如果能级能量的不确定度为 ΔE，处于此能级上的粒子的寿命为 Δt，按照海森堡测不准关系式 $\Delta E \times \Delta t \sim h$，两者的乘积近似等于普朗克常数。如果 Δt 越长，能级的不确定性 ΔE 也就越小。这就促使科学家努力寻找各种长寿命能级，以进一步提高量子计量基准的准确度。例如有人提出用锶原子的长寿命能级之间的量子跃迁，可把原子钟的准确度再提高一步，达到 10^{-16} 量级。一些其他更有前途的方案，也在发展之中。近年来由于激光技术的飞速发展，使人们对长寿命能级的知识不断增加，制成了一系列极稳定的激光器，其波长的稳定性达到 10^{-15} 量级，并于 1983 年替代了氪-86 光波长度基准而成为新的更高水平的量子长度基准，与 20 世纪上半叶还在使用的 X 形米尺原器实物基准相比，真是不可同日而语。

随着人们对各种量子跃迁的认识不断深入，量子计量基准已不再局限于复现长度与时间这两种基本单位。20 世纪 80 年代以来，电学的量子计量基准也得到了飞速的发展。两种荣获诺贝尔物理学奖的重大发现促使了约瑟夫森电压量子基准和量子化霍尔电阻基准的建立。1988 年国际计量委员会已建议从 1990 年 1 月 1 日起在世界范围内启用约瑟夫森电压标准及量子化霍尔电阻标准以代替原来的由标准电池和标准电阻维持的实物基准，并给出这两种新标准中所涉及的约瑟夫森常数（K_J）及冯克里青常数（R_K）的国际推荐值。从几年来的实践结果来看，1988 年国际计量委员会的建议是十分有效的。采用新方法后电压单位和电阻单位的稳定性和复现准确度提高了 2～3 个数量级。新的量子电学基准的特点也是只与两个基本物理常数——普朗克常数 h 及基本电荷量 e 有关，不会因具体实现手段而发生变化。由上所述可以看到，新一代的量子计量基准的特点是基于微观物理学的规律，并设法把计量单位的定义与基本物理常数相联系。由于基本物理常数是不会变化的，因此这样定义的计量单位极为稳定，不会随着时间而发生漂移。而且单位的定义也无须因具体实现手段的进步而变化。计量基准的准确度要求很高。为了用基本物理常数复现计量单位，必须首先用精密物理实验把有关的基本物理常数测量得非常准确。另一方面，这些精密物理实验也正是发现新的物理规律的重要手段，一些重要的精密物理实验就是在国家级的计量实验室中借助现代计量仪器完成的。因此，基本物理常数的精密测量就成了现代物理学与计量学的结合点。在新发展中，基本物理常数的精密测量与量子计量基准的相互促进将更为明显。

【思考题与习题】

1. 简述量和量值的定义。

2. 名词解释：(1)计量单位；(2)计量单位制；(3)基本单位；(4)导出单位；(5)一贯单位；(6)一贯单位制；(7)倍数单位；(8)分数单位。

3. 简述量纲的作用。

4. 国际单位制是怎样构成的？有哪些优点？

5. 简述7个SI基本单位对应的量的名称、单位名称和单位符号。

6. 列举10个国际单位制中具有专门名称的导出单位。

7. SI中常用的词头有哪些？列出SI词头中的10^{-12}～10^{12}的名称和符号。

8. 简述基本物理常数以及普朗克常数的测量。

9. 简述经典基准与量子基准的区别。

第3章　量值传递与溯源和测量控制

量值传递与溯源是计量工作的重要任务之一，是保证量值准确一致的重要手段。

3.1　计量基准和计量标准

3.1.1　计量基准

计量基准是计量基准器具的简称，是经国家权威机构承认，在一个国家或经济体内作为同类量的其他测量标准定值依据的测量标准。其具有当代（或本国）最高计量特性的计量器具，是统一量值的最高依据。

经国际协议承认的测量标准，在国际上作为对有关量的其他测量标准定值的依据，称为国际计量基准（简称国际基准）。

计量基准是我国以及国际上一部分国家，对用于统一量值并作为最高依据的测量标准器所赋予的专有名称，又称为国家计量基准。计量基准保证着一个国家的量值统一和准确，各国都非常重视计量基准的建立和管理，不少都纳入法制化管理。我国有关计量基准管理的法律规范主要有：《计量法》，《中华人民共和国计量法实施细则》，《计量基准管理办法》（国家质检总局令第 94 号，2007 年发布）。

计量基准是指为了定义、实现、保存、复现量的单位或者一个或多个量值，用于有关量的测量标准定值依据的实物量具、测量仪器、标准物质或者测量系统。国家计量基准是指经国家决定承认的测量标准，在一个国家内作为有关量的其他测量标准定值的依据（JJF 1001—1998 定义）。全国的各级计量标准、工作计量器具以及标准物质测量的定值，都必须溯源于计量基准。计量基准可以进行仲裁检定，所出具的数据，能够作为处理计量纠纷的依据并具有法律效力。

计量基准器具简称计量基准，是指用以复现和保存计量单位量值，经国家技术监督局批准，作为统一全国量值最高依据的计量器具。通常计量基准分为国家计量基准（主基准）、国家副计量基准和工作计量基准三类。国家计量基准是一个国家内量值溯源的终点，也是量值传递的起点，具有最高的计量学特性。国家副计量基准是用以代替国家计量基准的日常使用和验证国家计量基准的变化，一旦国家计量基准损坏，国家副计量基准可用来代替国家计量基准。工作计量基准主要是用以代替国家副计量基准的日常使用。检定计量标准，以避免由于国家副计量基准使用频繁而丧失其应有的计量学特性或遭损坏。计量基准器具的地位，国家以法律形式予以确定。《计量法》第五条规定："国务院计量行政部门负责建立各种计量基准器具，作为统一全国最值的最高依据。"建立计量基准器具的原则，是要根据国民经济发展和科学技术进步的需要，统一规划，组织建立。属于基本的、通用的计量基准器具，建立在国家设置的决定计量检定机构；属于专业性强的或者工作条件要求特殊的计量基准器具,可以授权其他部门建立在有关技术机构。

国家(计量)基准(national primary standard of measurement):在特定计量领域内复现和保存计量单位并且具有最高计量学特性,经国家鉴定、批准作为统一全国量值最高依据的计量器具。

国家计量基准就是经国家决定承认的基准,在一个国家内作为对有关其他计量标准定值的依据。计量基准是一个国家与其他国家量值保持等效的唯一接口,是促进国际合作和经贸往来的通用世界技术语言,是支撑国际贸易顺利进行、保障一个国家技术主权的重要基础,也是打破技术性贸易壁垒的关键。

国家的副计量基准是用以代替国家计量基准的日常使用和验证国家计量基准的变化,一旦国家计量基准损坏,国家副计量基准可用来代替国家计量基准。工作计量基准主要是用以代替国家副计量基准的日常使用。检定计量标准,以避免由于国家副计量基准使用频繁而丧失其应有的计量学特性或遭损坏。计量基准器具的地位,国家以法律形式予以确定。

国家质检总局于 2016 年 2 月 29 日批准并正式启用(中、高、低频)振动、冲击加速度、容量、硬度、声学等领域 10 项国家计量基准。截至 2016 年 2 月,我国共建立了 183 项国家计量基准。基于国家计量基准的 1 266 项国家最高测量能力得到国际认可,位居亚洲第一,世界第四。

计量基准的分类:计量基准按其定义计量单位的形式可分为自然基准和实物基准。

实物基准是以实物来定义、复现计量单位的计量基准,又称"人工基准",例如,质量计量基准就是实物基准千克原器。

自然基准是指以自然现象或物理效应来定义计量单位而以实物复现的计量基准。例如,长度计量基准是自然基准,它是以激光波长来定义的。

计量基准的发展史:从计量的发展历史看,计量基准经历了 4 个发展阶段。

1)以自然物为基准

第 1 个阶段是以自然物为计量基准。最初始的自然物是人体的器官,即以人自身的手足和手足的动作作为度量的标准。《孔子家语》说:"夫布指知寸,布手知尺,舒肘知寻(八尺),斯不远之则也"。意思就是说中指中节上一横纹称为一寸,拇指同中指反方向伸开的距离称为一尺,两臂伸长得八尺称为一寻。

图 3.1 岷山导江的大禹

在我国有历史记载并比较有名的是大禹"以身为度"的故事(见图 3.1)。相传,大禹在治理黄河水患时,在疏通水道,引水入海的过程中需要对山川水势进行测量。规矩准绳就是当时最常用的测量工具。那么如何保证治水工程中规矩准绳计量标准的统一?《史记》记载:(禹)"身为度,称以出"。意思是大禹用自己的身体和体重定出长度和重量的标准,把标准复制到木棍、矩尺和准绳上,测量长度、重量时就可以直接读数和计算,治水工程即使在不同地区也可以复现和传递这个量。

其实,在很多国家、很多地区,都有"以身为度"的历史记载。

2)以人为制造物基准

第 2 个阶段是以人为制造物为计量基准。

随着社会的发展,科技的进步,以人体等自然物为计量标准就难以满足经济社会生活的需要了,于是就开始人为制造一些计量标准物。

我国计量史上以人为物为标准器的经典作品是“新莽嘉量”。在我国历史中,东汉与西汉之间有一个短命王朝“新”,它是东汉权臣王莽创立的,王莽在篡夺东汉政权时,为了满足其托古改制的政治需要,征集当时学识渊博通晓天文乐律的一百多名学者,在著名律历学家刘歌主持下,完成了中国历史中规模最大的一次度量衡制度改革。并监制了一批度量衡标准器,其中最著名的就是新莽嘉量。目前,还保存在台北故宫博物院。

图 3.2　新莽嘉量

新莽嘉量(见图 3.2)是一个“五量合一”的标准量器,其主体是解量,另外还有斗、升、龠、合诸量。在嘉量的 5 个单位量器上,每一个都刻有铭文,详细记载了该量的形制、规格、容积以及与其他量之间的换算关系。

3)经典物理基准

第 3 个阶段是以经典物理学为基础建立的以宏观实物为参照的计量基准。

随着科学技术的进步和社会生产力的发展,计量基准已开始摆脱利用人体、自然物体等的原始状态,进入了以科学为基础的发展阶段。

1685 年,英国物理学家牛顿完成了万有引力定律和机械运动三定律的论证和描述,建立了完整的经典力学体系。经典物理学为近代计量学的创建和测量技术的发展奠定了基础。在经典物理学的基础上,人们开始探索建立计量新的基标准。1795 年 4 月 7 日,法国国民议会颁布新的度量衡制度,铸出了米和千克原器。此外,如(时间)秒、(电流)安培、(热力学温度)开尔文、(物质的量)摩尔、(发光强度)坎德拉等计量标准也在经典物理学理论指导下得到了建立和广泛应用。

19 世纪下半叶到 20 世纪上半叶,各国根据经典物理学的原理,用某种特别稳定的实物建立起了实物计量基准,使基本单位的量值由实物计量基准复现和保存。

4)量子物理基准

第 4 个阶段是以量子物理学为基础建立的微观量子基准。

为了解决实物基准不易保存且准确度存在一定局限的问题,20 世纪下半叶以来,计量科学研究者与物理学研究者紧密合作,使计量单位的定义逐步抛弃实物基准,在以量子物理学为基础的基本物理常数上进行更新。从目前的物理学知识来看,这些基本物理常数不随时间和地点的变化而变化,原子的量子特性都可以在任何时间、任何地点用原理相同的装置重复产生,从而完全解决了实物基准存在的问题。

3.1.2　计量标准

计量标准是计量标准器具的简称,是指准确度低于计量基准的,用于检定其他计量标准或工作的计量器具。它把计量基准所复现的单位量值逐级传递到工作计量器具并将测量结果在允许的范围内溯源到国家计量基准的重要环节。

用以定义、实现、保持、复现单位或一个甚至多个已知量值的实物量具、测量仪器或测量系统，其目的是通过比较把该单位或量值传递到其他测量器具。广义地说，计量标准还可以包括用以保证测量结果统一和准确的标准物质、标准方法和标准条件。

计量标准可按精度、组成结构、适用范围、工作性质和工作原理进行分类。

①按精度等级可分为在某特定领域内具有最高计量学特性的基准和通过与基准比较来定值的副基准，或具有不同精度的各等级标准。

②按组成结构可分为单个的标准器，或由一组相同的标准器组成的、通过联合使用而起标准器作用的集合标准器，或由一组具有不同特定值的标准器组成的、通过单个地或组合地提供给定范围内的一系列量值的标准器组成。

③按适用范围可分为经国际协议承认、在国际上用以对有关量的其他标准器定值的国际标准器，或经国家官方决定，承认在国内用以对有关量的其他标准器定值的国家标准器，或具有在给定地点所能得到的最高计量学特性的参考标准器。

④按工作性质可分为日常用以校准或检定测量器具的工作标准器，或用作中介物以比较计量标准或测量器具的传递标准器，或有时具有特殊结构、可供运输的搬运式标准器。

⑤按工作原理可分为由物质成分、尺寸等来确定其量值的实物标准或由物理规律确定其量值的自然标准。上述分类不是排他性的，例如，一个计量标准可以同时是基准，是单个的标准器，是国家标准器，是工作标准器，又是自然标准。

计量基准、计量标准可以统称为测量标准。

我国采取计量标准考核制度，任何单位或部门建立计量标准(对于部门和企业是最高计量标准)都须事先向政府计量行政部门提出申请，经考核合格，由政府计量行政部门批准后方可开展工作。(申请计量建标地市、县级最高计量标准和社会公用计量标准，由上一级政府计量行政部门主持考核。其他等级的由组织建立计量标准的政府计量行政部门主持考核。向主持考核的计量行政部门申请)。

社会公用计量标准:经过政府计量行政部门考核批准，作为统一本地区量值的依据，在社会上实施计量监督具有公证作用的计量标准。(解决计量纠纷时，是以计量基准或社会公用计量标准仲裁检定后的数据为仲裁依据)。

3.2 测量器具

3.2.1 计量器具

计量器具是指能用以直接或间接测出被测对象量值的装置、仪器仪表、量具和用于统一量值的标准物质。

计量器具广泛应用于生产、科研领域和人民生活等各方面，在整个计量立法中处于相当重要的地位。因为全国量值的统一，首先反映在计量器具的准确一致上，计量器具不仅是监督管理的主要对象，而且是计量部门提供计量保证的技术基础。

按结构特点分类，计量器具可以分为以下三类：

①量具是用固定形式复现量值的计量器具，如量块、砝码、标准电池、标准电阻、竹木直尺、线纹米尺等。

②计量仪器仪表，是将被测量的量转换成可直接观测的指标值等效信息的计量器具，如压力表、流量计、温度计、电流表、电压表、心脑电图仪等。

③计量装置，即为了确定被测量值所必需的计量器具和辅助设备的总体组合，如里程计价表检定装置、高频微波功率计校准装置等。

按计量学用途分类，计量器具也可以分为以下三类：计量基准器具、计量标准器具、工作计量器具。

计量器具是计量学研究的一个基本内容，是测量的物质基础。在国际上，计量器具与测量仪器是同义术语，它被定义为"单独地或连同辅助设备一起用以进行测量的器具"，在我国计量器具是计量仪器，又称主动式，测量仪器和量具也称被动式。

计量器具以及计量装置的总称按技术性能及用途计量器具可分为基准、标准和普通计量器具。

1)基准计量器具

计量基准就是在特定领域内，具有现有最高计量特性其值不必参考相同量的其他标准，而被指定的或普通承认的测量标准。经国际协议公认，在国际上作为给定量的其他所有标准定值依据的标准称为国际基准，经国家正式确认，在国内作为给定量的其他所有标准定值依据的标准称为国家基准，基准计量器具通常有主基准参考基准、副基准参考基准和工作基准之分。

基准计量器具的主要特征：

①符合或接近计量单位定义所依据的基本原理。

②具有良好的复现性，并且实现保持或复现的计量单位（或其倍数或分数）具有当代或本国的最高精度。

③性能稳定计量特性长期不变。

④能将所定义实现保持或复现的计量单位（或其倍数或分数）通过一定的方法或手段传递下去。

2)计量标准器具

计量标准是指为了定义实现保存或复现量的单位（或一个或多个量值）用作参考的实物量具、测量仪器标准物质或测量系统。

我国习惯性为基准高于标准，这就是从计量特性来考虑的，各级计量标准器具必须直接或间接地接受国家基准的量值传递而不能自行定度。

3)普通计量器具

普通计量器具是指一般日常工作中所用的计量器具，可获得某给定量的计量结果。

按等级分类，计量器具可以分为以下三类。

(1)A类计量器具的范围：

①公司最高计量标准和计量标准器具；

②用于贸易结算、安全防护、医疗卫生和环境监测方面，并列入强制检定工作计量器具范围的计量器具；

③生产工艺过程中和质量检测中关键参数用的计量器具；

④进出厂物料核算用计量器具；

⑤精密测试中准确度高或使用频繁而量值可靠性差的计量器具。

A 类计量器具包括：一级平晶、零级刀口尺、水平仪检具、直角尺检具、百分尺检具、百分表检具、千分表检具、自准直仪、立式光学计等。

(2)B 类计量器具的范围：

①安全防护、医疗卫生和环境监测方面，但未列入强制检定工作计量器具范围的计量器具；

②生产工艺过程中非关键参数用的计量器具；

③产品质量的一般参数检测用计量器具；

④二、三级能源计量用计量器具；

⑤企业内部物料管理用计量器具。

B 类计量器具包括：卡尺、千分尺、百分尺、千分表、水平仪、直角尺、塞尺、水准仪、经纬仪、焊接检验尺、超声波测厚仪、5 m 以上的卷尺、温度计、压力表、测力表、转速表、衡器、硬度计、天平、电压表、电流表、兆欧表、电功率表、电桥、电阻箱、检流计、万用表、标准电阻箱、校验信号发生器、超声波探伤仪、分光光度计等。

(3)C 类计量器具的范围：

①低值易耗的、非强制检定的计量器具；

②公司生活区内部能源分配用计量器具，辅助生产用计量器具；

③在使用过程中对计量数据无精确要求的计量器具；

④国家计量行政部门明令允许一次性检定的计量器具。

C 类包括钢直尺、弯尺、5 m 以下的钢卷尺等。

量具：以固定形式复现量值的计量器具称为量具，一般没有指示器和在测量过程中没有可以运动的测量元件。在电信计量中属于量具的有标准电池、标准电容、标准电阻等。

计量装置：计量器具及其为进行测量所需的辅助设备的总体，称为计量装置。使用计量器具时应注意的问题包括：

①要根据工作实际需要正确选用计量器具，包括量程、测量范围、使用条件、测量不确定度等。要防止“准确度越高越好”的错误观念。

②使用计量器具必须经检定合格并在有效期内使用。不准在工作岗位上使用无检定合格印、证或超过检定周期以及经检定不合格的计量器具。

③使用计量器具不得破坏其准确度，损害国家和消费者的利益。

属于强制检定的计量器具必须按国家规定送法定计量检定机构（包括授权的）实行定点定周期检定。（定点是指要由有资格的法定计量检定机构检定。）

部门和企业使用的最高计量标准器具，以及用于贸易结算、安全防护、医疗卫生、环境监测方面列入强制检定目录的工作计量器具，应当进行强制检定。未按照规定申请检定或者检定不合格的，企业不得使用。

对于非强制检定的计量器具，企业可以根据计量器具使用的情况自己制订周期（我国以前有过计量定级，把计量器具分成 A、B、C 类），这样做也符合 ISO 10012 标准的规定（ISO 10012 中称作计量确认间隔）。

计量器具管理是国家有关部门对计量器具的制造、修理、销售、使用进行的管理制度和行为。中国对计量器具的制造和修理实行许可证制度。外商在中国销售计量器具须向国务院计量行政部门申请形式批准，县级以上人民政府计量行政部门对计量器具的销售实施监督检查。禁止在工作岗位上使用无检定合格印、证或者超过检定周期以及经检定不合格的计量器具。

计量管理是国家为统一计量单位，保证全国的量值准确可靠，而对计量工具的使用、检定、制造、修理、销售等行为进行的各种管理工作。依其内容和形式可分为两种模式：①有的国家对几乎所有计量器具都列入计量管理范围。②美、日等国对涉及人民消费、人身安全与健康、社会经济秩序、环境保护等计量器具列入法制计量管理，其余各类测量仪器、工业、科研、国防部门使用的计量器具，大都实行自愿送检，政府不作强制性管理。

3.2.2　测量仪器

计量仪器：能把被测量值转换成为可直接观测的指示值或等效信息的计量器具称为计量仪器（仪表）。它包括指示式仪表、记录式仪表和比较式仪表等，由独立完备组件构成的传感器以及能产生附加或附属功能的部件也属于计量仪器。由于电信计量中主要使用的计量器具是计量仪器（仪表），因此习惯上常把计量器具称为测量仪器。

1. 测量仪器的计量特性

测量仪器的计量特性是指其影响测量结果的一些明显特征，其中包括测量范围、偏移、重复性、稳定性、分辨力、鉴别力〔阈〕和示值误差等。为了达到测量的预定要求，测量仪器必须具有符合规范要求的计量学特性。

确定测量仪器的特性，并签发关于其法定地位的官方文件，称为测量仪器控制。这种控制可包括对测量仪器的下列运作中的一项、两项或三项：型式批准；检定；检验。

这些工作的目的是要确定测量仪器的特性是否符合相关技术法规中规定的要求。型式批准是由政府计量行政部门做出的承认测量仪器的型式符合法定要求的决定。所谓型式，是指某一种测量仪器的样机及（或）它的技术文件（例如：图纸、设计资料等），实质上就是该种测量仪器的结构、技术条件和所表现出来的性能。

检定是查明和确认测量仪器是否符合法定要求的程序，它包括检查、加标记和（或）出具检定证书。检验是对使用中测量仪器进行监督的重要手段，其内容包括检查测量仪器的检定标记或检定证书是否有效、保护标记是否损坏、检定后测量仪器是否遭到明显改动，以及其误差是否超过使用中最大允许误差等。

2. 标称范围、量程和测量范围

测量仪器的操纵器件调到特定位置时可得到的示值范围，称为标称范围。此时的示值范围是与测量仪器的整体相联系的，是指标尺所指示的被测量值可得到的范围。标称范围通常以用被测量的单位表示，而不管标尺上所标的单位是什么。例如：一台万用表，把操纵器件调到×10一挡，其标尺上、下限的数码为0～10，则其标称范围为(0～100)V。标称范围一般用上限和下限说明，例如：(100～200)℃。当下限(即最小值)为零时，标称范围一般只用其上限(即最大值)来表示，例如：(0～100)V的电压表，其标称范围可表示为100 V。

标称范围的上限与下限之差的绝对值，称为量程。例如：某温度计的标称范围为(－30～80)℃，则其量程为|80－(－30)|℃＝110 ℃；某电压表的标称范围为100 V，则其量程为|100－0|V＝100 V。

测量范围，又称工作范围，是指测量仪器的误差处于规定的极限范围内的被测量的示值范围。在这一规定的测量范围内使用，测量仪器的示值误差必处在允许极限内；而若超出测量范围使用，示值误差就将超出允许极限。换言之，测量范围就是在正常工作条件下，能确保测量仪器规定准确度的被测量值的范围。

有些测量仪器的测量范围与其标称范围相同，例如体温计、电流表、压力表、密度计等。而有的测量仪器处在下限时的相对误差会急剧增大，例如地秤，这时应规定一个能确保其示值误差处在规定极限内的示值范围作为测量范围。可见，测量范围总是等于或小于标称范围。

注意正确区别和掌握示值范围、标称范围、测量范围和量程的概念。示值范围是指测量仪器标尺或显示装置所能指示的范围，可用标在标尺或显示器上的单位表示；标称范围是对测量仪器整体而言的，通常用被测量的单位表示；测量范围是指能保证规定准确度、使误差处于规定极限内的量值范围；量程则是指标称范围内上、下限之差的绝对值。

3. 额定操作条件、极限条件和参考条件

额定操作条件是指测量仪器的正常工作条件，也就是使测量仪器的规定计量特性处于给定极限内的使用条件。在这些条件中，一般包括被测量和影响量的范围或额定值，只有在规定的范围或额定值下使用，测量仪器才能达到规定的计量特性或规定的示值允许误差值。例如：工作压力表测量范围的上限为10 MPa，则压力的最大值只能加到10 MPa；额定电流为10 A的电能表，其输入电流不得超过10 A。在使用测量仪器时，搞清额定操作条件十分重要，只有满足这些条件，才能保证测量结果的准确性和可靠性。

测量仪器的规定计量特性不受损也不降低，其后仍可在额定操作条件下运行所能承受的极端条件，称为极限条件。极限条件应规定被测量和影响量的极限值。例如，有些测量仪器可以进行测量上限之上10%的超载试验，在包装条件下的振动试验，(－40～50)℃的温度试验或95%RH以上的湿度试验等，这些都属于测量仪器的极限条件。

参考条件是指测量仪器在性能试验或进行检定、校准、比对时的使用条件，即标准工作条件，又称标准条件。这些条件一般应对作用于测量仪器的影响量的参考值或参考范围作出明确规定，以真正反映测量仪器的计量性能并保证测量结果的可比性。

注意正确区别和掌握额定操作条件、极限条件和参考条件。前者是测量仪器正常使用的条件，后者是为确定测量仪器本身计量性能所规定的标准条件，极限条件则是仪器不受损坏和不降低准确度所允许的极端条件。在这三者中，参考条件的要求最严，额定操作条件则较宽，而极端条件的范围和额定值为最大。

4. 示值误差和最大允许误差

示值就是由测量仪器所指示的被测量值。测量仪器的示值误差是测量仪器示值与对应的输入量的真值之差，它是测量仪器最主要的计量特性之一，本质上反映了测量仪器准确度的大小，即测量仪器给出接近于真值的响应能力。示值误差大，则其准确度低；示值误差小，则其准确度高。

示值误差是相对真值而言的，由于真值不能确定，实际上使用的是约定真值或实际值。为确定测量仪器的示值误差，当接受高等级的测量标准对其进行检定或校准时，该测量标准器复现的量值即为约定真值，通常称为实际值、校准值或标准值。所以，指示式测量仪器的示值误差＝示值－实际值，实物量具的示值误差＝标称值－实际值。

例如：被检电流表的示值 I 为 40 A 时，用标准电流表检定，其电流实际值 $I_0=39$ A，则示值 40 A 的误差 Δ 为：$\Delta=I-I_0=(40-39)\text{A}=1$ A 即该电流表的示值比其约定真值大 1 A。

又如：某工作玻璃量具的容量的标称值 v 为 1 000 mL，经标准玻璃量具检定，其容量实际值 v_0 为 1 005 mL，则量具的示值误差 Δ 为：$\Delta=V-V_0=(1\ 000-1\ 005)\text{mL}=-5$ mL，即该工作量具的标称值比其约定真值小 5 mL。

测量仪器示值误差，通常简称为测量仪器的误差，可用绝对误差形式表示，也可用相对误差形式表示。确定测量仪器示值误差的大小，是为了判定测量仪器是否合格，并获得其示值的修正值。

对给定的测量仪器，由规范、规程等所允许的误差极限值，称为测量仪器的最大允许误差。通常可简写为 mpe，有时也称为测量仪器的允许误差限。

示值误差和最大允许误差均是对测量仪器本身而言的。最大允许误差是指技术规范（例如标准、检定规程、校准规范）所规定的允许误差极限值，它是一个判定测量仪器合格与否的规定的要求；而示值误差则是指测量仪器某一示值的误差的实际大小，它是通过检定、校准所得到的一个值或一组值，用以评价测量仪器是否满足最大允许误差的要求，从而判断其是否合格，或者根据实际需要提供修正值，以提高测量结果的准确度。

5. 灵敏度

测量仪器响应的变化除以对应的激励变化，称为灵敏度。它反映测量仪器被测量（输入）变化引起仪器示值（输出）变化的程度，用被观察变量的增量（即响应或输出量）与相应被测量的增量（即激励或输入量）之商来表示。如果被测量变化很小，而引起的示值改变（输出量）很大，则该测量仪器的灵敏度很高。

灵敏度是测量仪器重要的计量特性之一，其值应与测量目的相适应，并不是越高越好。例如：为了方便读数，及时地使示值稳定下来，有时还需要施加阻尼，特意降低灵敏度。

6. 分辨力

显示装置能有效辨别的最小的示值差，称为显示装置的分辨力，或简称为分辨力。它是指显示装置中对其最小示值的辨别能力。模拟式显示装置的分辨力，通常为标尺分度值的一半，即用肉眼可以分辨到一个分度值的1/2；当然也可以采取其他工具，例如放大镜、读数望远镜等来提高分辨力。

对于数字式显示装置，其分辨力为末位数字的一个数码。对半数字式的显示装置，其分辨力为末位数字的一个分度。显然，分辨力高可以降低读数误差，从而减少读数误差对测量结果的影响。

7. 稳定性和漂移

稳定性通常是指测量仪器保持其计量特性随时间恒定的能力。若稳定性不是对时间而言，而是对其他量而言，则应予以明确说明。稳定性通常用以下两种方式定量地表征：①计量特性变化的某个规定量所经历的时间；②计量特性经过规定的时间所发生的变化量。

例如：标准电池对其长期稳定性（电动势的年变化幅度）和短期稳定性（电动势在3～5天内的变化幅度）分别提出了明确的要求；量块的稳定性，则以规定长度每年的允许最大变化量（微米/年）进行考核。

对于测量仪器，尤其是测量标准或某些实物量具，稳定性是重要的计量特性之一。测量仪器产生不稳定的因素很多，主要是由于元器件的老化、零部件的磨损，以及使用、储存、维护工作不细致等所导致。对测量仪器进行周期检定或定期校准，就是对其稳定性的一种考核。

漂移是测量仪器计量特性的慢变化。它反映了在规定的条件下，测量仪器计量特性随时间的慢变化，诸如在几分钟、几十分钟或几小时内，保持其计量特性恒定的能力。例如：测量仪器在规定时间内的零点漂移，线性测量仪器静态特性随时间变化的量程漂移。

漂移往往是由于温度、压力、湿度等外界变化所致，或由于仪器本身性能的不稳定所致。测量仪器使用前采取预热、预先在实验室内放置一段时间与室温等温，可减少漂移。

8. 分度值

分度值是对应两相邻标尺标记的两个值之差。标尺间隔用标在标尺上的单位来表示，与被测量无关。

9. 测量仪器的准确度

测量仪器的准确度是测量仪器给出接近于真值的响应能力。响应：输入测量仪器的信号称为激励，测量仪器的输出信号称为响应。测量准确度：测量结果与被测量真值之间的一致程度。

注：①不要用术语精度（精密度）代替准确度。②准确度是一个定性概念。

实际中，不用“测量仪器的准确度”，而是用“准确度等级”“最大允许误差”对测量仪器“准确度水平”进行定量描述（可以用准确度“高、低”来定性描述）。一般不用“测量不确定度”来描述测量仪器，但可以理解为：测量仪器在用上一级标准检定/校准时所复现的量值的测量不确定度。

10. 准确度等级

符合一定的计量要求，使误差保持在规定极限以内的测量仪器的等别、级别。等与级的概念不一样，它们是计量器具的主要特性指标之一。例如：测量范围为500 mm的千分尺，分为0级与1级。弹簧管式精密压力表分为0.25级、0.4级和0.6级。有些计量器具只按等划分，如标准水银温度计，为分1等、2等。标准活塞压力计，分为1等、2等、3等。但有些计量器具既按等又按级分，如量块，分为0～4级，1～6等。量块的等是指计量准确度，反映其计量性能，而它的级则反映其加工准确度，在使用上是有区别的。另外电测量仪表、压力表等一般按级划分，比如：0.5级、0.4级等（表示其最大允许误差为±0.5%和±0.4%）。

按等使用的计量器具是按其检定证书上给出的实际值使用（或经过修正按其标称值使用）。若按级使用，就是按该计量器具的标称值使用。

11. 测量仪器的重复性

在相同的测量条件下，重复测量同一被测量，测量仪器提供相近示值的能力。

测量结果的重复性：在相同的测量条件下，对同一被测量进行连续多次测量所得结果之间的一致性。

注：重复性条件包括：①相同的测量程序；②相同的观测者；③在相同的条件下使用相同的测量仪器；④相同地点；⑤在短时间内重复测量。重复性还可以用测量结果的分散性定量地表示。

3.3 量值传递与溯源

3.3.1 量值传递与溯源的概述

量值传递是将国家基准所复现的计量单位量值，通过检定/校准（或其他传递方式）传递给下一等级的计量标准，并依次逐级传递到工作计量器具以保证被计量对象的量值准确一致的全部过程。

量值传递是通过对测量器具的检定或校准，将国家测量标准所复现的测量单位的量值，通过各等级测量标准传递到工作测量器具，以保证被测量对象量值的准确和一致。

准确是指测量结果与被测量真值的一致程度。即在一定的测量不确定度、误差极限或允许的误差范围内的准确。

一致是指在统一计量单位的基础上，无论在何时、何地、采用何种方法、使用何种计量器具以及由什么人来测量，只要符合有关要求，其测量结果就应该在给定区间内一致。

量值准确一致的前提是被计量值必须具有能与国家计量基准、国际计量基准相联系的特征，亦即被计量的量值具有溯源性。

量值传递可保障计量单位制的统一和实现量值的准确可靠是计量工作的核心。量值不仅要在国内统一，而且还要达到国际上的统一。“量值传递”及其逆过程“量值溯源”是实现量值统一的主要途径与手段。它为工农业生产、国防建设、科学实验、贸易结算、环境保护以及人民生活、健康、安全等方面提供了计量保证。量值传递保证全国在不同地区，不同场合下测量同一量值的计量器具都能在允许的误差范围内工作。

量值溯源是通过具有规定不确定度的不间断比较链，使测量结果或测量标准的量值与规定的参照标准、国防最高标准、国家标准乃至国际标准联系起来的特性。

量值溯源，JJF 1001—1998《通用计量术语及定义》给出的定义是“通过一条具有规定的不确定度的不间断的比较链，使测量结果或测量标准的值能够与规定的参考标准，通常是与国家测量标准或国际测量标准联系起来的特征”。由此看出，量值溯源是量值传递的逆过程，量值传递是自上而下地将国家计量基准复现的量值逐级传递给各级计量标准直至工作计量器具；而量值溯源则是自下而上地将测量值溯源到国家计量基准，只是这种溯源是自觉行为，而且不一定要通过一级一级依次溯源。通过一条具有规定不确定度的不间断的比较链，使测量结果或测量标准的值能够与规定的参考标准(通常是国家计量基准或国际计量基准)联系起来的特性。这种特性使所有的同种量值，都可以按这条比较链，通过校准向测量的源头追溯，实现溯源性。

量值溯源和量值传递应遵循以下四项基本原则：

(1)必须按照国家检定系统表或军队溯源等级图进行；

(2)必须执行计量检定规程；

(3)必须按照本单位编制的溯源等级图进行；

(4)各级之间的校准或检定方法，一般应满足量值传递关系即 1/4～1/10 关系。

量值传递是自上而下的，是政府行为，现在国际上除了强制检定以外，一般实行量值溯源，量值溯源是自下而上的，是市场行为，需要溯源的单位有较大的自主权。

中国实验室国家认可委员会(CNAL) 在承认国际计量局(BIPM) 框架下，签署互认协议(MRA) 并能证明可溯源至 SI 国际单位制的国家或经济体的最高计量基(标) 准。目前我国已经建立了以中国计量科学研究院、中国测试技术研究院和国家标准物质研究中心为最高等级校准实验室的国家量值溯源网络，建立了国家计量基准和各个等级的工作计量标准，形成了完整的量值溯源系统。

实现量值溯源最重要的方式是检定和校准。

检定是指查明和确认计量器具是否符合法定要求的程序，它包括检查、加标记和(或)出具检定证书。检定具有法制性，其对象是法制管理范围内的计量器具。从国际法制计量组织(OIML)的宗旨和发布的国际建议看，我国的强制检定管理范围基本上与其认定的法制管理范围相当。一台检定合格的计量器具，也就是一台被授予法制特性的计量器具。强制检定应由法定计量检定机构或者授权的计量检定机构执行。我国对社会公用计量标准以及部门和企业、事业单位的各项最高计量标准，也实行强制检定。检定的依据是按法定程序审批公布的计量检定规程。在检定结果中，必须有合格与否的结论，并出具证书或加盖印记。从事检定的工作人员必须是经考核合格，并持有有关计量行政部门颁发的检定员证。

校准指在规定条件下，为确定测量装置或测量系统所指示的量值，或实物量具及参考物质所代表的量值，与对应的由标准所复现的量值之间关系的一组操作。它的依据是校准规范或校准方法，通常应做统一规定，特殊情况下也可自行制订。校准的结果可记录在校准证书或校准报告中，也可用校准因数或校准曲线等形式表示。

校准和检定的区别：①校准不具法制性，是自愿溯源行为；检定则具有法制性，属计量执法行为。②校准主要确定测量仪器的示值误差；检定则是对其计量特性及技术要求符合性的全面评定，必须做出合格与否的结论。③校准的依据通常做统一规定，也可自行制订；检定的依据则是法定检定规程。

随着与国际准则的接轨，在加强检定法制建设的同时，校准开始成为实现单位统一和量值准确可靠的主要方式，以往以检定取代校准的现象正在扭转。实验室通过开展校准工作，一方面可提升技术能力，确信工作的一致性和准确性；另一方面，能降低量值溯源成本，保护自身权益。

无法溯源时的其他措施介绍如下。

自校：主要是对专用仪器的行业检定规程或实验室自编的专用仪器校验规程中政府授权检定机构无法检定/校准的部分进行自校。

能力验证：属于同类实验室进行的相关项目、相关参数的共同测试，其结果可以间接验证量值的准确性。如参加烟气分析的共同实验，如果获得较为满意结果，可间接验证吸烟机的钟形曲线符合抽吸流量图的要求，这是在没有抽吸流量图测试仪的情况下，实现流量曲线准确性的旁证。同时也证明了玻璃纤维滤片的准确性和符合性。

比对：属于无法直接实现量值溯源时的一种计量方式，是对不同计量器具进行的同参数、同量程的相互比对。如吸阻标准棒在缺少标准器具或检定条件不符合要求时，只能采用比对的方式进行计量，同时也只能进行低值标准棒或高值标准棒之间的相互比对。

检定的依据是按法定程序审批公布的计量检定规程。我国《计量法》规定："计量检定必须按照国家计量检定系统表进行。国家计量检定系统表由国务院计量行政部门制定。计量检定必须执行计量检定规程。国家计量检定规程由国务院计量行政部门制定。没有国家计量检定规程的，由国务院有关主管部门和省、自治区、直辖市人民政府计量行政部门分别制定部门计量检定规程和地方计量检定规程，并向国务院计量行政部门备案。"因此，任何企业和其他实体是无权制定检定规程的。

在检定结果中，必须有合格与否的结论，并出具证书或加盖印记。从事检定工作的人员必须经考核合格，并持有有关计量行政部门颁发的检定员证。

随着改革开放及经济发展，在强化检定法制性的同时，对大量的非强制检定的测量仪器，为达到统一量值的目的，应以校准为主。过去，一直没有把校准作为实现单位统一和量值准确可靠的主要方式，而常用检定取而代之。这一观念目前正在改变中，校准在量值溯源中的地位已逐步确立。

3.3.2　量值传递与溯源的方式

1. 用实物标准进行逐级传递

量值传递与溯源的方式如图 3.3 所示。用实物标准进行逐级传递是一种传统的量值传递方式，也是我国目前在长度、温度、力学、电学等领域常用的一种传递方式。根据《计量法》的有关规定由计量检定机构或授权有关部门及企事业单位计量技术机构（以下简称"上级计量检定机构"）进行，其基本步骤是：

（1）被传递机构将其最高计量标准定期送计量检定机构去检定，对于不便于运输的计量器具，则请上级计量检定机构派人携带计量标准来现场检定。

（2）上级计量检定机构依照国家计量检定系统表和检定规程对被传递机构的最高标准或工作计量器具进行检定及修理。检定结果合格的给出检定合格证书，不合格的给出检定结果通知书。

（3）被传递机构接到检定合格证书，并具有计量标准考核合格证时才能进行量值传递或直接使用此计量器具进行测量，被传递机构接到检定结果通知时，可确定本计量器具降级使用或报废。

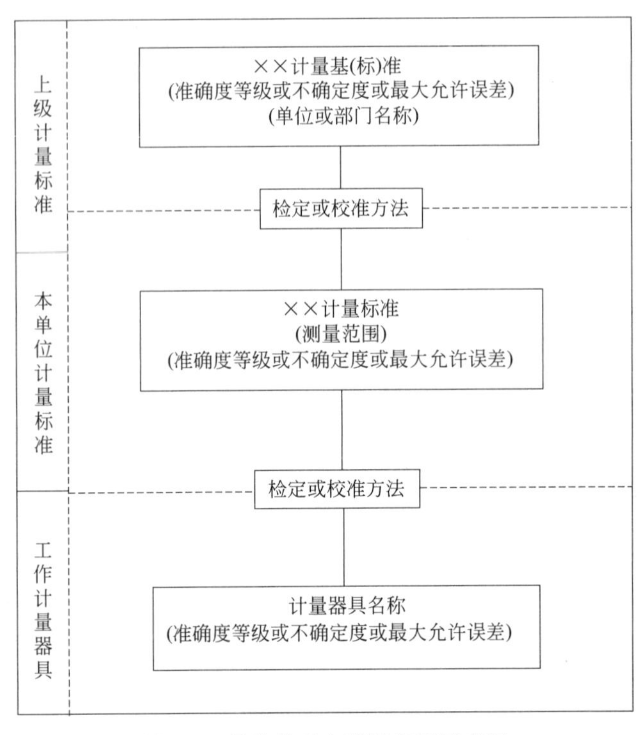

图 3.3 量值传递和溯源框图示意图

2. 用发放标准物质(CRM)进行量值传递

标准物质就是在规定条件下具有高稳定的物理、化学或计量学特征,并经正式批准作为标准使用的物质或材料。它在计量领域的作用主要体现在如下几个方面:

(1)作为“控制物质”与被测试样同时进行分析质量。

(2)作为“标准物质”对新的测量方法和仪器的准确度和可靠性进行评价。

(3)作为“已知物质”对新的测量方法和仪器的准确度和可靠性进行评价。

标准物质一般分为一级标准物质和二级标准物质两种。一级标准物质主要用于标定二级标准物质或检定高精度计量器具,二级标准物质主要用来检定一般计量器具。

企业或法定计量检定机构根据需要均可购买标准物质,用来检定计量器具或评价计量方法,检定合格的计量器具才能使用,这种方式主要用于理化计量领域。

3. 用发播标准信号进行量值传递

通过无线电台用发播标准信号进行量值传递是最简便、迅速和准确的方式。我国目前主要用于时间频率计量和无线电计量领域。用户可直接接收并现场校正时间频率计量器具。

3.3.3 计量检定

计量检定是指为评定计量器具的计量性能,确定其是否合格所进行的全部工作,包括检验和加封盖印等。它是进行量值传递的重要形式,是保证量值准确一致的重要措施。

国家法定计量部门或其他法定授权的组织，为评定计量器具的计量性能（精确度、稳定性、灵敏度等），并确定或证实技术性能是否合格，所进行的全部工作称为检定。其中检定包括检验和加封盖印。国家检定规程是检定工作的依据。

技术监督行政执法（以下简称行政执法）是指县级以上（含县，下同）政府技术监督行政部门，依照技术监督（计量、标准化、产品质量监督和质量管理，下同）法律、法规、规章实施监督检查和查处违法行为的活动。

计量检定按照管理环节的不同，可以分为以下五种：

①周期检定，即对使用过一段时间的计量器具进行的定期检定；

②出厂检定，即制造计量器具的企事业单位在销售前进行的检定；

③修后检定，即对修理后的计量器具在交付使用前进行的检定；

④进口检定，即进口计量器具在海关验放后由有关政府计量行政部门进行的检定；

⑤仲裁检定，即以裁决为目的的检定。

计量器具按照管理性质的不同，可以分为强制检定和非强制检定，两者又统称为计量法制检定。

计量检定方法包含以下几种：

1. 整体检定法

整体检定法又称综合检定法，它是主要的检定方法。这种方法是直接用计量基准、计量标准来检定计量器具的计量特性。

整体检定法的优点：简便、可靠，并能求得修正值。如果被检计量器具需要而且可以取修正值，则应增加计量次数（例如把一般情况下的 3 次增加到 5～10 次），以降低随机误差。

整体检定法的缺点：当受检计量器具不合格时，难以确定这是由计量器具的哪一部分或哪几部分所引起的。

2. 单元检定法

单元检定法又称部件检定法或分项检定法。它分别计量影响受检计量器具准确度的各项因素所产生的误差，然后通过计算求出总误差（或总不确定度），以确定受检计量器具是否合格。

3. 检定特点

①检定的对象是计量器具；

②检定的依据是法定要求，在我国是指计量检定规程的属要求。主要评定的是计量器具的计量特性，如准确度、稳定度、灵敏度等基本计量性能，以及影响准确度的其他计量性能如零漂、线性、滞后等，有些测量动态量的计量器具还需评定动态计量性能（如频响、时间常数等）；

③检定的目的是实现量值的统一，确保量值的溯源性。

计量检测（measure detection）是通过对计量对象的对应参数进行一系列的反复测试，从而得到某种结果的过程。

计量检测仪器：根据计量检测器具的选择原则，选用适当的测量器具进行测量。

选用计量仪器应从技术性和经济性出发，使其类型、规格选择与工件外形、位置、尺寸、被测参数特征相适应，计量特性（如最大允许误差、稳定性、测量范围、灵敏度、分辨力等）适当地满足预定要求，既要够用，又不过高，还要与测量方法的选择同时考虑。

①根据工件加工批量：批量小的选用普通计量仪器；批量大的选用量规及检验夹具，以提高测量效率。

②根据工件的结构和重量：轻小而简单的工件，可以放到量仪上测量，重大复杂的工件则要用上置式量仪，即将量仪拿到工件上测量。

③根据工件尺寸的大小和要求确定测量仪器的规格。要使测量仪器的测量范围能容纳工件，测量头能伸入被测部位。

④根据工件要求误差(公差)选择测量仪器。通常测量仪器的最大允许误差为工件公差的 1/3～1/10。若被测工件属于测量设备，则必须选用其公差 1/10；若被测工件为一般产品，则选用其公差 1/3～1/5；若测量仪器条件不允许，也可为其公差的 1/2，但此时测量结果的置信水平就相应下降了。

⑤在选择灵敏度时，应注意测量仪器灵敏度过低会影响测量准确度，过高又难以及时达到平衡状态。

测量器具的计量工作应遵循测量器具的保养、检修、鉴定计划，确保所用量检具精度、灵敏度、准确度。测量器具的正确使用方法，请参照使用说明书或相关参考资料，轻拿轻放、保持清洁、防锈、防振(有的需防磁、防低压等)，合理存放保管。

3.3.4 比对

比对是指在规定条件下，对相同准确度等级或指不确定度范围的同种测量仪器复现的量值之间比较的过程。

比对往往是在缺少更高准确度计量标准的情况下，使测量结果趋向一致的一种手段。在国际上比对获得了广泛的应用，成为使国际上测量结果一致的重要手段。

随着科技不断进步，越来越多的测量设备投入使用，在不具备量值溯源条件时，可根据需要在一定范围内确认某类计量器具的准确度。所谓计量比对，是在规定条件下，对相同准确度等级的同种计量基准、标准或工作计量器具之间的量值进行的比较，简言之，就是相同准确度等级计量器具之间的量值相互比较。在某些情况下，计量比对可以作为一种成本较低、简便易行的检查方法，用来确认测量设备的计量性能是否正常。因此，计量比对在评定计量器具计量性能的方式方法上，比计量检定和计量校准更简单易行，可以由实验室或计量器具使用部门自行根据需要和情况随时随地进行，也可以由某个实验室或计量器具使用部门发起，几个实验室或计量器具使用部门参与，以验证各自检测、测量能力或者评定共同使用的同类计量器具的计量性能，从而达到持续监控的目的。

计量比对的方法：整个计量比对的过程可分为确定比对参考值、制订比对方案和指定传递途径 3 个部分。

(1)确定比对参考值

开展计量比对，首先必须确定比对的参考值，并作为传递标准。作为参考值的传递标准，要具有优良的相对性能。由于参考值要通过某计量器具来复现，整个比对过程可能要经过很长一段时间，因此，复现参考值的计量器具要有相对高的稳定性，以保证在比对过程中参考值变化可以控制在允许范围内，使之不影响比对结果。相对来说，该计量器具的准确度可以降低要求，其准确度等级可以高于或等于参加比对的计量器具，若稳定性极高，甚至可以低于参加比对的计量器具的准确度等级。

(2)制订比对方案

由于计量比对并不像计量检定或计量校准有可以依据的技术规范，因此，每次计量比对都须制订详细的比对方案及规则。为使比对结果更具客观性，比对方法要尽可能做到具有唯一性，并且选择最符合实际的传递路径。

制订比对方案时，必须首先确定比对目的。一般来说，比对目的包括计量设备间准确度确认、计量人员检测能力评定、同准确度计量标准不确定度的验证及测量过程的简单控制等几方面。

选择复现参考值的比对样品，通常由主导实验室或比对倡导方制备比对样品，提出参加比对实验室和测量设备，同时负责比对样品数据的准确和稳定可靠。根据不同的比对目的选择不同的计量器具来确定参考值和比对样品，并且符合前述特征。

(3)指定比对样品传递途径

根据比对目的、参加比对对象的数量和比对样品的特性，可以选择循环式、星式和花瓣式等传递途径。

比对的最终结果需要转换为一个能力统计量，根据不同的比对目的，通过采用不同的计算方式进行评定。

①对于少数几家的实验室开展的比对方法，一般常应用于检测或校准实验室自行开展的实验室比对的方法，常采用 E_n 值进行评价：当 E_n 值的绝对值小于或等于 1 时，表示比对结果满意、通过；当 E_n 值的绝对值大于 1 时，表示比对结果不满意，不通过。

②当对于多数几十家或更多的实验室开展比对方法，一般常用于政府相关部门对于检测或校准实验室开展的能力验证行为，常采用 Z 比分数进行评价：当 Z 值的绝对值小于或等于 2 时，表示比对结果满意，通过；当 Z 值的绝对值大于或等于 3 时，表示比对结果不满意，不通过；当 Z 值的绝对值大于 2 小于 3 时，表示比对结果可疑。

3.3.5 计量检定规程

计量检定规程是指为评定计量器具的计量性能，作为检定依据的具有国家法定性的技术文件。是从事计量检定工作的技术依据，是一种国家技术法规，保证计量器具的准确一致。

计量检定规程有三种：国家计量检定规程、部门计量检定规程、地方计量检定规程。

(1)国家计量检定规程，由国务院计量行政部门制定，在全国范围内实行。

(2)部门计量检定规程，由国务院有关主管部门负责制定，在本部门内实行。

(3)地方计量检定规程，由省、自治区、直辖市人民政府计量行政部门负责制定，在本行政区内实行。部门和地方计量检定规程须向国务院计量行政部门备案。

计量检定系统框图格式如图 3.4 所示，其主要内容包括：检定规程的适用范围、计量性能、检定项目、检定条件、检定方法、检定周期以及检定结果的处理等。

在 JJF 1002—2010《国家计量检定规程编写规则》中，对计量检定规程的主要内容及要求都有明确的规定。其主要内容包括：技术要求、检定条件、检定项目、检定方法、检定周

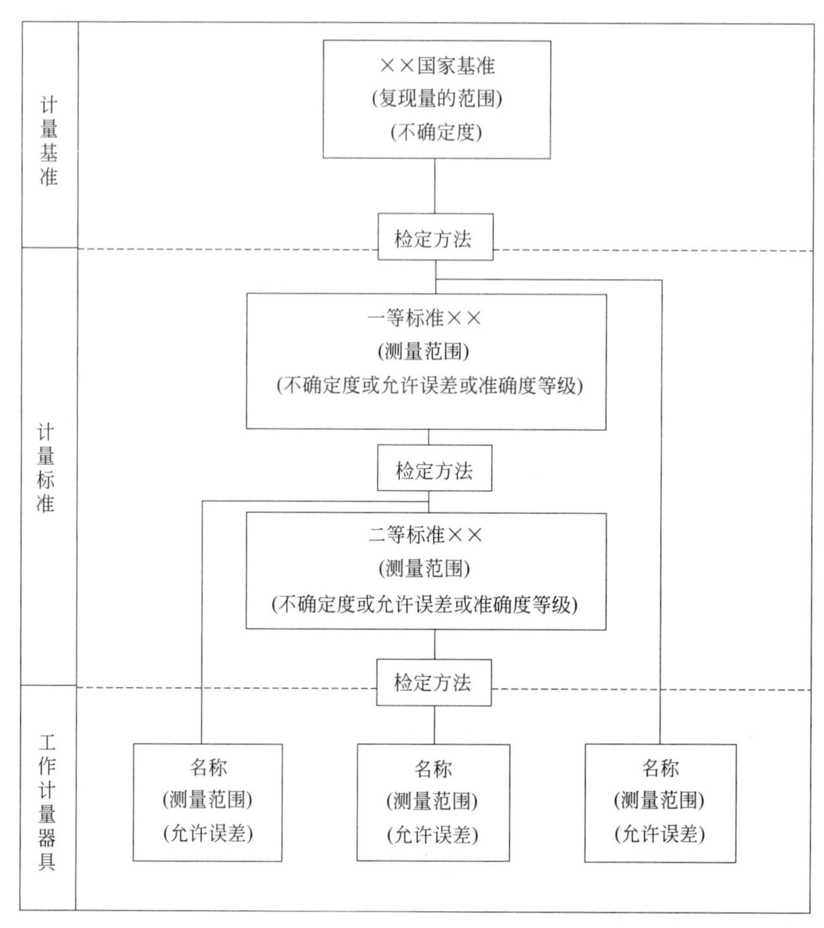

图 3.4 检定系统框图格式

期等。

国家计量检定规程是国家的计量技术法规。它的作用是规范和指导关系国计民生的计量检定工作,其重要性不言而喻。因此,计量检定规程在制订过程中应考虑全面,尤其在计量性能要求、计量标准器选择以及检定方法的选取等方面应力求周到,同时应符合仪器实际使用情况,保证被检仪器的量值准确可靠。

3.4 标准物质

3.4.1 定义与特点

标准物质(reference material,RM):是一种已经确定了具有一个或多个足够均匀的特性值的物质或材料,作为分析测量行业中的“量具”,在校准测量仪器和装置、评价测量分析方法、测量物质或材料特性值和考核分析人员的操作技术水平,以及在生产过程中产品的质量控制等领域起着不可或缺的作用。

特点：

从定义可以看出标准物质具有三个显著特点：①具有特性量值的准确性、均匀性、稳定性；②量值具有传递性；③实物形式的计量标准。

准确性、均匀性和稳定性是标准物质量值的特性和基本要求。

准确性：通常标准物质证书中会同时给出标准物质的标准值和计量的不确定度，不确定度的来源包括称量、仪器、均匀性、稳定性、不同实验室之间以及不同方法所产生的不确定度。

均匀性：是指物质的某些特性具有相同组分或相同结构的状态。计量方法的精密度即标准偏差可以用来衡量标准物质的均匀性，精密度受取样量的影响，标准物质的均匀性是对给定的取样量而言的，均匀性检验的最小取样量一般都会在标准物质证书中给出。

稳定性：是指标准物质在指定的环境条件和时间内，其特性值保持在规定的范围内的能力。

3.4.2 标准物质的作用

(1)标准物质可用于校准仪器。分析仪器的校准是获得准确的测定结果的关键步骤。仪器分析几乎全是相对分析，绝对准确度无法确定，而标准物质可以校准实验仪器。

(2)标准物质用于评价分析方法的准确度，选择浓度水平、准确度水平。

(3)标准物质当作工作标准使用，制作标准曲线。仪器分析大多是通过工作曲线来建立物理量与被测组分浓度之间的线性关系。分析人员习惯于用自己配制的标准溶液做工作曲线。若采用标准物质做工作曲线，不但能使分析结果成立在同一基础上，还能提高工作效率。

(4)标准物质作为质控标样。若标准物质的分析结果与标准值一致，表明分析测定过程处于质量控制之中，从而说明未知样品的测定结果是可靠的。

(5)标准物质还可用于分析化学质量保证工作。分析质量保证责任人可以用标准物质考核、评价化验人员和整个分析实验室的工作质量。具体作法是用标准物质做质量控制图，长期监视测量过程是否处于控制之中。

使用标准物质应注意：

(1)选用标准物质时，标准物质的基体组成与被测试样接近。这样可以消除基体效应引起的系统误差。但如果没有与被测试样的基体组成相近的标准物质，也可以选用与被测组分含量相当的其他基体的标准物质。

(2)要注意标准物质有效期。许多标准物质都规定了有效期，使用时应检查生产日期和有效期，若由于保存不当，而使标准物质变质，就不能再使用了。

(3)标准物质的化学成分应尽可能地与被测样品相同。

(4)标准物质一般应存放在干燥、阴凉的环境中，用密封性好的容器储存。具体储存方法应严格按照标准物质证书上规定的执行。否则，可能由于物理、化学和生物等作用的影响，使得标准物质发生变化，引起标准物质失效。

国家标准物质网：又称标准物质网是集标准物质、标准品、对照品、分析试剂、高纯物质及实验室耗材等分析测试、试验检测物质信息于一体的综合信息平台。收录各类标准物质、对照品、高纯物质、分析试剂、实验耗材、药典对照品等信息十余万种。涵盖了中国、欧洲、美国同类物质信息。

3.4.3 标准物质的分类

为合理地使用标准物质，根据标准物质在计量学中的作用、在溯源链中的位置以及标准物质特性量值的认定准确度(定值测量的不确定度大小)，人们将标准物质分为三个层次，基准标准物质(PRM)、有证标准物质(CRM)和标准物质(RM)。

标准物质(RM)的溯源链：SI 国际单位——基准物质(纯物质)PRM——有证标准物质 CRM——标准物质 RM——测试样品。

比较典型的有国际实验室认可合作组织(ILAC)的分类，它将标准物质的特性分为五大类。

(1)化学成分类：标准物质，纯的化合物或是有代表性的基体样品，天然的或添加(被)分析物的(如，用作农药残留分析的添加了杀虫剂的动物脂肪)，以一种或多种化学或物理化学特性值表征。

(2)生物和临床特性类：与化学成分类相似的标准物质，但以一种或多种生化或临床特性值表征，如酶活性。

(3)物理特性类：以一种或多种物理特性值表征的标准物质，如熔点、黏性和密度。

(4)工程特性类：以一种或多种工程特性值表征的标准物质，如硬度、拉伸强度和表面特性。

(5)其他特性。这些类别又被细分为三级子类，例如，在化学成分类中，以微量锰、硅、铜、镍和铬含量表征的铝合金，列于化学成分一金属一有色金属一铝合金的子类中。

在化学成分类别中，标准物质还可进一步被分为单一成分的标准物质和基体标准物质两大类。单一成分的标准物质是纯物质(元素或化合物)，或纯度、浓度、熔点、熔化焓值、黏度、紫外可见光吸光率、闪点等参考值已精确确定的纯物质的溶液。这类标准物质的重要用途之一是分析仪器的检定或校准。

国际标准化组织标准物质委员会(ISO/REMCO)对标准物质的分类就是采用了这种方法。ISO/REMCO 将标准物质分为十七大类：地质学，核材料、放射性，钢铁，有色金属，聚合物，生物学和植物学，临床化学，石油，有机化工产品，物理学，物理化学，环境科学，陶瓷、玻璃、耐火材料，生物医学和药学，纸张，无机化工产品，技术工程。

我国也是按照这种方法将标准物质分为十三个大类：钢铁成分分析标准物质，有色金属及金属中气体成分分析标准物质，建材成分分析标准物质，材料成分分析与放射性测量标准物质，高分子材料特性测量标准物质，化工产品成分分析标准物质，地质矿产成分分析标准物质，环境化学分析标准物质，临床化学分析与药品成分分析标准物质，食品成分分析标准物质，煤炭、石油成分分析和物理特性测量标准物质，工程技术特性测量标准物质，物理特性与化学特性测量标准物质等。

3.4.4 标准物质的量值及其溯源性

标准物质的量值是对与标准物质预期用途有关的一个或多个物理、化学、生物或工程技术等方面的特性值的测定。

标准物质作为一种计量器具，具有保存、复现和传递量值的功能。而标准物质的特性值是否在不同的时间和空间上具有可比性和可靠性，取决于这一标准物质的量值测量是否建立了溯源性。量值测量是给标准物质赋值的过程，也是标准物质认定过程中的一个关键环节。标准物质定值测量程序需要更加严格的质量保证措施和要求。

1. 准确度/不确定度、可比性、溯源性

术语"准确度"是随机分量(复现性)和系统分量(正确度)的结合。在国际标准化组织/国际电工委员会第99号指南(2007)"国际计量学词汇——基本通用的概念和相关术语"中，准确度的定义是：被测量的测得值与其真值间的一致程度。由于准确度不是一个量，不能给出有数字的量值。当测量提供较小的测量误差时就说该测量是较准确的。另外，随着国际上对《测量不确定度表示指南(GUM)》的广泛认同，肯定性术语"准确度"正在被否定性、但更清楚的术语"不确定度"所取代。

不确定度的定义为：表征合理地赋予被测量之值的分散性，与测量结果相联系的参数。如果将以上定义与测量溯源性的定义联系起来分析其定义中的含义，可以得出以下几点信息：分散性是测量结果的属性，不确定度是分散性的量化；没有不确定度的测量结果是不完整的；没有不确定度是无法实现溯源的。

GUM中描述的程序和最新认定程序都强调了"合理地(reasonably)"这个词。当真值以大于给定的可能性超出不确定度范围的风险存在时，以非常小的不确定度给特性量认定是没有意义的；另一方面，认定时仅从安全角度考虑，人为扩大不确定度范围，也是毫无意义的。假如给出的不确定度置信水平为95%，而实际代表了99.9%，有证标准物质(CRM)的使用者就会在其不确定度计算中引入一个不合理的不确定度分量。

使用标准物质的一个主要目的是提高不同实验室测量结果的可比性。参考化学成分公认标准或参考可溯源到更高一级的公认标准的测量标准是在国际准则框架内或贸易伙伴间获得可比性的有力工具。

可比性定义尚无定论，可参考以下说法："测量结果可被比较的能力，为了确定它们是相等还是不同(较大或较小)。这需要通过用相同的、最好是国际公认的测量标度表示测量结果来获得。"

如果测量结果的特性由相同材料的子样品获得，当结果是在相同测量标度上测得(即以相同单位表示)时，在它们的不确定度范围内一致。

从定性意义来讲，考虑分析测量结果的双边互认时，大多数人倾向于测量结果可比性的基础是要实现测量的溯源性。该术语的定义如下："通过一条具有规定不确定度的不间断的比较链，使测量结果或测量标准的值能够与规定的参考标准，通常是国家测量标准或国际测量标准联系起来的特性。"

有证标准物质(CRM)中提到，认定值的溯源性是该物质身份的重要要求。但是测量溯源性在很大程度上不只是一个值问题，而是建立测量结果可比性的基本前提。

对高等级有证标准物质(CRM，或称"基准标准物质")来说，通常认定过程的定值测量不参考其他标准物质，而是直接溯源到SI单位，如千克(kg)或摩尔(mol)，或者参考描述测量方法的书面标准，即参考经系统研究并准确描述的方法。通过在分析程序中引入足够纯的元素或化合物称重的量作为校准物，达到对国际单位千克(kg)或摩尔(mol)的直接溯源。因此，校准是认定程序的重要部分，但绝不是唯一重要的部分。

对于使用者来说，使用有证标准物质是使其测量结果具有溯源性的最重要的工具，他们甚至可以在给二级标准物质、工作标准物质或质量控制物质(QCM)赋值的过程中，通过参照有证标准物质(CRM)向下扩展溯源比较链。

2. 标准物质证书

成为有证标准物质的一个重要前提就是在发放的每个标准物质单元中都随附一份证书。按照要求，证书必须包含以下三个方面的信息：物质的描述、正确使用所必需的所有信息、建立置信度方面的信息。

有证标准物质的特性值应当可通过不间断的校准链溯源到相关 SI 基本单位、其他公认的有证标准物质或经很好确认的标准方法。在任何情况下，标准物质的研制机构或生产机构(者)都要在有证标准物质证书的有关溯源性说明中阐述取得其特性(量)值(及其不确定度)的原理和程序。

以下是国际标准化组织(ISO)标准物质委员会(REMCO)制定的指南 31(2000 年版)"标准物质-证书和标签"中要求在证书里提供的(如果适用的话)信息：认定机构的名称和地址，文件的标题，物质的名称，标准物质代码和批号，物质的描述，标准物质用途，正确使用标准物质的指导，有关安全方面的信息，均匀性水平，认定值及其不确定度，溯源性，来自独立实验室或方法的值，测量不确定度，认定日期，稳定性信息，其他信息，法律方面的信息，认定人员的签名或姓名。

国家计量主管机构在相关技术法规中对有证标准物质证书与编写内容也提出了具体的要求。

(1)第一部分：证书编写的一般要求

①证书是认定机构(或生产单位)向用户提供用于介绍标准物质特性的技术文件。证书应概要地为用户提供必要的信息使用户能够对该标准物质有一个清晰的了解。

②凡经国家计量行政部门批准发布的国家(有证)标准物质均应由认定机构编写证书，与标物一起提供给用户。

③证书由封面、正文和附页组成，为确保证书真实、有效，必要时应采用防伪设计。

④证书和标签的表述要求：文字表达应做到结构严谨、用词准确、简洁清晰，不产生歧义；所用术语、符号、代号等要统一，始终表达同一概念；按国家规定使用计量单位名称与符号、量的名称与符号、不确定度的名称与符号；公式、图表、表格、数据应准确无误。

(2)第二部分：证书的内容结构

①封面；

②概述；

③材料来源和制备工艺；

④认定值和不确定度；

⑤均匀性和稳定性；

⑥特性量值的测量方法；

⑦溯源性描述；

⑧正确使用说明；

⑨运输和储存；

⑩安全警示；

⑪附件。

(3)第三部分：证书封面内容

①许可证标志、批准部门及标准物质编号：《标准物质制造计量器具许可证》标志，标明批准部门，批准部门的统一编号。

②标准物质名称：给出中、英文名称，力求简练，能准确概括物质的特性。

③证书编号：应具有唯一性，“一瓶一号”。编号规则由认定机构负责制订。

④认定日期和有效期限：当该批有证标准物质还有修订值时，最初定值日期和所有修订日期都应给出。

⑤认定机构：认定机构是对证书提供信息的机构或组织，应使用机构全称，还应附有完整的通信地址，联系电话和传真以及电子邮箱地址等。

(4)第四部分：证书正文内容

①概述：a. 总体描述，是对名称进行更加详细的解释，例如，基体的大概组成等。b. 标准物质的物理状态和包装容器性质的描述，例如样品规格、颗粒大小、包装等，须注明防腐剂。c. 预期用途，表明该物质的应用领域和基本用途，使用户足以判断预期应用是否正确。例如，标准物质在××××领域用于校准测量仪器、确认和评价分析方法、考核人员操作水平、监控测量过程质量和技术仲裁等。

②原材料来源和制备工艺：简要描述原材料来源、制备方法、制备程序等，必要时用流程图表示。

③认定值和不确定度应以列表形式给出。提供的不确定度应指明来源，扩展不确定度要注明包含因子，标准不确定度要注明测量组数和重复测量次数。如需要给出未认定值、参考值或信息值，应加注释，避免与认定值混淆。

④均匀性和稳定性检验简要描述抽样方法、抽样数、均匀性检验方法和检验结果，给出使用的最小取样量。简要描述在规定的保存条件下，稳定性考查的结果，给出有效期。

⑤特性量值的测量方法明确给出定值测量方法，当被确定的特性量值较多时，应列表分别表示。当使用几种方法对标准物质进行认定时，应加以说明。

当几个实验室或独立的分析人员共同为标准物质定值时，应列出所使用的方法，并在附件中列出联合定值的实验室名称和分析人员名单。

某些标准物质特性量值的确定取决于测量方法，证书应给出该认定值依赖于方法的明显表示，并且在证书附件中给出所用方法的详细内容或对方法有详细描述的参考文献。

⑥溯源性描述应确切说明测量程序原理、溯源途径、溯源方法，提供有效性证据以及可溯源至的测量标准。推荐采用量值溯源图的形式给出。

⑦正确使用说明应明确给出该标准物质的正确使用条件。例如，干燥的确切条件；打开容器时的条件等。除非证书中有说明，标准物质不应该再做进一步处理。对痕量元素含量定值的标准物质，应给出禁止在含这些元素的任何设备中使用的警示。

当固体标准物质需配成溶液使用时，应给出特殊的说明。对于本身不稳定标准物质，如放射性物质，除给出认定值外，还应给出适当数学表达式作为标准物质表达的一部分，以便使用时计算。

⑧运输和储存。简要描述该物质的运输方法和储存条件。

⑨安全警示涉及安全问题，例如：放射性、有毒害、有传染性等，应对有关危险状况加以警示，并对适当防护措施详细说明。

3.5 测量误差和测量不确定度

3.5.1 测量准确度和精密度

1. 测量准确度(Accuracy)

通过测量所得到的赋予被测量的值，称为测量结果。而真值是与被测量定义一致的值。测量准确度是指测量结果与被测量真值之间的一致程度。

通常认为，测量准确度是一个定性的概念，不宜将其定量化。与被测量定义一致的真值，实质上就是被测量本身，它是一个理想化的概念，难于操作。所以，准确度的值无法准确地给出。在实际工作中，有些情况下约定真值的含义是明确的，例如：当测量仪器采用高等级的测量标准对其进行检定或校准时，该测量标准器所复现的量值即为约定真值，这时，测量准确度可以用测量结果对约定真值的偏移来估计。

2. 测量精密度(Precision)

测量精密度是指在规定条件下获得的各个独立观测值之间的一致程度。不要用术语"精密度"来表示"准确度"，因为前者仅反映分散性，即指随机效应所致的测量结果的不可重复性或不可再现性；而后者则是指在随机效应和系统效应的综合作用下，测量结果与真值的不一致。

3. 测量重复性(Repeatability)

在相同测量条件下，对同一被测量进行连续多次测量所得结果之间的一致性，称为测量结果的重复性。就是在尽量相同的程序、人员、仪器、环境等条件下，以及尽量短的时间间隔内完成重复测量任务。上述定义中的"一致性"是定量的，可以用重复条件下对同一量进行多次测量所得结果的分散性来表示。而最为常用的表示分散性的量，就是实验标准差。

4. 测量再现性(Reproducibility)

改变测量条件下，对同一被测量的测量结果之间的一致性，称为测量结果的再现性。再现性又称复现性、重现性。在给出再现性时，应详细说明测量条件改变的情况，包括：测量原理、测量方法、观测者、测量仪器、参考测量标准、地点、使用条件及时间。这些内容可以改变其中一项、多项或全部。同测量重复性一样，这里的"一致性"也是定量的，可以用再现性条件下对同一量进行重复测量所得结果的分散性来表示，例如用再现性标准差来表示。再现性标准差有时也称为组间标准差。

测量结果重复性和再现性的区别是显而易见的。虽然都是指同一被测量的测量结果之间的一致性，但其前提不同。重复性是在测量条件保持不变的情况下，连续多次测量结果之间的一致性；而再现性则是指在测量条件改变了的情况下，测量结果之间的一致性。

在很多实际工作中，最重要的再现性指由不同操作者、采用相同测量方法、仪器，在相同的环境条件下，测量同一被测量的重复测量结果之间的一致性，即测量条件的改变只限于操作者的改变。

3.5.2　测量误差和测量结果修正

1. 测量误差

测量结果减去被测量的真值所得的差，称为测量误差，简称误差。测量结果是人们认识的结果，不仅与量的本身有关，而且与测量程序、测量仪器、测量环境以及测量人员等有关。而被测量真值是与被测量的定义一致的某个值，它是量的定义的完整体现，是与给定的特定量的定义完全一致的值，只有通过完善的或完美无缺的测量才能获得。真值从本质上说是不能确定的。但在实践中，对于给定的目的，并不一定需要获得特定量的"真值"，而只需要与"真值"足够接近的值。这样的值就是约定真值，对于给定的目的可用它代替真值。例如：可以将通过校准或检定得出的某特定量的值，或由更高准确度等级的测量仪器测得的值，或多次测量的结果所确定的值，作为该量的约定真值。

测量结果的误差往往是由若干个分量组成的，这些分量按其特性可分为随机误差与系统误差两大类，而且无例外地取各分量的代数和。换言之，任意一个误差，均可分解为系统误差和随机误差的代数和，即可用下式表示：

误差＝测量结果－真值＝(测量结果－总体均值)＋(总体均值－真值)

＝随机误差＋系统误差

测量结果与在重复性条件下，对同一被测量进行无限多次测量所得的结果的平均值之差，称为随机误差。随机误差大抵来源于影响量的变化，这种变化在时间上和空间上是不可预知的或随机的，它会引起被测量重复观测值的变化，故称为"随机效应"。可以认为，正是这种随机效应导致了重复观测中的分散性。

在重复性条件下，对同一被测量进行无限多次测量所得结果的平均值与被测量的真值之差，称为系统误差。由于只能进行有限次数的重复测量，真值也只能用约定值代替，因此可能确定的系统误差只是其估计值，并具有一定的不确定度。系统误差大多来源于影响量，它对测量结果的影响若已识别，则可定量表述，故称为"系统效应"。该效应的大小若是显著的，则可通过估计的修正值予以补偿。

2. 测量结果修正

对系统误差尚未进行修正的测量结果，称为未修正结果。当由测量仪器获得的只是单个示值时，该示值通常是未修正结果；而当获得几个示值时，未修正结果通常由这几个示值的算术平均值求得。

例如：用某尺测量圆柱直径，单次观测所得的示值为 14.7 mm，则该测得值是未修正结果。如果进行 10 次测量，所得的示值分别为 14.9、14.6、14.8、14.6、14.9、14.7、14.7、14.8、14.9、14.8，单位：mm，则该测量列的未修正结果为其算术平均值，即(14.9＋14.6＋…＋14.8)/10＝14.77≈14.8(mm)。

对系统误差进行修正后的测量结果，称为已修正结果。用代数方法与未修正测量结果相加，以补偿其系统误差的值，称为修正值。在上述例子中，若该尺经量块检定，其修正值为

−0.1 mm，则单次测量的已修正结果为(14.7−0.1)mm=14.6 mm；而10次测量的已修正结果为(14.8−0.1)mm=14.7 mm。

修正值等于负的系统误差，也就是说，加上某个修正值就像扣掉某个系统误差，其效果是一样的，即：

真值=测量结果+修正值=测量结果−误差

需要强调指出的是：系统误差可以用适当的修正值来估计并予以补偿，但这种补偿是不完全的，即修正值本身就含有不确定度。当测量结果以代数和的方式与修正值相加之后，其系统误差的绝对值会比修正前的小，但不可能为零，即修正值只能对系统误差进行有限程度的补偿。

3. 测量误差的分类

(1)按照误差的表示方式可分为绝对误差、相对误差和引用误差等三种。

绝对误差：设某量的测量值为 x，它的真值为 a，则 $x-a=\varepsilon$；由此式所表示的误差 ε 和测量值 x 具有相同的单位，它反映测量值偏离真值的大小，所以称为绝对误差(即测量值与真实值之差的绝对值)。绝对误差可定义为：

$$\Delta = X - L$$

式中 Δ——绝对误差；

X——测量值；

L——真实值。

注：绝对误差有正负性，正性表示测量值大于真实值，负性表示测量值小于真实值。

相对误差：误差还有一种表示方法，称为相对误差，它是绝对误差与测量值或多次测量的平均值的比值，并且通常将其结果表示成非分数的形式，所以又称百分误差。

绝对误差可以表示一个测量结果的可靠程度，而相对误差则可以比较不同测量结果的可靠性。

例如，测量两条线段的长度，第一条线段用最小刻度为毫米的刻度尺测量时读数为10.3 mm，绝对误差为0.1 mm(值读得比较准确时)，相对误差为0.97%，而用准确度为0.02 mm的游标卡尺测得的结果为10.28 mm，绝对误差为0.02 mm，相对误差为0.19%；第二条线用上述测量工具分别测出的结果为19.6 mm和19.64 mm，前者的绝对误差仍为0.1 mm，相对误差为0.51%，后者的绝对误差为0.02 mm，相对误差为0.1%。比较这两条线的测量结果，可以看到，用相同的测量工具测量时，绝对误差没有变化，用不同的测量工具测量时，相对误差明显不同，准确度高的工具所得到的相对误差小。然而相对误差不仅与所用测量工具有关，而且也与被测量的大小有关，当用同一种工具测量时，被测量的数值越大，测量结果的相对误差就越小。

引用误差：是一种简化的和实用的相对误差，常在多挡量程和连续分度的仪器、仪表中应用。在这类仪器、仪表中，为了计算和划分仪表准确度等级的方便，一律取该仪器的量程或测量范围上限值作为计算相对误差的分母，并将其结果称为引用误差。即常用的电工仪表分为±0.1、±0.2、±0.5、±1.0、±1.5、±2.5和±5.0七级，就是用引用误差表示的，如±1.0级，表示引用误差不超过1.0%。

(2)按性质和特点可分为系统误差、随机误差和粗大误差三大类。

系统误差：是在相同条件下多次测量同一量时，误差的符号保持恒定，或在条件改变时按某种确定规律而变化的误差。所谓确定的规律，就是这种误差可以归结为某一个因素或几个因素的函数，一般可用解析公式、曲线或数表来表达。

造成系统误差的原因很多，常见有：测量设备的缺陷、测量仪器不准、测量仪表的安装、放置和使用不当等引起的误差；测量环境变化，如温度变化、湿度变化、电源电压变化、周围电磁场的影响等带来的误差；测量方法不完善，所依据的理论不严密或采用了某些近似公式等造成的误差。系统误差具有一定的规律性，可以根据系统误差产生的原因采取一定的技术措施，设法消除或减弱它。

随机误差：是在实际相同条件下，多次测量同一量时，误差的绝对值和符号以不可预定的方式变化的误差。随机误差主要是由对测量值影响微小，又互不相关的多种随机因素共同造成的，例如热骚动、噪声干扰、电磁场的微变、空气扰动、大地微震等。一次测量的随机误差没有规律，不可预定，不能控制也不能用实验的方法加以消除。但是，随机误差在足够多次测量的总体上服从统计的规律。

随机误差的特点是：在多次测量中，随机误差的绝对值实际上不会超过一定的界限，即随机误差具有有界性；众多随机误差之和有正负相消的机会，随着测量次数的增加，随机误差的算术平均值愈来愈小并以零为极限。因此，多次测量的平均值的随机误差比单个测量值的随机误差小，即随机误差具有抵偿性。由于随机误差的变化不能预定，因此，这类误差也不能修正，但是，可以通过多次测量取平均值的办法来削弱随机误差对测量结果的影响。

粗大误差：超出在规定条件下预期的误差称为粗大误差。也就是说，在一定的测量条件下，测量结果明显地偏离了真值。读数错误、测量方法错误、测量仪器有严重缺陷等原因，都会导致产生粗大误差。粗大误差明显地歪曲了测量结果，应予剔除，所以，对应于粗大误差的测量结果称异常数据或坏值。

所以，在进行误差分析时，要估计的误差通常只有系统误差和随机误差两类。

3.5.3　测量不确定度

不确定度是表征合理地赋予被测量之值的分散性，与测量结果相联系的参数。

这个定义中的“合理”，是指应考虑到各种因素对测量的影响所做的修正，特别是测量应处于统计控制的状态下，即处于随机控制过程中。也就是说，测量是在重复性条件（见 JJF 1001—2011《通用计量术语及定义》第 5.14 条，本文×.×条均指该规范的条款号）或复现性条件（第 5.15 条）下进行的，此时对同一被测量做多次测量，所得测量结果的分散性可按贝塞尔公式算出，并用重复性标准〔偏〕差 S_r 或复现性标准〔偏〕差 S_R 表示。

定义中的“相联系”，是指测量不确定度是一个与测量结果“在一起”的参数，在测量结果的完整表示中应包括测量不确定度。

通常测量结果的好坏用测量误差来衡量，但是测量误差只能表现测量的短期质量。测量过程是否持续受控，测量结果是否能保持稳定一致，测量能力是否符合生产盈利的要求，就需要用测量不确定度来衡量。测量不确定度越大，表示测量能力越差；反之，表示测量能力越强。不过，不管测量不确定度多小，测量不确定度范围必须包括真值（一般用约定真值代替），否则表示测量过程已经失效。

测量不确定度从词义上理解，意味着对测量结果可信性、有效性的怀疑程度或不肯定程度，是定量说明测量结果的质量的一个参数。实际上由于测量不完善和人们的认识不足，所得的被测量值具有分散性，即每次测得的结果不是同一值，而是以一定的概率分散在某个区域内的许多个值。虽然客观存在的系统误差是一个不变值，但由于不能完全认知或掌握，只能认为它是以某种概率分布存在于某个区域内，而这种概率分布本身也具有分散性。测量不确定度就是说明被测量之值分散性的参数，它不说明测量结果是否接近真值。

为了表征这种分散性，测量不确定度用标准〔偏〕差表示。在实际使用中，往往希望知道测量结果的置信区间，因此，规定测量不确定度也可用标准〔偏〕差的倍数或说明了置信水准的区间的半宽度表示。为了区分这两种不同的表示方法，分别称它们为标准不确定度和扩展不确定度。

1. 测量结果

测量的目的是确定被测量的量值。测量结果的品质是量度测量结果可信程度的最重要的依据。测量不确定度就是对测量结果质量的定量表征，测量结果的可用性很大程度上取决于其不确定度的大小。所以，测量结果表述必须同时包含赋予被测量的值及与该值相关的测量不确定度，才是完整并有意义的。

表征合理地赋予被测量之值的分散性、与测量结果相联系的参数，称为测量不确定度。字典中不确定度(uncertainty)的定义为“变化、不可靠、不确知、不确定”。因此，广义上说，测量不确定度意味着对测量结果可信性、有效性的怀疑程度或不肯定程度。实际上，由于测量不完善和人们认知的不足，所得的被测量值具有分散性，即每次测得的结果不是同一值，而是以一定的概率分散在某个区域内的多个值。虽然客观存在的系统误差是一个相对确定的值，但由于我们无法完全认知或掌握它，而只能认为它是以某种概率分布于某区域内的，且这种概率分布本身也具有分散性。测量不确定度正是一个说明被测量之值分散性的参数，测量结果的不确定度反映了人们在对被测量值准确认识方面的不足。即使经过对已确定的系统误差的修正后，测量结果仍只是被测量值的一个估计值，这是因为，不仅测量中存在的随机效应将产生不确定度，而且，不完全的系统效应修正也同样存在不确定度。

测量量传体系中要求上一级标准器的允许误差需小于下一级标准器的 1/3～1/2，不确定度理论的发展使得大家认可测量结果的不确定度按不确定度评定方法进行分析，当被测仪器重复性很好且测量过程得到较好控制时，两级标准器不确定度可能会相差无几，这样就大大减少了传递过程中精度的损失，使得量值传递体系更为合理。

2. 不确定度与误差

概率论、线性代数和积分变换是误差理论的数学基础，经过几十年的发展，误差理论已自成体系。实验标准差是分析误差的基本手段，也是不确定度理论的基础。因此从本质上说不确定度理论是在误差理论基础上发展起来的，其基本分析和计算方法是共同的。但在概念上存在比较大的差异。

测量不确定度表明赋予被测量之值的分散性，是通过对测量过程的分析和评定得出的一个区间。误差则是表明测量结果偏离真值的差值。测量不确定度与误差的主要区别见表 3.1。

表 3.1　测量不确定度与误差的主要区别

序号	测量不确定度	测量误差
1	无符号参数,用置信区间的半宽表示	有符号的值,其值为测量结果减去真值
2	表示测量值的分散性	表示测量结果偏离真值的程度
3	用统计技术通过评定的方法得到	用算术的方法得到
4	不能用测量不确定度对测量值进行修正	对于已知的系统误差估计值,可以对测量值进行修正

3. 不确定度评定

用对观测列的统计分析进行评定得出的标准不确定度称为 A 类标准不确定度,用不同于对观测列的统计分析来评定的标准不确定度称为 B 类标准不确定度。将不确定度分为 A 类与 B 类,仅为讨论方便,并不意味着两类评定之间存在本质上的区别,A 类不确定度是由一组观测得到的频率分布导出的概率密度函数得出;B 类不确定度则是基于对一个事件发生的信任程度。它们都基于概率分布,并都用方差或标准差表征。两类不确定度不存在那一类较为可靠的问题。一般来说,A 类比 B 类客观,并具有统计学上的严格性。测量的独立性、是否处于统计控制状态和测量次数决定 A 类不确定度的可靠性。A、B 两类不确定度与随机误差及系统误差的分类之间不存在简单的对应关系。“随机”与“系统”表示误差的两种不同的性质,“A”类与“B”类表示不确定度的两种不同的评定方法。随机误差与系统误差的合成是没有确定的原则可遵循的,造成对实验结果处理时的差异和混乱。而 A 类不确定度与 B 类不确定度在合成时均采用标准不确定度,这也是不确定度理论的进步之一。

(1)标准不确定度

以标准差表示的测量不确定度,称为标准不确定度,用符号 u 表示,它不是由测量标准引起的不确定度,而是指不确定度以标准差来表征被测量之值的分散性。

由于测量结果的不确定度往往由许多原因引起,对每个不确定度来源评定的标准差,称为标准不确定度分量。标准不确定度分量有两类评定方法,即 A 类评定和 B 类评定。

A 类不确定度分量,用符号 u_A 表示。

B 类不确定度分量,用符号 u_B 表示。

当测量结果是由若干个其他量的值求得时,测量结果的标准不确定度,等于这些其他量的方差和协方差适当和的正平方根,称为合成标准不确定度,用符号 u_c 表示。合成标准不确定度是测量结果标准差的估计值,它表征了测量结果的分散性。

(2)扩展不确定度

用标准差的倍数或说明了置信水平的区间的半宽表示的测量不确定度,称为扩展不确定度,通常用符号 U 表示。

扩展不确定度确定的是测量结果的一个区间,合理地赋予被测量之值的分布的大部分可望包含于此区间。实际上,扩展不确定度是由合成不确定度的倍数表示的测量不确定度,它是将合成标准不确定度扩展了 k 倍得到的,即 $U=ku_c$,k 称为包含因子。通常情况下,k 取 2(或 3)。

注:假设测量结果是标准差为 u_c 的正态分布,它位于$[-ku_c, ku_c]$之间的概率为 $2\Phi(k)-1$,取 $k=2$、3 时,$2\Phi(k)-1=95.45\%$、99.73%。

如果只知道 u_c^2 的估计值 s_c^2 为自由度 ν 的 X^2 分布，则对于置信度为 $\gamma=1-\alpha$ 而言，$k=t_\gamma(\nu)$，$t_\gamma(\nu)$ 是自由度为 ν 的 t 分布的 $\gamma=1-\alpha$ 分位数。

在实践中，测量不确定度可能来源于以下 10 个方面：

①对被测量的定义不完整或不完善。

②实现被测量的定义的方法不理想。

③取样的代表性不够，即被测量的样本不能代表所定义的被测量。

④对测量过程受环境影响的认识不周全，或对环境条件的测量与控制不完善。

⑤对模拟仪器的读数存在人为偏移。

⑥测量仪器的计量性能的局限性。测量仪器不准或测量仪器的分辨力、鉴别力不够。

⑦赋与计量标准的值和参考物质（标准物质）的值不准。

⑧引用于数据计算的常量和其他参量不准。

⑨测量方法和测量程序的近似性和假定性。

⑩在表面上看来完全相同的条件下，被测量重复观测值的变化。

由此可见，测量不确定度一般来源于随机性和模糊性，前者归因于条件不充分，后者归因于事物本身概念不明确。这就使得测量不确定度一般由许多分量组成，其中一些分量可以用测量列结果（观测值）的统计分布来进行估算，并且以实验标准〔偏〕差表征；而另一些分量可以用其他方法（根据经验或其他信息的假定概率分布）来进行估算，并且也以标准〔偏〕差表征。所有这些分量，应理解为都贡献给了分散性。若需要表示某分量是由某种原因导致时，可以用随机效应导致的不确定度和系统效应导致的不确定度，而不要用“随机不确定度”和“系统不确定度”这两个已过时或淘汰的术语。例如：由修正值和计量标准带来的不确定度分量，可以称为系统效应导致的不确定度。

当不确定度由方差得出时，取其正平方根。当分散性的大小用来表示置信水准的区间的半宽度时，作为区间的半宽度取负值显然是毫无意义的。当不确定度除以测量结果时，称为相对不确定度，这是个无量纲量，通常以百分数或 10 的负数幂表示。

在 20 世纪 70 年代初，国际上已有越来越多的计量学者认识到使用“不确定度”代替“误差”更为科学，从此，不确定度这个术语逐渐在测量领域内被广泛应用。1978 年国际计量局提出了实验不确定度表示建议书 INC-1。1993 年制定的《测量不确定度表示指南》得到了 BIPM、OIML、ISO、IEC、IUPAC、IUPAP、IFCC 七个国际组织的批准，由 ISO 出版，是国际组织的重要文献。我国也已于 1999 年颁布了与之兼容的测量不确定度评定与表示计量技术规范，于 2017 年起草了最新标准。至此，测量不确定度评定成为检测和校准实验室必不可少的工作之一。

测量不确定度是一个新的术语，它从根本上改变了将测量误差分为随机误差和系统误差的传统分类方法，它在可修正的系统误差修正以后，将余下的全部误差划分为可以用统计方法计算的（A 类分量）和其他方法估算的出（B 类分量）两类误差。A 类分量是用多次重复测量以统计方法算出的标准偏差 σ 来表征，而 B 类分量是用其他方法估计出近似的“标准偏差”u 来表征，并可像标准偏差那样去处理 u。若上述分量彼此独立，通常可用方差合成的方法得出合成不确定度的表征值。由于不确定度是未定误差的特征描述，故不能用于修正测量结果。

不要把误差与不确定度混为一谈。测量不确定度表明赋予被测量之值的分散性，是通过对测量过程的分析和评定得出的一个区间。测量误差则是表明测量结果偏离真值的差值。经过修正的测量结果可能非常接近于真值(即误差很小)，但由于认识不足，人们赋予它的值却落在一个较大区间内(即测量不确定度较大)。

(3)测量不确定度的评定步骤：

①确定被测量(或被测对象)、测量过程、测量方法和环境条件(区别检定/校准和测量)。

②建立用于测量不确定度评定的数学模型：$y=f(x_1,x_2,\cdots,x_n)$。

不要把数学模型简单地理解为就是用来计算测量结果的计算公式，或测量的基本原理公式。(说明)数学模型必须能满足测量不确定度评定的要求，其具体要求为：

a. 数学模型应包含能影响测量结果的全部输入量；

b. 不遗漏任何能影响测量结果的不确定度分量；

c. 不重复计算任何一项对测量结果有影响的不确定度分量；

d. 在可能的情况下应选择合适的输入量。

建立数学模型一般应和寻找各影响测量不确定度的因素同步反复进行。一般先根据测量原理设法从理论上导出一初步的数学模型。然后再将初步模型中遗漏的影响测量不确定度的输入量一一补充，使数学模型逐步完善。

要考虑各输入量相关性，尽量做到不相关。例如，在某些情况下可以通过输入量的选择而改变各测量不确定度分量间的相关性，使原来相关的输入量成为不相关，从而避免复杂的相关系数或协方差的计算。

③根据数学模型确定各输入量的标准不确定度 $u(x_i)$ 及其自由度 ν_i(首先确定 A 类评定或 B 类评定)；

不确定度分量至少应包括(限于计量检定/校准)：

a. 计量标准引入的测量不确定度分量(B 类)；

b. 在重复性条件下由被检对象测量不重复引起的不确定度分量(A 类)；

A 类评定：评定的基本方法是贝塞尔法。

a. 如果用单次测量值作为测量结果，则可知

$$u(x_i)=s(x_i)=\sqrt{\frac{\sum_{i=1}^{n}(x_i-\overline{x})^2}{n-1}}\quad(i=1,2,\cdots,n),\quad \nu_i=n-1$$

注：n 不能取的太小，否则 $u(x_i)$ 具有较大的不确定度。(一般 10 次、30 次以上变化很小)。

b. 如果用平均值作为测量结果：

$$u(\overline{x})=\overline{s}(x_i)=\frac{s(x_i)}{\sqrt{n}},\quad \nu_i=n-1$$

合并样本标准偏差(组合实验标准差)：对同一被测量 x 进行 m 组测量，每组包含了 n 次独立的重复测量，由于各组之间的测量条件可能略有不同，因此不能直接使用贝塞尔公式，必须计算合并样本标准偏差。(采用合并样本标准偏差评定的标准不确定度更具代表性和可靠性。)

$$s_p = \sqrt{\frac{\sum_{j=1}^{m} s_j^2}{m}} \quad (j=1,2,\cdots,m)$$

如果用单次测量值作为测量结果：

$$u(x_i)=s_p, \quad \nu_i=m(n-1)$$

如果用平均值作为测量结果：

$$u(\overline{x})=\frac{s_p}{\sqrt{n}}, \quad \nu_i=m(n-1)$$

B类评定：

已知扩展不确定度 $U(x_i)$ 和包含因子 k：

$$u(x_i)=\frac{U(x_i)}{k}$$

已知扩展不确定度 $U_p(x_i)$ 和置信概率 p 时，除非另有说明，一般按正态分布考虑。正态分布情况下置信概率 p 和包含因子 k_p 之间的关系如表3.2所示。

表3.2　置信概率 p 和包含因子 k_p 之间的关系

p(%)	68.27	90	95	95.45	99	99.73
k_p	1.000	1.645	1.960	2.000	2.576	3.000

已知输入量 x_i 的可能分布区间的半宽 a（通常为最大允许误差的绝对值）：

$$u(x_i)=\frac{a}{k}$$

在难以确定分布的情况下一般选择矩形分布，矩形分布的包含因子 $k=\sqrt{3}$（按级使用的数字仪器仪表最大允许误差导致的不确定度）。

B类不确定度分量的自由度：

$$\nu_i \approx \frac{1}{2}\cdot\frac{u^2(x_i)}{\sigma^2[u(x_i)]} \approx \frac{1}{2}\left[\frac{\Delta u(x_i)}{u(x_i)}\right]^{-2}$$

其中：$\Delta u(x_i)$ 是用标准偏差给出的，$\Delta u(x_i)$ 可以认为是 $u(x_i)$ 的标准不确定度。

确定B类不确定度分量的自由度需要根据专业知识对所得到的信息进行分析、判断。如果判断 $u(x_i)$ 的不可靠程度为10%，则意味着 $\sigma[u(x_i)]/u(x_i)=10\%=0.10$。B类不确定度分量的自由度与 $\sigma[u(x_i)]/u(x_i)$ 之间的关系见表3.3。

表3.3　B类不确定度分量的自由度与 $\sigma[u(x_i)]/u(x_i)$ 之间的关系

$\sigma[u(x_i)]/u(x_i)$	ν_i	$\sigma[u(x_i)]/u(x_i)$	ν_i
0	∞	0.30	6
0.10	50	0.40	3
0.20	12	0.5	2
0.25	8	/	/

表中 $\sigma[u(x_i)]/u(x_i)$ 是用总体标准偏差 σ 代替了 Δ。

④确定各输入量的灵敏(或传播)系数 c_i 和标准不确定度分量 $u_i(y)$；

灵敏(或传播)系数 c_i：

$$c_i=\frac{\partial f}{\partial x_i}$$

标准不确定度分量 $u_i(y)$：

$$u_i(y)=c_iu(x_i)$$

⑤确定合成标准不确定度 $u_c(y)$ 及有效自由度 ν_{eff}(用扩展不确定度报告时)；

a. 合成标准不确定度 $u_c(y)$，如果输入量 x_i 不相关，合成标准不确定度 $u_c(y)$ 由下式决定：

$$u_c^2(y)=\sum_{i=1}^{n}\left[\frac{\partial f}{\partial x_i}\right]^2u^2(x_i)$$

$$u_c(y)=\sqrt{\sum_{i=1}^{n}\left[\frac{\partial f}{\partial x_i}\right]^2u^2(x_i)}=\sqrt{\sum_{i=1}^{n}c_i^2u_i^2(x_i)}=\sqrt{\sum_{i=1}^{n}u_i^2(y)}$$

根据"韦尔其—萨特斯韦特公式"计算有效自由度 ν_{eff}：

$$\nu_{\text{eff}}=\frac{u_c^4(y)}{\sum\limits_{i=1}^{n}\frac{u_i^4(y)}{\nu_i}}$$

⑥确定扩展不确定度 U 或 U_p；

a. $U=ku_c(y)$，包含因子 k 可以取 2 或 3。

b. $U_p=k_pu_c(y)=t_p(\nu_{\text{eff}})u_c(y)$，根据置信概率 p 和有效自由度 ν_{eff}，查 t 分布表得到 $t_p(\nu_{\text{eff}})$。

(7)测量不确定度报告。

扩展不确定度表示方式：

a. 被测量为 t 分布，用 U_p 表示，同时给出 k_p(可不给)和 ν_{eff}；

b. 被测量接近于正态分布，用 U 表示，同时给出 k，k 可以取 2($p\approx95\%$)或 3($p\approx99\%$)，一般取 2；

c. 无法判断被测量分布，用 U 表示，同时给出 k，大多数情况 k 取 2；

d. 被测量接近于某种分布，用 U_p 表示，同时给出 k 并说明被测量分布。

必要时测量不确定度可以用相对值表示，如：

$u_c(y)$ 表示为 $u_{\text{crel}}(y)$

用 U_p 表示时，根据置信概率不同可表示为：U_{90}；U_{95}；U_{99} 等。

测量不确定度的有效位数取 1～2 位，并且应带有计量单位。用相对值表示时应带有"%"。有必要或有可能时，应给出更多的信息。

【思考题与习题】

3.1　名词解释：(1)计量基准；(2)计量标准；(3)计量检定；(4)量值传递；(5)量值溯源；

(6)校准;(7)比对。

3.2　计量基准可以分为哪几类?简述计量基准经历了几个发展阶段?

3.3　简述计量标准与计量基准的区别。

3.4　什么是计量器具?计量器具按结构特点可以分为哪几类?

3.5　量值溯源和量值传递应遵循基本原则是什么?

3.6　量值溯源和量值传递有哪几种方式?

3.7　简述检定、校准与比对有什么区别和联系?简述计量检定规程及其特点。

3.8　误差的来源主要有哪些?误差的分类有哪几种?

3.9　标准物质的定义、特点是什么?简述标准物质的量值及其溯源性。

3.10　测量不确定度是什么?简述测量不确定度与误差的主要区别。

3.11　简述测量不确定度的分类及其可能来源。

第4章 十大专业计量

所谓计量，就是为实现单位统一、量值准确可靠而进行的活动。现代计量科学技术是以被测的物理量来分类的，即分为十大计量，这里只作简单介绍。

4.1 几何量计量

1. 几何量计量的概念

几何量计量又称长度计量，是计量领域发展最早的学科。在实际中，几何量计量主要包括：光波波长、量块、线纹、表面粗糙度、平直度、角度、通用量具、工程测量、齿轮测量、坐标测量、几何量量仪和经纬仪类仪器等。它的主要任务是研究和确定长度单位的定义，建立、保存长度计量基准和标准，开展长度和角度检定、校准和测试进行量值传递，以确保量值的统一和正确。

2. 几何量计量的单位

几何量计量的基本参量是长度和角度。按SI的规定，其长度单位为“米”，单位符号为“m”；角度分为平面角和立体角，其单位分别为“弧度”“球面度”，符号分别为“rad”“sr”。

几何量计量单位具备三个特点：

①基本性，长度单位“米”在SI中被列为第一个基本单位，许多导出单位都包含长度单位因子，因此不少导出计量基准的准确度在很大程度上取决于长度单位量值的准确度。

②多维性，物体的形状和位置是用空间坐标中的若干点表示的，由三个互相垂直的坐标轴构成的坐标为三维空间。如果在其中再插入角度坐标，还可构成四维、五维、六维坐标。

③广泛性，几何形状是客观世界中最广泛的物质形态，绝大部分物理量都是以几何量信息进行定量描述的。

3. 几何量计量的基本原则

测量结果的准确度是实现正确测量的四个基本要素之一，为了实现正确可靠的测量，人们进行了长期的探索，总结出了几何量测量的四条基本准则，即阿贝原则、最小变形原则、最短测量链原则，以及封闭原则。

4. 几何量计量的发展态势

目前，几何量计量早已跨越传统领域的范畴，在微电子学、生命科学、土木工程等领域发挥日益重要的支撑作用。这是因为许多物理量可以通过测量其几何量的变化而确定量值。例如：温度的测量，可以在规定的温度变化范围内，通过测量某种已知膨胀系数的材料的长度变化来实现；压力的测量也可以通过测量水银柱的高低求得；甚至磁场一类的参数也可在有电流通过时测量悬浮体在磁场中的位移而测出。

(1)几何量测量仪器的发展

在工业上，机床是制造业的母机，数控机床是机床产品先进技术的体现，尤其是高挡数控技术，它是装备制造业现代化的核心技术，是国家工业发展水平、综合国力的直接体现。而数控技术的重要环节，正是测量设备。在总结当今世界机床发展和先进制造技术的最新成果，了解我国数控机床产业近几年来高速发展的最新产品和技术后，可以看到当今工业几何量测量仪器的发展动向和特点。

①测量精度高。随着现代科技向高精度方向发展，超精密加工技术对数控精度的要求越来越高，对测量设备精度的要求更高。测量设备逐渐由传统的微米、亚微米精度向着纳米量级精度方向发展。目前，除各种激光干涉仪外，光栅测量技术也达到纳米量级。如海德汉的 LIP382 超高精度直线光栅尺，其测量步距可以达到 1 nm；上海机床厂出厂的纳米级精密微型数控磨床，其机床最小进给 1 nm，重复定位精度 50 nm，电主轴转速 60 000 r/min。纳米级精密微型数控磨床也是 CIMT2007 展览会的亮点之一，能对微型超精密件进行加工，可用于军工和航空航天行业的超精密磨削设备。体积不大的它，如同一个可以自由转动的“魔方”，加工范围很广，可磨削加工自由曲面、凹凸球面、圆环面等。它的成功研制标志着基于测量技术的发展，我国机床行业开始进入纳米级精密机床的领域。

另外，在精密测角方面，光电所建有一等测角标准装置，配有 ELCOMAT3000 电子自准直仪(测角误差为±0.25″)、ELCOMAT HR 电子自准直仪(测角误差为±0.03″)、T5000 电子经纬仪、T4 光学经纬仪、精密测角仪(测量不确定度≤0.20″)、多齿分度台、多面棱体等高精度测角设备。在使用中积累了大量的经验，开展了多项精密测角技术研究课题，如排列互比法用于超精测角的研究、光电轴角编码器动态精度检测技术研究等。

② 测量速度高。现代制造业进行的是大规模、大批量、专业化生产，需要多参数、实时在线的测量，故要求测试仪器的测量速度高、设备轻便、操作界面直观。激光干涉测量技术是精密测量的一种重要方法，目前，各种激光干涉测量系统已向轻巧、便携、高测速的方向发展。如雷尼绍 XL-80 干涉仪(见图 4.1)，款型小巧，可提供 4 m/s 最大的测量速度和 50 kHz 记录速率，可实现 1 nm 的分辨率；激光跟踪仪可实现快速数据采集与处理，有利于测量精度的提高；各种影像测量设备利用触摸屏，可以方便直观地实现对特征尺寸的测量。

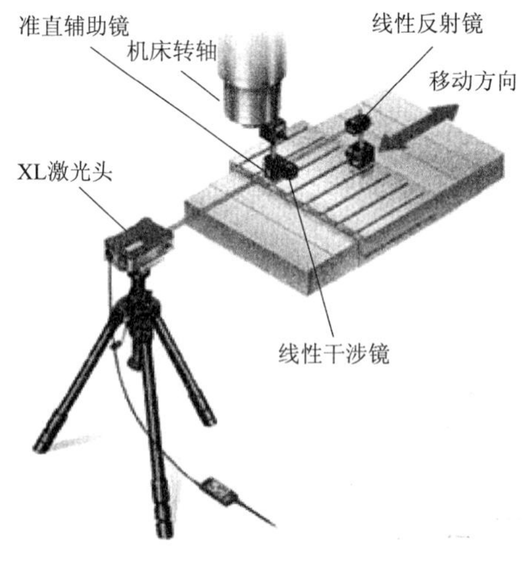

图 4.1　雷尼绍 XL-80 干涉仪

③三维测量多样化。三维测量技术向着高精度、轻型化、现场化的方向发展。传统基于直角坐标的三坐标测量机经过50年的发展，其技术愈加成熟，测量更加快捷，功能更加强大。除直角坐标测量系统外，极坐标测量仪器也有自身独特的优势，如FARO、ROMER等厂家生产的激光跟踪仪对大尺寸结构的装备具有操作方便灵活的特点，而对于小尺寸测量，关节臂测量机（见图4.2）因其低廉的成本、较高的精度、现场方便的操作等优势，在汽车等行业展现出广阔的应用前景。

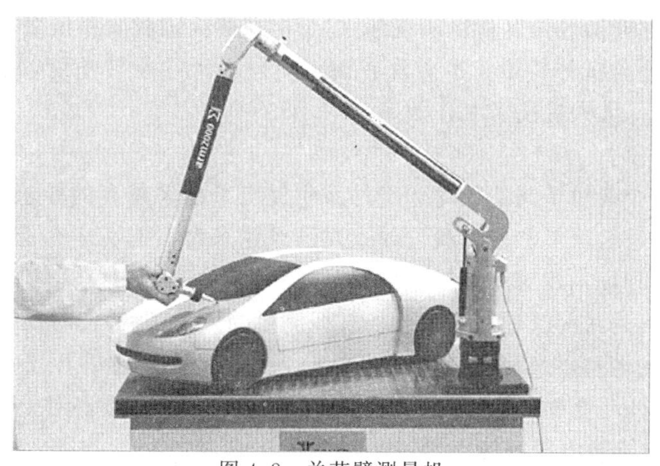

图4.2 关节臂测量机

④测量智能化。测量设备借助计算机技术向着智能化、虚拟化的方向进一步发展。测量仪器的虚拟化、接口的标准化以及测量软件的模块化，加速了测量技术的发展，使测量仪器的应用更加方便、直观、智能。根据测量需求以及测量对象的不同，可基于同一软件平台使用不同的仪器协同工作，采用不同的测量软件模块，实现了广普测量仪器的网络化、协同化，提高了测量的自动化水平。

虚拟仪器是20世纪80年代中才出现的一种新的仪器模式，它是通过建模＋软件＋数据交换卡＋传感器构成的一类虚实并存的仪器系统。同传统测试仪器相比，虚拟仪器有以下优点：利用通用硬件平台构建的虚拟仪器系统具有开放性，便于系统的升级和更新；丰富的软件资源和良好的人机交互图文界面使得虚拟仪器系统易于使用；相同的性能条件下开发费用和维护升级价格相对比较便宜。

(2)几何量测量技术的发展

从近年来CIMT展览会上国内外知名量仪制造厂商展示的部分研究成果上可以看出，现代测量技术的发展趋势呈现出面向市场与用户、服务与加工制造现场、测量与加工制造过程融合集成的新动向。

①高精度、多维化测量。

传统基于直角坐标的三坐标测显机经过50多年的发展，技术愈加成熟，测量愈加快捷，功能也愈加强大。Renscan5™是一种新型支持性技术，它能够在坐标机上进行高精度、超高速五轴扫描测量，它的引入使一系列测量速度高达500 mm/s的突破性五轴扫描产品得以推出。最早使用Renscan5™技术的产品是REVO™，它的侧座在执行扫描时采用同步移动，能够快速地跟踪零件几何形状的变化。

②非接触式高速测量。

接触式测量是用机械触针式轮廓仪来实现的。由于它有可能产生划痕，而又被非接触类取代之势。近年来，利用光学原理的激光非接触测量逐步在西方欧美国家得到应用。与接触式测量方法相比，它能在测量大型复杂零件时，在测量效率和测量精度上减少其他诸多因素的影响。

例如用三坐标测量机图像测头对水平放置的丝杆参数进行测量。它利用了影像法的测量原理，不需要将丝杆抬升角度就可实现测量，给出在螺纹轴截面和正交投影间基准转换的关系式，并以此讨论分析补偿量。本方法在测量时丝杆无须旋转角度，减少了对夹具的要求，使测量简单易行，大大提高了工作效率。

③现场在线测量。

随着现代制造企业对于制造效率和工件品质提出了越来越高的要求，原来那种加工完成后交由计量部门进行公差和精度验证的方式已经越来越不能适应企业的需要，更多时候需要在制造的车间现场实现对于加工工件测量，完成各种工装与模具的现场尺寸测量与验证，并实时监控装配的状况。通过这种现场在线测量的方法，能够实时反馈装配与加工的质量，并为生产过程的调整以及品质检控提供依据。一般来说，需要在以下两个方向上发展：

a. 能够克服车间环境对精密测量系统的影响，并能够适应现场生产对于高效率的要求；

b. 便携测量系统能为现场使用提供便利。

英国 Renishaw 公司新开发的 NCI 非接触工具测量系统，主要用于机床上工具的调整和运转状况的监视。该系统应用了可视激光，便于对工具位置进行随机测量，可缩短定位时间并防止因工具不当而产生的加工失误，使加工效率和加工质量得到进一步提高。

OPTON 公司新开发的高速 Moire 3D 摄影机，它可高速获取一定范围内的形状数据，并进行计算，实时显示测量结果。

Leica 激光跟踪仪是一个便于运输、移动式大量程三坐标测量系统。内置的激光干涉仪，使得它可以随时随地进行快捷、高精确的测量工作。不管是单个点还是整个表面，激光跟踪仪都可在一个安装定位上完成测量范围（直径）高达 80 m，精度不超过±10 μm/m，速率为 3 000 点/s 的测量。激光跟踪仪广泛应用在汽车工业和航空航天工业，主要用于精密工装和部件的设计、制造和测量。利用内置的绝对测距仪（ADM），跟踪仪可以以自动模式完成周期性检测，重复性测试等类似测量任务。此外，激光跟踪仪的位置可以灵活放置，可以根据被测目标的尺寸形状或有限的测量空间进行随意调整。

4.2 温度计量

温度是描写物体冷热程度的物理量，是利用各种物质的热效应来测量温度的计量技术。它包括：热电偶、热电阻、水银温度计、红外温度计、温度灯、温度仪表及自动测控装置、温度巡检仪、热像仪等。

1. 温度的概念

在日常生活中，人们习惯用感觉来判别物体的冷热，用手摸冰感到冰是凉的，用手摸热水壶觉得是烫的。冰冷说明它的温度低，热水壶热说明它的温度高。对于温度的概念，可以简单理解为温度是表示物体冷热程度的物理量。从分子运动论,物体的温度同大量分子的无规则运动速度有关。当物体的温度升高时,分子运动的速度就加快,反过来说,如果用某种方法来加快分子无规则运动的速度,那么物体的温度就升高。可以理解,热水的温度高,冰水的温度低,是因为它们的分子运动速度不同,可见分子运动速度决定了物体的热状态。所以把物体大量分子的无规则运动称为热运动。

热力学温度是国际单位制(SI)的七个基本量之一。热力学温度符号为 T,单位名称为开尔文,单位符号为 K,定义为水三相点热力学温度的 1/273.16。摄氏温度符号为 t,单位名称为摄氏度,符号为℃,其大小等于开尔文,即温差可以用开尔文或摄氏度来表示。

温标的定义:温度的量值表示方法。固定点、内插仪器以及函数关系构成温标的主要内容,简称为温度的三要素。1991 年 7 月 1 日起,我国施行"1990 年国际温标(ITS—90)"。1990 年国际温标是以热力学温度为基础,用其测定的任何温度,数值上更加接近热力学温度值,且这种测量容易实现并有较高的复现性。

热力学温度与摄氏温度的关系为:

$$t/℃=T/\mathrm{K}-273.15$$

对于 1990 年国际温标(ITS—90)可用下式表示:

$$t_{90}/℃=T_{90}/\mathrm{K}-273.15$$

2. 温度计量

按照计量方式可以分为两大类:直接计量方法和间接计量方法。直接计量方法是指计量温度的元件与被计量的对象直接接触,当感温元件与被计量的物体达到热平衡时,感温元件给出的就是被计量物体的温度。间接计量方法是指计量温度的元件与被计量的对象不直接接触,而是通过热辐射等原理计量温度。

(1)温度的直接计量

采用直接计量方法计量温度的温度计有电阻温度计、半导体温度计、热电偶温度计、玻璃温度计、气体温度计、石英晶体频率温度计以及噪声温度计等。

①电阻温度计。电阻温度计具有测温范围宽、测温精度高、稳定性好、能远距离测量、便于实现温度控制和自动记录等优点。是使用较为广泛的一种测温仪表。电阻温度计是利用导体或半导体的电阻随温度而变化的原理测量温度的。当温度变化时,感温元件的电阻随之变化,将变化的电阻值作为信号,输入显示仪表中,来测量或控制被测介质的温度。

铂热电阻:铂金属的电阻与温度关系曲线平滑,且电阻系数大、灵敏度高,成为制造电阻温度计的最佳材料之一。$\mathrm{P_{t10}}$ 和 $\mathrm{P_{t100}}$ 是我国按照国际标准生产的铂热电阻温度计,0 ℃时的电阻值分别为 10 Ω 和 100 Ω。

热敏电阻:指材料的电阻对温度的变化非常敏感的一种陶瓷材料,一般为负温度系数(阻值随温度的升高而降低),主要由氧化锰、氧化镍或氧化钴混合烧结而成。具有小巧坚固,操作简单,感应灵敏,快速响应,温度测量范围广等众多优势,被广泛应用于温度传感领域。

②热电偶温度计。测量温度范围广,可以−272.15～2 800 ℃的广阔温域内进行测量;性能稳定、准确可靠,故被确定为国际实用温标中 630.74～1 064.44 ℃温度范围内的基准仪器。此外,其具有结构简单、热惯性小、动态响应速度快、信号能够远距离传送和多点测量等优点,便于实现集中检测与控制。

热电偶工作原理：两种成分不同的导体组成一个闭合的回路，当回路中温度不同时（存在温差），即产生了热电势，这个现象称作热电效应。热电偶就是利用这个原理来测量温度的。

热电偶按用途可分为工业热电偶和标准热电偶。而工业热电偶按结构不同又可分为普通热电偶和铠装热电偶。

热电偶按热电极的材料可分为不同分度号的热电偶。

我国采用国际标准（IEC）生产的热电偶有以下 8 种：

铂铑$_{10}$——铂热电偶（S 型）；

铂铑$_{13}$——铂热电偶（R 型）；

铂铑$_{30}$——铂铑$_{6}$ 热电偶（B 型）；

镍铬——镍硅热电偶（K 型）；

镍铬硅——镍铬热电偶（N 型）；

镍铬——铜镍合金（康铜）热电偶（E 型）；

铁——铜镍合金（康铜）热电偶（J 型）；

铜——铜镍合金（康铜）热电偶（T 型）。

以上 8 种热电偶的分度表、分度公式以及热电势对分度表的允许误差都与 IEC 标准相同。

③玻璃温度计。玻璃温度计是利用感温液体受热膨胀的原理进行温度测量的。

玻璃温度计的示值不仅决定于感温液体体积的变化，还受到玻璃温度计的玻璃感温泡容积变化的影响，但由于感温液体的体胀系数大于玻璃的体胀系数许多倍，因此实际上，这种温度计是由感温液体体积变化沿着毛细管移动而显示温度值的。

玻璃液体温度计的感温液体有水银和有机液体两种。

按结构不同可分为：棒式玻璃液体温度计、内标式玻璃液体温度计、电接点玻璃液体温度计、带金属保护管工作用玻璃液体温度计。

棒式玻璃液体温度计：将标度尺直接刻在厚壁的玻璃毛细管外表面上的温度计称为棒式玻璃液体温度计，这种温度计多数用来精密测温。

内标式玻璃液体温度计：将毛细管和标尺一起封闭在玻璃套管内的温度计称为内标式玻璃液体温度计。

电接点玻璃液体温度计：在某一设定的温度点上接通或断开电源的温度计称为电接点玻璃液体温度计，它与各种电子继电器装置配套可用来对某一设定的温度点进行两位式调节或发信号报警。电接点玻璃液体温度计可分为固定电接点和可调电接点两种。

带金属保护管工作用玻璃液体温度计：为防止玻璃温度计的破损，同时能使其可靠地在安装在被测设备上，通常在内标式玻璃温度计外装有金属保护管，称为带保护管的玻璃温度计。

玻璃液体温度计按其准确度和用途不同可分为：标准水银温度计、高精度玻璃水银温度计、工作用玻璃液体温度计、专用和结构特殊的玻璃液体温度计共四大类。

（2）温度的间接计量

物体受到热辐射后，视物体的性质，可将热辐射吸收、透过或反射。而受热物体放出的辐射能的多少，与它的温度有关。辐射式高温计就是根据这种原理制成的。

辐射式高温计有两种：一种是部分辐射高温计，也称为光谱辐射高温计，如光电高温计、光学高温计、红外辐射高温计等；另一种是全辐射高温计。

①光学高温计。这种高温计是根据普朗克定律利用被测物体亮度与灯丝亮度相平衡的原理测量温度的。光学高温计读数应分别自低而高和自高而低地调节灯丝电流，到灯丝与物体亮度相等时，取其二次读数平均值作为测量结果。

影响光学高温计正确读数的因素有：非黑体的影响，被测物体不是绝对黑体时，会产生影响测量误差；中间介质影响，灰尘、水蒸气等会影响热辐射，因此测量距离不应超过 3 m，以(1～2)m 最合适；外来光的干扰影响，测量时应避开强烈的反射光；光学系统受玷污使透明度降低，会引起测量误差；人员视差产生误差等。

②光电高温计。不需人工操作，它能自动进行亮度平衡，并由仪表显示或记录。

③全辐射温度计(习惯称辐射测温仪、辐射感温器)。物体受热后，会发出各种波长的辐射能。辐射能的大小与受热体温度的 4 次方成比例。全辐射温度计基于这一原理，将受热物体辐射出来的全部能量集中于一个热电堆上，使其产生热电势变化，通过二次仪表测出温度。这种测温仪具有使用方便、性能稳定，并可远传信号等优点。

4.3　力学计量

力学计量是计量学中最基本的量之一，其研究对象是物质力学量的计量和测试。它涵盖的内容较多、较丰富，包括：质量、容量、流量、黏度、密度、真空、力值、硬度、重力、压力、转速、振动和冲击等。

1. 力的概念

力是物体与物体之回的相互作用，即一个物体对另一个物体的作用，或另一个物体对这个物体的反作用。由此，两个物体之间才有力的存在。这种作用可以改变物体的机械运动状态，或改变物体所具有的动量，使物体产生加速度，可由牛顿第二定律表征，这就是力的动力效应。另外，力还可以使物体产生变形，在物体内部产生应力，典型的例子可由虎克定律表征，这就是力的静力效应。一般情况下，两物体相互作用时，两种效应同时存在，只是往往以一种效应为主而已。力是矢量，要完全确定一个力就必须知道它的大小(力值)、方向及作用点，这是力的三要素。

2. 力的单位

在国际单位制(SI)，力的计量单位为牛顿，简称牛，符号为 N。

牛顿的定义是：加在质量为 1 kg 的物体上，使之产生 1 m/s^2 加速度的力为 1 N。其量纲为$[F]=LMT^{-2}$，即 $1N=1\ kg\times1\ m/s^2$。

另外力单位的十进倍数单位和分数单位，可用 SI 词头加 SI 单位构成。例如，千牛(kN)、兆牛(MN)、毫牛(mN)、微牛(μN)等。

3. 力值计量

在机械工业和建筑工业等领域经常遇到计量力的各种实际问题，在生产过程或检验过程中，都需要对各种力进行分析和研究，通过对力的计量和研究以获得各相关的技术特征。因此，在不同的情况下可根据其不同的工作条件使用不同类型的仪器，以进行力的计量。

各种机器、机械都是由很多零件或部件组合而成，在原动机带动下，通过力或力矩的传递才能使其各部分产生相应的运动，以便实现机器或机械的功能。由此，就必须对零部件之间的相互作用即力(或力矩)进行测定和分析,以便确定影响负荷的各种因素及可能产生的后果,从而为机械或机械的设计和改进提供依据,提高机器或机械(仪器)的质量及其使用寿命。

在材料生产工业中,为了获取材料的技术特征。比如屈服点,屈服强度,抗弯强度,抗压强度等,就必须使用不同的机器或仪器对材料施加相应的力,通过这种力的作用使材料发生相应的效应。反之,通过对这种效应即力的测定便可获知材料相应的技术特征,以便评定材料的性能和质量。

由此,在生产过程中通常遇到切削力、轧制力、冲压力、推力、牵引力等各种力的测量以及材料机械性能的试验,以便保证生产过程的正常进行和产品的质量。所以,力值计量是必不可少的。其内容目前已发展到除了对一般力的测量之外还适应冲击、疲劳以及各种动态力的测量。

1)力的测量方法和分类

力的测量方法很多,根据前面力的概念,可以将其归纳为利用力的"静力效应"和力的"动力效应"两种方法测力。

(1)利用力的动力效应测量力值

力的动力效应是使物体产生加速度。根据牛顿第二定律:

$$F=ma \tag{4-1}$$

式中 F——物体所受到的力;

m——物体的质量;

a——物体在力 F 作用下所产生的加速度,其方向与力的方向一致。

由式(4-1)可知,如果能够测定受力物体的质量及其所获得的加速度,即可测定其力值。在重力场中,地球的引力使物体产生重力加速度,这种力就称为重力,即:

$$F=mg \tag{4-2}$$

式中 F——物体所受的重力;

m——物体的质量;

g——物体在地球引力作用下产生的重力加速度。

因重力加速度只是随地球的纬度和海拔高度不同而变化,因此,在一定纬度和海拔高度下其可作为一个常量。所以一定地点的物体所受的重力与物体的质量成正比。因此,可用已知质量的物体在重力场中的重力来测力,也可将重力放大后通过力的平衡比对来测力。这就是利用力的动力效应测量力的基本原理。

力基准机和静重式、杠杆式、液压式力标准机,以及一些材料试验机,就是根据上式原理来测力的。例如静重式测力机(包括基准、标准)就是直接将已知质量的砝码所体现的力值对被检测仪进行示值定度或检定。其力值计算公式为:

$$F=mg\left(1-\frac{\rho_a}{\rho_w}\right) \tag{4-3}$$

式中 m——砝码质量,kg;

g——当地重力加速度,m/s^2;

ρ_a——空气密度,kg/m^3;

ρ_w——砝码材料密度,kg/m^3。

杠杆式力标准测力机，实际上就是一台大型不等臂天平，而液压式标准测力机则是按帕斯卡原理工作的液压机，它们也都是通过对已知砝码的重力放大后，作用于被检测力仪，通过比对的方法，从而对被检测力仪进行示值定度或检定。其力值计算公式为：

$$F = kmg\left(1-\frac{\rho_a}{\rho_w}\right) \tag{4-4}$$

式中 k 为放大比。对杠杆式测力机等于长臂臂长与短臂臂长之比，对液压式测力机则等于工作活塞与测力活塞二者有效面积之比。

试验机的摆锤测力机构是使物体所受的未知力，直接或缩小后跟已知摆锤的重力相平衡来进行测力的。

利用物体的重力来测量力时，特别要注意重力加速度会随着不同纬度和不同海拔高度而不同。表 4-1 列出了我国主要城市重力加速度。

表 4.1　我国主要城市重力加速度一览表

主要城市	重力加速度/($m \cdot s^{-2}$)	主要城市	重力加速度/($m \cdot s^{-2}$)	主要城市	重力加速度/($m \cdot s^{-2}$)
北京	9.815 51	武汉	9.793 61	开封	9.796 60
天津	9.801 06	呼和浩特	9.798 64	南昌	9.791 96
唐山	9.801 64	吉林	9.804 80	广州	9.788 33
石家庄	9.799 73	长春	9.804 76	青岛	9.798 49
昆明	9.783 63	西安	9.794 40	南京	9.794 84
南宁	9.787 69	重庆	9.791 36	上海	9.794 60
柳州	9.788 50	成都	9.791 34	福州	9.789 10
乌鲁木齐	9.801 46	哈尔滨	9.806 65	杭州	9.793 63

(2)利用力的静力效应测量力值

力的静力效应是使物体产生变形，在物体内部产生应力，从而使物体产生一些物理特征的变化。主要有以下两种形式。

①弹性变形。利用被测力作用在各种结构的弹性元件上，使弹性元件产生变形，根据变形的大小来测量力的大小。百分表式、水银箱式、显微镜式、各种弹性环或标准测力仪都是利用测量相应的变形量来测量力值的。

②利用引进某些物理效应的各种力传感器。力传感器是利用将被测力作用在传感器的应变片等物质上，使这些物质发生对应的变化并输出相对应的物理特征(电容、电阻等)，再通过相应的测量电路反映出被测力的大小。

2)力值计量器具检定系统

力值计量就是通过各种不同的力值计量器具，根据不同的测量原理，测定出被测力大小而进行的一系列测量工作。

为了保证力值传递的一致性和准确性，就必须建立相应的力值计量器具检定系统，以此规定力值的国家基准，通过各级力值计量标准向力值工作计量器具传送力值单位量值的程序，并指明其不确定度和基本检定方法。我国的力值计量器具检定系统有两个，一个是力值范围在 1 MN 以下的力值(≤1 MN)计量器具检定系统，其框图如图 4.3 所示；另一个是力值范围超过 1 MN 的大力值计量器具检定系统，其框图如图 4.4 所示。

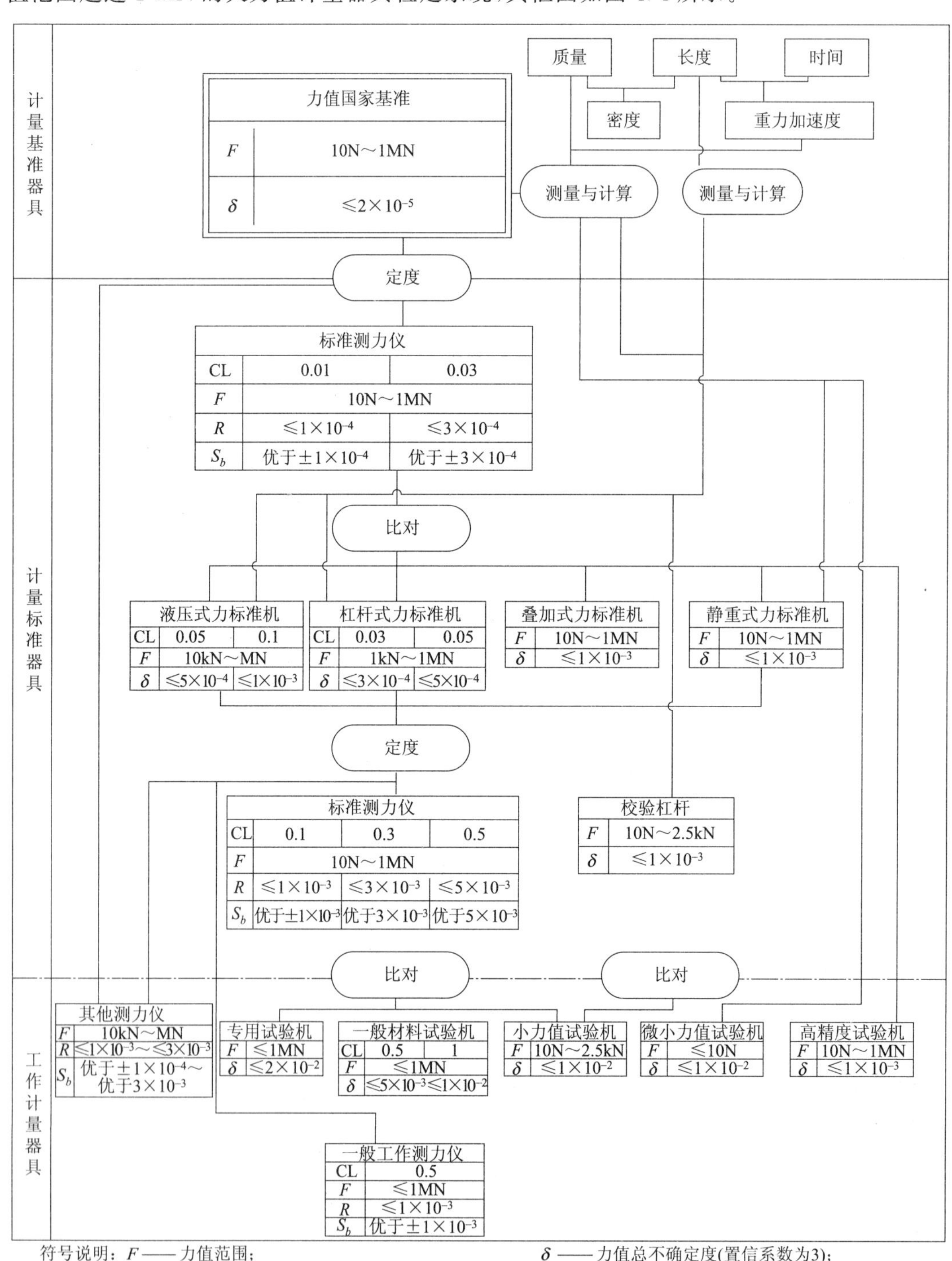

符号说明：F——力值范围； δ——力值总不确定度(置信系数为3)；

R——力值重复性； S_b——力值稳定度

图 4.3 力值(≤1MN)计量器具检定系统框图

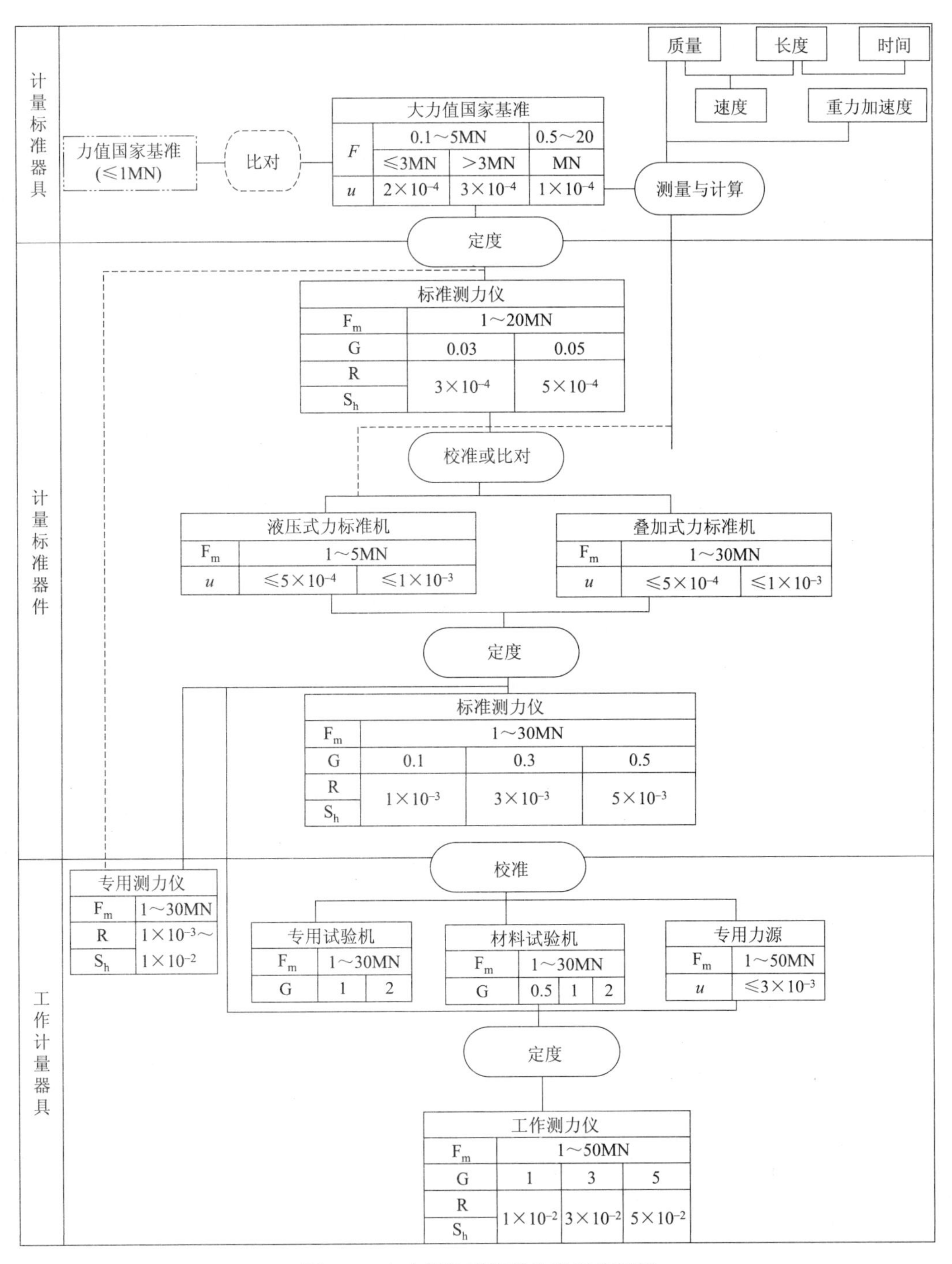

图 4.4　大力值计量器具检定系统框图

4. 质量计量

质量计量是指采用适当的计量器具(砝码、天平、秤)和衡量方法,确定被测物体与作为质量基准的千克原器之间的质量对应关系而进行的一系列操作。

质量计量常用的衡量原理有杠杆原理、传感原理、液压原理和弹性变形原理等。常用的衡量方法有直接衡量法(比例衡量法)和精密衡量法两种。精密衡量法包括交换法(又称高斯法)、替代法(又称波尔达法)和连续替代法(又称门捷列夫法)。

实验室中常用的质量计量器具有天平和砝码。

天平根据原理、用途、结构形式不同来分类。最常用的天平是杠杆天平和电子天平。

天平根据其准确度分为4级,即特种准确度级、高准确度级、中准确度级、普通准确度级。

砝码是复现质量量值的实物量具。通常根据砝码的量值范理将其分为毫克组(1~500mg)、克组(1~500g)、千克组(1~20kg)。此外,还有20 kg以上到数吨的大砝码,用于检定各种大型衡器。

5. 容量计量

容量计量是指对容器的容积值的计量,容积是指容器内部所包含的空间体积;而容量是指所容纳的液体或气体的体积。

容量的主单位是立方米(m^3),也可用立方分米(dm^3)或升(L)、立方厘米(cm^3)和立方毫米(mm^3)。

容量量器有金属结构和非金属结构两种。实验室用的一等标准金属量器、油罐、油轮、槽车、罐车等均属于金属结构量器;玻璃的量瓶、量杯、量筒、滴定管、吸管、注射器等都是非金属结构量器。

标准金属量器一般分为三等:一等的容量为50mL,精度为±(0.015~0.02)%;二等容量为200 mL、500 mL,精度为±(0.025~0.04)%;三等容量为500 mL、1 000 mL,精度为±(0.05~0.1)%。

容量计量的方法通常分为3种:衡量法、比较法和尺寸计量法。

(1)衡量法

衡量法是先计量出被测量器所能容纳的工作物质(液体)的质量及其密度,然后算出量器容积的一种方法。所选液体的密度是已知的。一般取水为工作物质,因为水在不同温度下的密度是已知的,只要计量出水的质量即可求得容积。这种方法的计量精度较高,常用于一等标准金属量器和精度要求较高的玻璃量器。

(2)比较法

比较法是将被计量量器的容量与标准量器的容量直接进行比较,从而得出被测容量的方法。根据标准量器相对于被测量器位置的不同,比较法可分为"注入法"和"排除法"两种。如果工作物质是由标准量器注入被测量器,则称为注入法;反之,如果工作物质从被测量器排出,并与标准量器进行比较,则为排除法。比较法一般用于检定二等标准量器或形状规则的较大容器,检测精度为±(0.04~0.1)%。

(3)尺寸计量法

尺寸计量法也称为直测法,是通过直接计量容器的几何尺寸来获得容积的办法。该法适用于具有较规则的几何形状的大容器的计量,如各种计量罐、大油罐的溶剂计量。精度为±(0.2~0.5)%。

6. 流量计量

所谓流量,是指单位时间内流经封闭管道或明渠有效截面的流体量,又称瞬时流量 。

流量以体积表示时称为体积流量，当流体量以质量表示时称为质量流量。流体一般包括液体和气体。流量计量就是对流体的体积流量、质量流量和总量的计量。

流量单位是导出单位，国际单位制规定基本量长度、质量、时间的单位分别是米(m)、千克(kg)、秒(s)。由流量公式可导出体积流量的单位：米^3/秒(m^3/s)，质量流量的计量单位：千克/秒(kg/s)，累积质量流量的单位：千克(kg)，累积体积流量的单位：米^3(m^3)。另外，工业上还使用米^3/小时(m^3/h)、升/分(L/min)、吨/小时(t/h)、升(L)、吨(t)等作为流量计量单位。

由于流量是一个动态量，流量测量是一项复杂的技术。从被测流体来说，包括气体、液体、混合流体这三种不同物理特性的流体；从测量流体流量时的条件来说，又是多种多样的，如测量时的温度可以从高温到极低温，压力可以从高压到低压；被测流体的流动状态可以是层流、紊流等。此外还有黏度大小不同等。为准确测量流量，就必须研究不同流体在不同条件下的流量测量方法，并提供相应的测量仪表。这是流量计量的主要工作内容之一。

由于被测流体的特性如此复杂，测量条件又各不相同，从而产生了各种不同的测量方法和测量仪表。显然，如果没有一个统一的检定流量测量仪表准确度的方法，要保证大规模生产的工艺要求，要保证贸易的平等互换是不可能的。此外，还必须有一套流量单位复现方法，及检定系统对使用流量仪表传递的标准方法。流量计量学的另一个主要内容就是：研究流量单位的复现方法和检定系统，建立流量计量的基、标准装置，以保证量值传递和流量测量的准确度。

用于测量流量的器具称为流量计。流量计可分为专门测量流体瞬时流量的瞬时流量计；专门测量流体累积流量的累积式流量计。随着流量测量仪表及测量技术的发展，大多数流量计都同时具备测量流体瞬时流量和累积流体总量的功能，因此，习惯上又把瞬时流量和累积式流量计统称为流量计。

流量计的种类很多，分类方法也不尽相同，通常以工作原理来划分流量计的类别。在相同原理下的各种流量计，则以其结构上的不同，主要是测量机构的不同来命名。按这样的分类方法可将流量计大致分为差压式流量计、浮子式流量计、容积式流量计、速度式流量计、临界流流量计、质量流量计等。

7. 黏度计量

液体在流动时，在其分子间产生内摩擦的性质，称为液体的黏性，黏性的大小用黏度表示，是用来表征液体性质相关的阻力因子。绝缘油的黏度与一般液体的黏度概念相同，就是液体的内摩擦，即表示绝缘油在外力作用下，做相对层流运动时。绝缘油分子间产生内摩擦阻力的性质。绝缘油的内摩擦力愈大，黏度也愈大，流动愈困难，散热性能愈差。

黏度是表示流体在流动时，流体内部发生内摩擦的物理量，是流体反抗形变的能力，是用来鉴定某些成品或半成品的一项重要指标。黏度随流体不同而不同，随温度变化而变化。

黏度的表示方法较多，大体可分为两类：按黏度定义直接测得的黏度称为“绝对黏度”，如动力黏度、运动黏度等。若在一定条件下与已知黏度的液体比较所测得的黏度称为“相对黏度”或“条件黏度”，如恩氏黏度等。黏度一般分为三种：动力黏度、运动黏度和恩氏黏度。

黏度计(Viscosimeter)是用于测量流体(液体和气体)黏度的仪器。根据测定方法，主要有毛细管黏度计、旋转黏度计和落球黏度计三类。

毛细管式黏度计：毛细管式黏度计通常为赛氏黏度计，是一种常见的黏度计。其工作原理是：样品容器(包括流出毛细管)内充满待测样品，处于恒温浴内，液柱高度为 h。打开旋塞，样品开始流向受液器，同时开始计算时间，至样品液面达到刻度线为止。样品黏度越大，这段时间越长。因此，这段时间直接反映出样品的黏度。

旋转式黏度计：常见的旋转式黏度计是锥板式黏度计。它主要包括一块平板和一块锥板。电动机经变速齿轮带动平板恒速旋转，依靠毛细管作用使被测样品保持在两板之间，并借样品分子间的摩擦力而带动锥板旋转。在扭矩检测器内的扭簧的作用下，锥板旋转一定角度后不再转动。此时，扭簧所施加的扭矩与被测样品的分子内部摩擦力(即黏度)有关：样品黏度越大，扭矩越大。扭矩检测器内设有一个可变电容器，其动片随着锥板转动，从而改变本身的电容数值。这一电容变化反映出的扭簧扭矩即为被测样品的黏度，由仪表显示出来。

振动式黏度计：这种黏度计的工作原理是，处于流体内的物体振动时会受到流体的阻碍作用，此作用的大小与流体的黏度有关。常用的振动式黏度计有超声波黏度计，其探测器内有一个弹片。在受脉冲电流激励时，弹片产生超声波范围的机械振动。当弹片浸在被测样品中时，弹片的振幅与样品的黏度和密度有关。在已知密度的情况下，可从测出的振幅数据求得黏度数值。

黏度的量值传递程序可以直观表示如下：基准黏度计→一级标准黏度液→标准黏度计→二级标准黏度液→工作黏度计。

从黏度的量传方式看，主要分为两大类：以欧美为主的西方国家，以发售黏度标准液为主；以前苏联为主的经互会国家，以送检黏度计为主。我国目前也以送检黏度计为主。

8. 密度计量

密度是一个用于定量描述物质特性的物理量。每种物质都有一定的密度，物质不同，密度不同。物质的密度就是单位体积的质量，即为物体的质量与其体积之比。

$$\rho=m/V$$

其中，ρ 为物体的密度，m 为物体的质量，V 为物体的体积。

密度计量主要分为静态计量和动态计量。静态计量主要是根据密度基本原理公式的直接计量测量；动态计量则是利用密度量与某些物理量关系的间接计量测量。直接计量测量又分为绝对法与相对法。相对法是密度测量技术中常用的方法，它是一种与密度标准参考物质(例如已知的纯水、纯水银密度等)进行比较的测量，而绝对测量则是通过直接测量物质的质量和体积而获得密度的一种测量。这类方法主要有流体静力称量法、密度瓶法和浮计法等。而间接测量法种类更多，如动压法、浮子法、射线法、声学法、光学法、气柱平衡法以及振动法等。这类方法主要用于工业生产过程连续检测与控制流体的密度或浓度。

9. 真空计量

近代真空技术是 21 世纪初才发展起来的一门新的技术学科。根据 ISO 的定义：真空指的是低于流行大气压的稀薄气体状态。通常采用各向同性的中性气体压强来表征真空度。

中性气体的压强是一个流体静力学的物理量，是一个理想热力学平衡态下的物理概念。由此，真空度的测量仅仅归结为中性气体压强的测量。

真空计量中三个基本物理量是真空度(全压力 p 和分压力 p_i)、气体微流量(Q) 和抽速(S)，$p=Q/S$ 。

真空计量的主要研究内容为:①真空度(全压力)的测量与校准;②真空质谱分析、分压力的测量与校准;③气体微流量(或漏率)的测量与校准;④真空泵的抽速测量。

压强单位表征的真空计量标准可分为两大类:

(1)绝对真空规

绝对真空规是一种由所测物理量就能确定压强的真空规,此物理量为SI单位制中七个基本量的一个或几个。把此绝对真空规和被校真空规同接于一个校准容器上,相互比对进行校准。目前,只有精密U形压力计和压缩式真空规两种绝对规,较好地解决了准确度问题,并具有较高的精度,已被许多国家列为国家级真空计量标准。精密U形压力计量程为 $10^{-1}\sim10^{5}$ Pa(<0.1%),压缩式真空规量程为 $1\sim10^{-3}$ Pa(<2%)。

(2)绝对真空校准系统

因为绝对真空规测量下限仅到 10^{-3} Pa,所以为了延伸校准下限,要采用不同原理的压强衰减法,即在标准容器内产生一个精确已知的标准低压,用来校准真空规,这就是绝对真空校准系统。主要有三种方法:膨胀法、动态流量法和分子束法。

真空计量的发展重点可概括如下:

①开展超高、极高真空校准技术研究,延伸真空校准的下限;开展微小气体流量(或漏率)精确校准技术研究,减小测量不确定度;完善和充实真空计量标准的体系;

②建立一些常规性的、利用效率高的、便于移动的、实用的真空计量标准,用于真空规在线校准,为生产现场解决真空校准的实际问题;

③开展空间真空测量与校准技术研究,开展空间质谱技术应用研究,扩大真空计量的研究领域;

④对已建真空计量标准进行维护,并不断改进、完善和提高,是对真空计量标准研究的继续以便充分发挥已建真空计量标准的作用;

⑤加强基础和理论方面的研究,深入开展真空(全压力)、分压力和气体微流量(或漏率)的测量技术、校准技术和量值传递技术的研究,是对以往工作的继续和深入;充分发挥技术优势,跟踪国外发展动态,开展基础性课题的研究,以保持真空计量专业的持续发展。

10. 硬度计量

硬度是衡量材料软硬程度的一个性能指标。它既可理解为是材料抵抗弹性变形、塑性变形或破坏的能力,也可表述为材料抵抗残余变形和反抗破坏的能力。硬度不是一个简单的物理概念,而是材料弹性、塑性、强度和韧性等力学性能的综合指标。硬度试验的方法较多,原理也不相同,测得的硬度值和含义也不完全一样。最常用的是静负荷压入法硬度试验,即洛氏硬度(HRA/HRB/HRC)、布氏硬度(HB)、维氏硬度(HV),其值表示材料表面抵抗坚硬物体压入的能力。而里氏硬度(HL)、肖氏硬度(HS)则属于回跳法硬度试验,其值代表金属弹性变形的大小。因此,硬度不是一个单纯的物理量,而是反映材料的弹性、塑性、强度和韧性等的一种综合性能指标。

材料的硬度是通过各种硬度计来测定的,因此硬度计的准确度是十分重要的。为了保证全国硬度计示值的一致和准确可靠,在中国计量科学研究院建立了相应的各种高精度的硬度计。作为各种硬度对示值的基准。用这种基准硬度计标定出各种硬度范围的标准试样,称为一等标准硬度块,各计量技术机构、企业以这种标准硬度块调整自己的硬度计示值,用逐级传递的办法,就可以在一定误差范围内统一全国的硬度量值。

布式硬度(HB):是以一定大小的试验载荷,将一定直径的淬硬钢球或硬质合金球压入被测金属表面,保持规定时间,然后卸荷,测量被测表面压痕直径。布式硬度值是载荷除以压痕球形表面积所得的商。一般为:以一定的载荷(一般 3 000 kg)把一定大小(直径一般为 10 mm)的淬硬钢球压入材料表面,保持一段时间卸载后,负荷与其压痕面积的比值,即为布氏硬度值(HB),单位为 N/mm^2。

维氏硬度(HV):以 120 kg 以内的载荷和顶角为 136°的金刚石方形锥压入器压入材料表面,用材料压痕凹坑的表面积除以载荷值,即为维氏硬度值(HV)。它适用于较大工件和较深表面层的硬度测定。维氏硬度尚有小负荷维氏硬度,试验负荷 1.961～49.03 N,它适用于较薄工件、工具表面或镀层的硬度测定;显微维氏硬度,试验负荷小于 1.961 N,适用于金属箔、极薄表面层的硬度测定。

邵氏硬度(HA/HD):具有一定形状的钢制压针, 在试验力作用下垂直压入试样表面,当压足表面与试样表面完全贴合时, 压针尖端面相对压足平面有一定的伸出长度 L,以 L 值的大小来表征邵氏硬度的大小,L 值越大, 表示邵氏硬度越低, 反之越高。

肖氏硬度(HS):肖氏硬度试验是一种动载试验法,其原理是将具有一定质量的带有金刚石或合金钢球的重锤从一定高度落向试样表面,根据重锤回跳的高度来表征测量硬度值大小,符号为 HS。重锤回跳得越高,表面测量越硬。A90 属金刚钻的硬度、D45 属淬火钢的硬度。

洛式硬度(HR):是以压痕塑性变形深度来确定硬度值指标。以 0.002 mm 作为一个硬度单位。当 HB>450 或者试样过小时,不能采用布氏硬度试验而改用洛氏硬度计量。它是用一个顶角 120°的金刚石圆锥体或直径为 ϕ1.59 mm、ϕ3.18 mm 的钢球,在一定载荷下压入被测材料表面,由压痕的深度求出材料的硬度。根据试验材料硬度的不同,分三种不同的标度来表示:

HRA,采用 60 kg 载荷和钻石锥压入器求得的硬度,用于硬度极高的材料,如硬质合金等;

HRB,采用 100 kg 载荷和直径 ϕ1.58 mm 淬硬的钢球求得的硬度,用于硬度较低的材料,如铸铁;

HRC,采用 150 kg 载荷和钻石锥压入器求得的硬度,用于硬度很高的材料,如淬火钢等。

硬度试验是机械性能试验中最简单易行的一种试验方法。为了能用硬度试验代替某些机械性能试验,生产上需要一个比较准确的硬度和强度的换算关系。实践证明,金属材料的各种硬度值之间,硬度值与强度值之间具有近似的相应关系。因为硬度值是由起始塑性变形抗力和继续塑性变形抗力决定的,材料的强度越高,塑性变形抗力越高,硬度值也就越高。

11. 压力计量

压力一般定义是:垂直作用并均匀分布在单位面积上的力,即,

$$p=F/S$$

其中，p 为产生的压力，F 为垂直作用力，S 为承受作用力的单位面积。压力的单位帕斯卡(Pa)。

压力由下列几种表达方式表达：

(1)大气压，地球表面上的空气柱因重力而产生的压力。它和所处的海拔高度、纬度及气象状况有关。

(2)差压(压差)，两个压力之间的相对差值。

(3)绝对压力，介质(液体、气体或蒸汽)所处空间的所有压力。绝对压力是相对零压力而言的压力。

(4)表压力(相对压力)，如果绝对压力和大气压的差值是一个正值，那么这个正值就是表压力，即表压力＝绝对压力－大气压＞0。

(5)负压(真空表压力)，和“表压力”相对应，如果绝对压力和大气压的差值是一个负值，那么这个负值就是负压力，即负压力＝绝对压力－大气压＜0。

(6)静态压力，一般理解为不随时间变化的压力，或者是随时间变化较缓慢的压力，即在流体中不受流速影响而测得的表压力值。

(7)动态压力，和“静态压力”相对应，随时间快速变化的压力，即动态压力是指单位体积的流体所具有的动能大小。通常用 $\rho v^2/2$ 计算，其中 ρ——流体密度；v——流体运动速度。

(8)气体压力，通常提到的气体压力或者大气压力，实际上是取其每单位面积上的压力的数值。

用于测量流体以及空间压力的仪器。按工作原理的不同，压力测量器可分为液柱式、弹性式和传感器式三种类型。其中液柱式压力测量仪结构简单，灵敏度和精确度都高，常用于校正其他类型压力计，但其体积大、反应慢、难于自动测量。弹性式压力测量器使用方便、测压范围大，但精度较低，同样不能自动测量；相比之下，各种压力传感器均能小型化，比较精确和快速测量，尤能测量动态压力，实现多点巡回检测、信号转换、远距离传输、与计算机相连接、适时处理等，因而得到迅速发展和广泛应用。按准确度等级高低分类精密压力表的准确度等级分别为：0.06 级、0.1 级、0.16 级、0.25 级、0.4 级、0.6 级共 6 级；一般压力表的准确度等级分别为：1.0 级、1.6 级、2.5 级、4.0 级共 4 级。

12. 转速计量

转速(rotational speed 或 rev)是做圆周运动的物体单位时间内沿圆周绕圆心转过的圈数(与频率不同)。常见的转速有额定转速和最大转速等。在计量学里，转速属于导出单位，其物理含义为旋转物体在单位时间内转过的转数。工程中用它来描述动力机械的运动特性。转速和频率有共同的量纲(T^{-1})，都是单位时间内某一量值(脉冲个数、转数)出现的次数，从理论上讲，转速值可以直接和频率值进行比对。测时计数是转速计量的基本方法。

在我国，转速表(含转速测量仪等)属于依法管理的计量器具，通常用转速标准装置(特指转速标准源)检测/校准各类转速表的，用于测量转速的仪器统称转速表。在转速计量测试中由于对测量精度、使用条件和场合、安装连接方法的要求不同，因而在工业生产和科学实验等方面使用着各种不同类型的转速表。根据结构原理可分为以下几种：

①机械式转速表包括离心式转速表、定时式转速表、振动式转速表等。

②磁电式转速表包括磁感应式转速表、电动式转速表、电脉冲式转速表等。

③频闪式转速表包括度盘读数频闪式转速表、数字显示频闪式转速表、机械频闪式转速表等。

④电子计数式转速表包括手持电子计数式转速表,由电子计数器和转速传感器组成的转速表。

13. 振动与冲击计量

振动(又称振荡):指一个状态改变的过程,即物体的往复运动。

振动是自然界最普遍的现象之一。大至宇宙,小至亚原子粒子,无不存在振动。各种形式的物理现象,包括声、光、热等都包含振动。人们生活中也离不开振动:心脏的搏动、耳膜和声带的振动,都是人体不可缺少的功能;人的视觉靠光的刺激,而光本质上也是一种电磁振动;生活中不能没有声音和音乐,而声音的产生、传播和接收都离不开振动。在工程技术领域中,振动现象也比比皆是。例如,桥梁和建筑物在阵风或地震激励下的振动,飞机和船舶在航行中的振动,机床和刀具在加工时的振动,各种动力机械的振动,控制系统中的自激振动等。

振动分类:按能否用确定的时间函数关系式描述,将振动分为两大类,即确定性振动和随机振动(非确定性振动)。确定性振动能用确定的数学关系式来描述,对于指定的某一时刻,可以确定一相应的函数值。随机振动具有随机特点,每次观测的结果都不相同,无法用精确的数学关系式来描述,不能预测未来任何瞬间的精确值,而只能用概率统计的方法来描述这种规律。例如:地震就是一种随机振动。

确定性振动又分为周期振动和非周期振动。周期振动包括简谐周期振动和复杂周期振动。简谐周期振动只含有一个振动频率。而复杂周期振动含有多个振动频率,其中任意两个振动频率之比都是有理数。非周期振动包括准周期振动和瞬态振动。准周期振动没有周期性,在所包含的多个振动频率中至少有一个振动频率与另一个振动频率之比为无理数。瞬态振动是一些可用各种脉冲函数或衰减函数描述的振动。

振动测量方法按物理过程可分为机械法、光测法和电测法三类。

(1)机械法

机械法是利用杠杆传动或惯性接收原理记录振动信号的一种方法,此法常用的仪器有直接式(手持式)振动仪和盖格尔振动仪。这类仪器能直接记录振动波形曲线,便于观察和分析振动的幅值大小、谐波频率及主要的谐波分量频率等参数。它们具有使用简单、携带方便、不需要消耗动力、抗干扰能力强等优点,但由于其灵敏度低、频率范围窄等缺点,这类仪器在工程中使用得愈来愈少。

(2)光测法

光测法是将机械振动转换为光信号,经光学系统放大后进行记录和测量的方法。常用的仪器有读数显微镜、激光单点测振仪、激光多普勒扫描测振仪等。激光测量方法具有精度高、灵敏度高、非接触、远距离和全场测量等优点,已成为特殊环境及远距离测量中很有发展前途的一种方法。

(3)电测法

电测法是通过传感器将机械振动量(位移、速度、加速度、力)转换为电量(电荷、电压等)

或电参数(电阻、电容、电感等)的变化,然后使用电量测量和分析设备对振动信号进行分析。

振动计量的主要参数有振幅、频率、相位、速度和加速度。中国测试技术研究院建立了三项振动计量基准:低频振动水平向基准装置、低频振动垂直向基准装置和中频振动副基准装置。频率范围覆盖(0.1～5)kHz,是国家振动基准量值溯源体系的重要组成部分。三项振动基准装置经历了多次技术升级,在(0.1～5)kHz范围内实现了振动幅值和相位的激光绝对法精确测量。测量范围和测量能力保持与国际先进水平相一致。冲击是物体之间短时间内的碰撞(如在数微秒的作用时间内,可产生高达数百 m/s^2 冲击加速度)。冲击计量的主要参数有持续时间、波形、速度和加速度。冲击持续时间是冲击碰撞接触开始一直持续到脱离接触为止所经历的时间。通常采用加速度计冲击校准。

冲击量值传递方面,冲击加速度国际基准的测量范围:$(1\times10^2\sim1\times10^6)\,m/s^2$,脉冲持续时间为10 μs～10 ms,复现量值的扩展不确定度(包含因子 $k=2$)以 $1\times10^5\,m/s^2$ 为界分为两段:冲击加速度小的为2%,大的为10%。

冲击测试一般是确定设备在经受外力冲撞或作用时产品的安全性、可靠性和有效性的一种试验方法。冲击试验分成三种:

①规定脉冲试验方法,采用正弦波进行试验;

②冲击谱试验方法;

③规定试验机试验方法。

4.4 电磁计量

电磁计量是根据电磁基本原理,应用各种电磁标准器和电磁仪表,对各种电磁物理量进行测量。它包括电阻、电池、电桥、电感、电容、电能、互感器、磁通、磁场强度等。

电磁学计量内容包含:电磁基本量,如电压、电流、磁通、磁矩等;电磁测量仪器和仪表;比率标准与仪器;材料电磁特性。此外,非电量的电测量及静电、电气和环境安全等电磁干扰参数也是电磁计量的重要内容。按工作频率,电磁学计量分直流计量和交流计量。电磁计量所涉及的专业范围,包括直流和1MHz以下交流的阻抗和电量,精密交直流测量仪器仪表,数模/模数转换和交直流比例技术,磁学量、磁性材料和磁测仪器仪表等。因此电磁计量的主要内容即是建立上述专业范围内的基标准,开展校准测试,进行量值溯源、传递和统一的工作。由于其他计量领域(长、热、力、光、电离辐射等)是将各种非电磁量经过相应变换器转换成电磁量进行测量,所以电磁计量在整个计量领域有着重要和基础性的地位。

电学计量保存、复现、传递的量主要有直流电压、直流电流、交流电压、交流电流、直流电阻、交流电阻、电感、电容、电功率、电能、相位、频率、电荷量、损耗因数、功率因素、时间常数等。保存、复现电学量的计量器具主要有实物量和计量仪器两大类。作为计量基准和计量标志的主要有约瑟夫逊电压自然基准、霍尔电阻自然基准、标准电池、直流标准电阻、RLC测量仪、高阻计、微欧计、直流电位差计、交流电位差计、数字多用表、多功能标准源、交直流转换仪、指示表、直流功率表、交流功率表、功率因数表、电能表、分压箱、分流器、仪用互感器、测量放大器、转换器、感应分压器、霍尔电流传感器等。

电流本质上是独立于力学量的物理量,其单位自然也可独立定义。但为了使电磁力的单位与机械力的单位相等,需引入一个将电磁力换算为机械力的系数。根据安培定律,直接用电流的力效应来定义电流单位的,即安培是一恒定电流,若保持在处于真空中,相距 1 m 的两无限长且圆截面可忽略的平行直导线,则这两导线之间产生的力在每米长度上等于 1 牛顿。单位的定义是理想的,而要想按定义复现它就存在诸多不便,如安培定义中"无限长""圆截面可忽略",甚至异常小的电磁力都将引起难以克服的困难。

磁学计量依赖于三个磁学单位量的第一基准:磁感应、磁通和磁矩。

建立磁场强度基准的方法有计算线圈法和核磁共振法。按计算线圈法建立的基准称为计算基准;按核磁共振法建立的基准称为自然基准。所谓计算线圈,就是在某一规则骨架上按某些特定方式绕制的精密线圈,然后根据线匝的精确尺寸,用数学方法严格算出线圈常数(即通入单位电流时线圈某一范围内所产生的磁场值)。最常用的基准线圈形式为亥姆霍兹线圈和螺线管。

磁感应单位基准由三个不同名义值的计算石英线圈和计量器具组成。计量器具是将韦伯单位量传递到二次工作基准量具的仪器。计量线圈有两个绕组:第一个绕组由未绝缘的铜导线绕制,第二个绕组的直径约为 400 mm,由绝缘导线绕在石英法兰盘上,法兰盘与第一个绕组的石英骨架紧紧固定。确定常数 0.01 Wb/A 的名义值误差为 0.001%。传递磁通单位量的误差不超过 0.01%。磁矩单位的基准由磁钢和维卡合金钒钴(Vicalloy)做成的九个永久磁铁椭球和基准磁经纬仪组成。磁铁的磁矩值由磁经纬仪进行的绝对测量和磁钢几何尺寸所决定,其范围为 0.14~1.7 A·m。复制磁矩单位的误差不超过 0.1%。

电磁计量中涉及的各种各样的物理量最终均要溯源到电压和电阻两种最基本的基准量。经典的电压基准和电阻基准量值是由标准电池组和标准电阻组这两种实物基准复现和维持的,准确度约为 10^{-6}~10^{-7} 量级,量值随着时间的漂移量也很难确切查明。因此实物基准已不能满足现代科学研究及仪器仪表工业所提出的高准确度要求。

国际计量委员会建议,从 1990 年 1 月 1 日起在世界范围内启用约瑟夫森电压标准及量子化霍尔电阻标准以代替原来由标准电池和标准电阻维持的实物基准,并给出这两种新标准中所涉及的约瑟夫森常数 K_J 及冯克里青常数 R_K 的国际推荐值为:

$$K_J = 483\,597.9(\mathrm{GHz/V});R_K = 25\,812.807(\Omega);$$

约瑟夫森结阵电压基准综合了低温超导、纳伏级电压精密测量、毫米波微波锁相等高新技术,通过基本物理常数 $2e/h$ 和频率来高准确度地复现出电压量值。等效于用普朗克常数 h 和基本电荷 e 这两个基本物理常数结合频率标准来导出电压单位和电阻单位。从近几年来的实践结果来看,国际计量委员会的建议是十分有效的。采用新方法后电压单位和电阻单位的稳定性和复现准确度提高了 2~3 个数量级。

中国计量科学研究院的 1 V 及 10 V 约瑟夫森电压基准系统,采用了国内自行设计研制的微波源,提高了微波的频谱纯度,使微波源输出频率的稳定度达到了 10^{-11},因而结阵电压的分散性大大降低。同时采用了自己独特的微波传输技术,微波平均功率损耗为 1 dB/m,其技术指标达到国际领先水平。1 V 和 10 V 约瑟夫森电压基准系统的测量总不确定度分别达到了 8.4×10^{-9} 以及 5.4×10^{-9}。

中国计量科学研究院的量子化霍尔电阻标准通过设计了"气体压力滤波器"减少回收氦气的气相压力波动的影响,使附加噪声降低了几倍。另一方面又克服了电流跳跃引起的不稳定现象，通过增加匝数的方法使有效信号增加了8倍。这两方面的改进使得中国计量科学研究院的量子化霍尔电阻标准的不确定度大幅度减少。目前，量子化霍尔电阻标准本身的不确定度仅为2.4×10^{-10}，传递到100 Ω时为4.8×10^{-10}，传递到1 Ω时为7.2×10^{-10}，达到国际领先水平。

4.5 化学计量

化学计量是借助高精度的计量装置、计量方法和各种标准物质，通过标定工作仪器仪表，以保证化学参量的准确一致的一门计量学科。包括：电导、酸度、黏度、离子、分光光度、旋光、浊度、色谱、烟尘、粉尘、湿度、气体分析等。

化学测量无处不在，与经济、科技和社会发展息息相关。无论是临床医学检验，还是食品药品成分分析，再或大气、土壤、水质监测等，都离不开化学测量，都需要通过化学测量分析物质的结构、含量组成和特性。在全球测量活动中，化学测量已经占60%以上。化学测量涉及物质的微观结构、组成和性质，测量过程复杂，影响因素众多，测量方法、测量设备、校准标准、样品处理与试剂、操作者和环境等都可能对测量产生影响，不同医院检验结果不一致，导致检验报告不通用，就是最常见的表现之一。因此，保证测量结果的准确性、可比性成为化学测量的巨大挑战。

“测不准”问题存在于各个领域，近十年来引起了全球各国广泛重视。据统计，在临床医学领域，医生的诊断结论80%依赖于临床检验，临床检验结果偏差越大，导致的重复测量和医疗资源的浪费就越大。根据美国国家计量院(NIST)的评估报告，在20世纪80年代，美国每年花在医疗方面的费用约为1万亿美元，超过GDP的13%，其中20%以上用于测量。这些测量的三分之一以上是为防止误测和确认测量结果等进行的重复测量，由此导致的费用约为660亿美元，占美国年医疗费用的6.6%。我国2014年卫生总费用为3.5万亿元人民币，若按上述比例估算，花在重复测量的费用约为2 300亿元。

因此，加强化学测量过程及结果的控制和评价，确保化学测量结果的准确性、溯源性和有效性就显得至关重要，这也是化学计量的根本任务。化学计量是研究化学测量及其应用的一门学科，是为了保证化学测量结果的准确可靠有效而进行的活动。

化学计量主要由标准装置、标准物质和标准方法三个核心要素构成。化学计量源头的基标准装置、基标准方法和基标准物质三位一体，保证化学测量的溯源性，使实际测量量值能够通过不间断的溯源链，溯源至化学计量源头，进而溯源至国际基本单位，保持全球量值一致性和准确度。其中标准物质是量值溯源和传递的主要载体，处于核心关键位置，也被称为“化学测量的砝码”，主要用于校准、质量控制、测量方法与结果评价、确定特性量值等。因此，化学计量的很多工作，是围绕着标准物质的研发和应用相关技术展开的。

1. 化学计量发展及应用

世界第一个标准物质因20世纪初工业文明对质量的需求而诞生于美国，推动了美国钢铁产业标准化。随着化学测量结果的溯源性与有效性被逐渐引起关注，1971年“摩尔”正式成为第七个国际基本(SI)单位，标志着化学计量正式启航。1993年国际物质量咨询委员会的成立，化学计量国际化大家庭正式组建，第一个国际化学计量比对随即展开。时至今日，科技、经济、社会都对化学计量提出了更为广泛而迫切的需求，化学计量成为国际上最活跃的计量研究领域。我国随着化学计量与标准物质被列入《国家中长期发展规划（2006—2020年）》和《计量发展规划（2013—2020年）》，化学计量进入了飞速发展时期，国家标准物质作为国家科技资源的重要组成部分之一，从2003年起，纳入了国家科技基础条件平台建设中。

经过努力，目前中国计量院化学计量综合实力已迈入国际第一梯队。在基本单位复现和原子量测量等基础研究中，10个元素原子量测量结果被国际纯粹与应用化学联合会（IUPAC）采纳并列入国际元素周期表，达到国际领先水平。中国计量院在国际计量委员会（CIPM）/物质的量咨询委员会（CCQM）框架下的国家校准与测量标准（以标准物质为主体）能力互认（CMC）数量名列全球第一。其中，在高纯物质、食品安全计量等领域实现了领跑，在大众健康、环境等领域，正努力实现领跑。中国计量院化学计量实验室在食品药品、临床检验、法医科学、环境保护等领域的化学计量及其应用技术研究方面取得了可喜成绩，共研制了6项计量基准、58项计量标准和1 600余种标准物质。

在食品安全方面，化学计量有效保障了民生安全和社会发展需要。基于系列纯度国家基准物质技术开发，研制了农药、兽药及违禁药物纯度基标准物质200余项，应用于全球近4 500家用户。

高准确度测量方法开发、国际互认与面向食品安全检测实验室开展的标准物质、测量质量控制和评价服务等同步进行，实现了对原国家食药总局、质检总局等部门工作的有效支撑和保障。中国计量院化学计量试验室先后为“三聚氰胺”事件处置，2008年奥运会、田联世锦赛运动员食品安全保障等提供技术支撑和保障服务。以“三聚氰胺”事件为例，在较短时间内研发了快速、准确、经济、便捷的检测方法和标准物质，满足了国家急需，并被亚太区域计量组织评为支撑国民经济发展的十大典型事例之一。在2015年北京田径世锦赛中，中国计量院化学计量试验室与北京市食品安全监控和风险评估中心联合开展质控技术研究以及检验实验室能力评价，提升了专供运动员食品的兴奋剂检测质量，为避免因食用肉类食品造成的尿检阳性问题，提供有力技术支撑(要求瘦肉精含量比国家标准限量值低两个数量级)。

在环境监测领域，化学计量为确保环境监测数据的准确可靠提供了必要的技术保障。中国计量院化学计量实验室与生态环境部中国环境监测总站、环保标样所、原国土资源部国家地质实验测试中心、工信部等部门有关单位，联合开展标准物质和化学计量技术研究，为排放水、电子电气产品中重金属检测等国家标准的实施提供了全面支撑。有效保障了我国水质监测和国土资源调查数据的可靠性，支持全国范围水质监测及260万平方公里国土酸雨测报，并使得投入20亿元的《多目标地球化学调查评价计划》中相关检测数据的优良率由46%提高到85%。

在临床诊断领域，化学计量呵护着人类的健康和生活质量。以胆固醇和肿瘤标志物两个临床检验项目测量为例，若分别减少偏差3%和10%，相应的漏诊率将减小9%～20%和10%～50%。再如，血清中C肽测量准确性问题一直困扰着糖尿病的准确诊断和治疗。为了满足世界卫生组织等国际相关机构对C肽诊断标志物准确测量的要求，中国计量院化学计量实验室与国际计量局化学部联合主导并参与了C肽纯度国际计量比对，比对结果取得了等效一致。随着对糖尿病等重大疾病诊断标志物的计量技术和标准物质的深入研究，将不断促进国际间测量标准的统一，对大大提高临床诊断的准确性、有效性，实现对同一病人在不同地点和不同时间的检验结果互认具有十分重要的作用。

在法医科学领域，化学计量的引入为准确量刑、司法公正提供了更加科学的依据和手段。例如，国际互认的高准确度毒品标准物质应用于涉毒案件中毒品净含量的检测和计算，降低了检测不确定度，减少了量刑不准的概率，彰显了司法公正。

2. 化学计量未来机遇与挑战

“十四五”期间，化学计量将继续迎接新的更大机遇与挑战。

在基础计量研究方面，基本单位制变革，摩尔的重新定义，引领了化学计量研究的学科方向。以溯源至 SI 的化学计量技术和标准物质为主线，开展物质含量组成、活性、空间结构等技术研究、标准数据库以及计量学模型的构建，将在生命科学、交叉科学领域科学研究发展中，发挥重要支撑作用。

在食品安全计量方面，为进一步支撑政府决策和监管，保障食品安全质量，提升食品安全检测体系有效性，中国计量院化学计量实验室将重点围绕溯源至 SI 单位的标准物质、标准方法评价、数据库建立和检测能力评价四个方面开展食品安全计量研究。积极响应国家“一带一路”倡议，与国际计量局(BIPM)、“一带一路”沿线国家或机构开展持续深入合作，建立完善真菌毒素国际计量溯源体系；建立完善农、兽药残留检测计量溯源体系；环境污染物及非法添加物检测计量溯源体系、重金属及形态检测计量溯源体系；着力提升国家食品安全计量能力，保障食品安全。

在临床检验与药物计量方面，不断加大体外诊断试剂和生物药物的计量研究，努力为重大疾病诊断标志物建立国家计量溯源源头基准物质，实现国际等效互认，并加强临床诊断标志物标准物质技术推广；在生物药物的结构表征、标准数据库建立等方面积极探索，为落实中国计量院与美国 NIST 之间的计量标准合作内容，为生物医药产业质量提升，作出积极贡献。

在环境监测计量方面，面对环境保护新挑战，温室气体、有机污染物、重金属水体和土壤等高准确度标准物质将是该领域的研究重点。而对扁平化量传服务模式的探索，将促使化学计量成果更好地服务一线检测实验室，为我国《环保法》和大气、水、土壤污染防治行动计划的实施提供技术支撑。

4.6 光学计量

光学计量是研究光辐射量和光辐射在介质中的传播性质的测量技术。包括：光度、辐射度、发光强度、光通量、光能量、亮度、照度、辐射能量、感光度、色度等。

光度量是限于人眼能够见到的一部分辐射量，是通过人眼的视觉效果去衡量的，人眼的视觉效果对各种波长是不同的，通常用 $V(\lambda)$ 表示，定义为人眼视觉函数或光谱光视效率。因此，光度量不是一个纯粹的物理量，而是一个与人眼视觉有关的生理、心理物理量。

光度计量测试的主要参数有发光强度、亮度、照度及光通量等。发光强度的单位为坎德拉(cd)，是国际单位制中的 7 个基本单位之一，它是不可能从其他单位直接导出的。有了坎德拉基本单位的定义，即可导出光亮、光通量及光源产生的照度和色度等单位。

1. 光谱光度、色度计量测试

光谱光度计量测试主要研究物质的吸收(透射)、反射、荧光和发射光谱，其主要计量测试参数有光谱规则反射比、漫反射比、光谱规则透射比、漫透射比、光谱吸收比、偏振器的消光比等。测量仪器主要有分光光度计、反射光谱仪、荧光光谱仪和摄谱仪等。

色度计量测试是指对颜色量值的计量测试。它是以三基色原理为基础，测出颜色的刺激值，经计算可得到颜色的量值。色度计量分为光源色和物体色两种，对光源色的计量实际上就是对光源的相对光谱功率分布的计量；对不发光的物体的透射样品或反射样品的色度计量，则是对样品的光谱透射比和光谱反射比的计量，通常使用的色度计量器具主要有标准色板、色度计、色差计以及光谱光度计等。

2. 辐射度计量测试

辐射度计量测试主要是在整个光谱范围内进行辐射能量和辐射功率的测量。在光辐射计量中，不再包含人的视觉因素影响，而是把光作为一种电磁辐射进行测量。

光辐射的计量范围较宽，包括的波长范围从紫外、可见直到红外的波长范围。其主要计量参数有辐射通量、辐射强度、辐射亮度、辐射出射度和辐射照度。

辐射计量的标准有两种形式，一种是标准辐射源，另一种是标准探测器。标准辐射源是基于黑体辐射的理论，即黑体的面辐射度 M_c 与绝对温度 T 之间有下列关系：

$$M_c = \sigma T^4$$

式中 σ——斯特藩常量。

光辐射计量的另一种标准是标准探测器。近年来，美国国家标准与技术研究院（NIST）和英国国家物理实验室（NPL）利用硅光电二极管自校准技术，用二极管的内量子效率作为光辐射测量标准，达到了很好的不确定度。

4.7 声学计量

声学计量是通过介质把声发射量和声接收器耦合起来，声发射器的电输入端得到一电信号，接收器端的电信号随发射器的电信号的改变而变化。它是研究物质声波的产生、传播、接收和影响的科学。声学计量主要指：水声、电声、声压、声强、声功率、声速等。

声学是研究弹性介质中声波的产生、传播、接收效应及其应用的科学。声学计量是声学的重要组成部分，也是声学发展的基础，研究声学基本参量、主要评价参量和工程实用参量的测量及保证单位统一和量值准确的技术科学。它包括声学计量基准和标准的建立及保持、量值传递、测量方法等。可分为空气声计量、水声计量和超声计量。国防和军事用途的需求是声学计量发展的强大动力。

声压是有效声压的简称，是由于声波引起介质中压力与静压的差值。在空气中，正常人耳刚刚感觉到的声压为 20×10^{-6} Pa，称为听阈声压；人耳感到疼痛的声压为 20 Pa，称为痛阈声压。两者相差一百万倍，因此使用单位 Pa 很不方便。从而引用了另外一种标度单位——分贝（dB），它是一个无量纲的单位。声强是一个与指定方向垂直的单位面积上，在单位时间内通过的平均声能，单位为 W/m^2。声功率则是声源在单位时间发出的总能量，单位为 W。声强和声功率用分贝表示时，分别称为声强级和声功率级。这里参考声强为 10^{-12} W/m^2；参考声功率为 10^{-12} W。

声学测量的专用设施是保证测量准确度必不可少的。这些设施是：①消声室，它是模拟自由声场而建造的，是一个六界面都能有效地吸收所有入射声的一个大房间。建造时，需要用高效能的吸声材料（吸声材料的吸声与频率有关，频率越低，吸声越小）。一般要求吸声系数在99%以上。②混响室，是用来模拟扩散声场的房间，它与消声室相反，六个界面均由声反射较大的坚硬材料做成，有时还要在室内装扩散体，以增加声场的扩散程度。在混响室内，除可进行校准传声器、建立基准器外，也用来进行机器和设备辐射噪声的声功率测量。它的容积为100～300 m^3。③消声水池，用来模拟水下自由声场对水听器进行校准以及对水声换能器各参量的测量。水池各界面均由橡胶吸声材料做成尖劈。水池底部座落在防震的基础上。此外要在水池上面安装用于测量发射水听器与接收水听器间距的装置。④测听室，用来测量人耳听力级或检查听力用的小房间，设计要求背景噪声低，隔声性能好。

声学计量与人们的生产生活密切相关。在环境噪声的监测与控制医疗活动中的诊断与治疗、水下军事侦察活动、高品质声学环境的营造中，都离不开声学计量。中国计量科学研究院（以下简称“国家计量院”）在声学计量研究方面主要分为空气声（电声）、超声和听力三个方向。在这三个领域拥有5个基准，分别是耦合腔互易法声压基准、瓦级/毫瓦级超声功率副基准、骨导/气导听力零基准。这5个基准曾参加了多次国际关键比对、国际地域辅助比对以及国内比对等，在我国的空气声压力场、声压灵敏度、水中超声功率以及听力零基准方面发挥了重要的作用。

4.8 无线电计量

无线电计量是指无线电技术所用全部频率范围内从超低频到微波的电气特性的测量。它包括：电信号、电路参数、电信号特性、高低频电压、脉冲、高频电感、电容、失真度、数据采集系统等。

无线电计量中需要建立标准，开展量值传递和测试的参数是很多的。目前，我国建立的标准有高频电压、功率、相位、驻波系数、脉冲、阻抗、噪声、Q值、失真等。

（1）高频电压：它是无线电计量中最通用和基本的参数之一，大多数电子设备的计量与它有关。如各种高频电压表、发射机和接收机。

（2）功率计量：功率测量的原理是基于将高频和微波的能量转换成热、电、力等其他量来测量的，其中最通用的是利用微波能量转换成热量来测量，如量热式功率计、测辐射热功率计等。在诸如波导等传输很高频率的分布参数电路中，功率计量也显得非常重要。在电子技术中，测量发射机的输出功率时，也要测量接收机的灵敏度，因此需要测量大、中、小功率甚至微小功率。功率测量是无线电计量中重要的参数之一。

（3）噪声计量：无线电计量中的噪声称为电噪声，它是指存在于器件、电路、电子设备和信号通道中不带有观察者所需要信息的无规则信号。噪声计量是决定一个接收系统（从最普通的收音机、电视机到各种雷达和卫星通信的大型地面站）的灵敏度和测试分辨力的重要因素。目前，我国已建立的噪声标准有：1.3 cm、2.5 cm波导高温噪声标准；同轴热噪声标准；5 cm、7.5 cm低温噪声标准。

（4）衰减计量：它是表征无线电波在传输或传播过程中由于能量的损耗和反射，传输功率或电压减弱程度的一种量度。由于雷达、导航、卫星通信等近代技术的迅速发展，要求发射机的功率越来越大，接收机的灵敏度越来越高，对衰减计量不仅从准确度上并在动态范围内都提出了越来越高的要求。如衰减量程已要求大到 150～170 dB，小到 0.01～0.000 1 dB，频率范围则要求布满整个无线电频段。衰减计量标准器具有极高准确度。我国用于衰减计量的标准器主要有 3 种，即截止衰减器、电感标准衰减器（即感应分压器）和回转衰减器。

（5）微波阻抗计量：阻抗计量是对物体或电路特性的物理量的测量。所谓微波阻抗，可以由阻抗参量、反射参量和驻波参量这 3 套参量来表示。实际上，在微波频段，微波阻抗计量中，常常直接测量驻波参量或反射参量。常见的计量仪器有测量线反射计、时域反射计、驻波比电桥等。

（6）相移计量：相移计量一般是测量两个振荡之间的相位差或相移。相移计量具有十分重要的意义，在无线电电子学领域，从早期的长途电话系统到现代的电视、雷达系统、导航、制导、反射控制系统和电子计算机等均要应用相移测量。在各种定量控制中，诸如轧钢板厚度自动控制、发动机的喘动等，也常常把非电量转换成两个电振荡之间的相位关系来测量。此外，在高能加速器、激光测距以及油田油水岩层结构的研究等领域也要用到相移测量。测量相移的仪器称为相位计。通常相位计的校准或检定是使用移相器。我国已建立的相移标准有：微波宽带相位标准测量装置和同轴射频相移标准测量装置。

（7）失真度计量：任何振荡器产生的正弦波信号都不会是纯的单一频率的正弦信号，任何放大器、网络和显示屏在放大、传输和显示信息时也都会发生不同程度地偏离原始输入信息，这些现象统称为失真。而常用的非线性谐波失真，定义为信号中全部谐波电压（或电流）的有效值与基波电压（或电流）有效值比值的百分数。

失真度是无线电参数中一项常用的参数，它在无线电工程技术（广播、通信、电视、录音、电声和传输等）、国防、无线电测量和电测量等领域中都有广泛的应用。失真度计量主要包括低失真和超低失真信号的产生和测量，放大器、网络的谐波失真、互调失真等的测量，失真度测量仪和“失真仪检定装置”的检定等。

4.9 时间频率计量

时间是一基本的物理量，在单位时间内周期运动重复的次数称为频率。时间是物质运动的一种表现形式，频率是时间的倒数。它主要是建立时间标准和进行时间频率的量值传递，包括：时间、频率、频率特性等。

时间是物理学中的七个基本物理量之一，符号 t。在国际单位制（SI）中，时间的基本单位是秒，符号 s，在 1967 年召开的第 13 届国际度量衡大会对秒的定义是：铯（Cs）133 的原子基态的两个超精细能阶间跃迁对应辐射的 9 192 631 770 个周期的持续时间。这个定义提到的铯原子必须在绝对零度时是静止的，而且在地面上的环境是零磁场。在这样的情况下被定义的秒，与天文学上的历书时所定义的秒是等效的。生活中常用的时间单位还有：毫秒（ms）、分（min）、小时（h）、日（天）（d）、周、月、年等。

频率是单位时间内完成周期性变化的次数，是描述周期运动频繁程度的量，常用符号 f 表示，单位为秒分之一。为了纪念德国物理学家赫兹的贡献，人们把频率的单位命名为赫兹，简称“赫”。每个物体都有由它本身性质决定的与振幅无关的频率，称为固有频率。频率概念不仅在力学、声学中应用，在电磁学和无线电技术中也常用。

1. 时间标准

时间标准是一种计量时间的规范：时间流逝的速度或者时间点，或两者都是。如今，几种原本只是惯例和习惯做法的时间规范已经被公认为标准。被用作一个时间标尺是一种时间标准的应用实例，它规定了用于测量时间划分的方法。民间时间的标准可以同时定义时间间隔与日时间。

2. 频率标准

由于时间与频率互为倒数关系，所以频率标准可以由时间标准导出。

时间频率原始标准应具有恒定不变性，可分为宏观标准和微观标准。宏观标准：基于天文观测；微观标准：基于量子电子学，更稳定更准确。

时间标准的发展，集中反映在作为时间单位(秒)的定义在不断沿革，秒的准确度不断提高。采用原子时的计时标准，即以铯(Cs)133原子基态的两个超精细能级之间跃迁所对应的9 192 631 770个周期的持续时间，定义为1 s，其准确度优于$\times 10^{-16}$，而“光钟”的频率准确度预期可以达到1×10^{-18}量级，是当前具有最高计量特性的时间频率标准，作为时间频率基准，它具备独立地评定准确度的能力。时间频率基准往下传递，可建立各级时间频率标准，其准确度是靠校准获得的。

世界时(UT，Universal Time)：以地球自转周期(1天)确定的时间，即$1/(24\times 60\times 60)=1/86\ 400$为1 s。其误差约为$10^{-7}$量级。

历书时(ET)：以地球绕太阳公转为标准，即公转周期(1年)的31 556 925.974 7分之一为1 s。参考点为1900年1月1日0时(国际天文学会定义)。准确度达1×10^{-9}。于1960年第11届国际计量大会接受为“秒”的标准。

原子时标的定义：1967年10月，第13届国际计量大会正式通过了秒的新定义。1972年起实行，为全世界所接受。秒的定义由天文实物标准过渡到原子自然标准，准确度提高了4～5个量级，达5×10^{-14}(相当于62万年±1秒)，并仍在提高。

时间频率标准包括精密钟、音叉、高稳定石英晶体振荡器和各种原子频率标准。

原子频率标准具有主动型(有源)和被动型(无源)两种类型，前者由量子振荡器直接输出标准频率，后者不能直接输出标准频率，而是通过量子系统的受激跃迁吸收程度(谐振与否)得到误差信号，去修正压控晶体振荡器的频率，由晶体振荡器输出标准频率。压控晶振的输出信号经倍频和频率合成后产生供原子跃迁用的激励信号。当激励信号频率等于原子跃迁系统中的原子跃迁频率时，发生跃迁的原子数最多；偏离时则减少。跃迁检测器上产生与跃迁原子成比例的电信号。调制信号的作用是产生与激励信号偏离跃迁频率不同方向相对应的控制信号，经相位检波器后变成相应的误差电压，放大后，修正压控晶体振荡器的频率。当频率锁定时，即激励信号的频率等于原子跃迁频率；此时，压控晶体振荡器输出的频率就可作为标准频率，经多级分频后可得标准秒信号。

国家时间频率计量基准包括：秒长国家计量基准和原子时标国家计量基准。

(1)秒长国家计量基准

秒长国家计量基准是直接复现秒定义的实验装置，输出的标准频率具有最高计量学特性，它是经国家审查、批准作为统一全国秒长量值(频率量值)最高依据的计量器具，全国只有一套。1967 年，秒定义从天文秒改为原子秒，定义在铯原子基态能级跃迁上。铯原子钟成为直接复现秒定义的实验装置。

世界上第一台热铯束钟是英国国家物理实验室 1955 年研制完成的。中国计量科学研究院从 70 年代起开始了热铯束钟的研究，1981 年研制完成的 NIM3 热铯束钟，相对频率不确定度达到 3×10^{-13}，成为中国第一代秒长国家计量基准。2003 年，中国计量科学研究院研制完成了中国第一台激光冷却铯原子喷泉钟 NIM4，不确定度达到 8.5×10^{-15}，随后改进提高至 5×10^{-15}，经国家质量监督检验检疫总局批准替代 NIM3 热铯束钟，成为中国第二代秒长国家计量基准。2014 年，中国计量科学研究院研制完成的新一代 NIM5 铯原子喷泉钟，不确定度达到 1.5×10^{-15}，获批取代 NIM4 成为新的秒长国家计量基准。2014 年 8 月，NIM5 铯原子喷泉钟通过国际专家评审开始参加国际原子时合作驾驭国际原子时。2017 年改进后的 NIM5 不确定度达到 9×10^{-16}。

秒长基准利用高温晶振或者低温蓝宝石晶振等频率源，通过频率变换合成 9 192 631 770 Hz 的微波信号。利用此微波信号激励铯原子钟产生跃迁，误差信号反馈给频率源将微波频率锁定到铯原子钟秒定义能级跃迁上。由于秒定义所定的在不受任何外界场干扰的孤立的铯原子跃迁频率，因此世界各国计量院研制的基准钟复现秒定义的评定和修正一系列物理效应引入的频率偏移，包括外界场引入的频率偏移，如将原子周围温度引入的黑体辐射频率偏移修正到 0 K 温度，将重力场引入的频率偏移修正到平均海平面水准。

秒长国家计量基准作为国家时间频率计量体系的源头，复现秒定义输出基准频率，用来驾驭氢钟产生本地原子时，向国际计量局报送数据，驾驭国际原子时，也直接测量光钟等高性能原子钟的频率。

随着科学技术的发展，秒定义可能被修改，其时，按新定义复现秒长的实验装置将成为新的秒长国家计量基准。

(2)原子时标国家计量基准

中国计量科学研究院于 1980 年建立了原子时标，1983 年经国家计量主管部门(原国家质量监督检验检疫总局)批准，由中国计量科学研究院(NIM)国家时间频率计量中心建立和保持的原子时标 UTC(NIM)为原子时标国家计量基准，是统一全国时间频率量值的最高依据。

原子时标国家计量基准由守时钟组、内部测量系统、溯源比对系统、数据处理系统、算法及控制系统等部分组成。守时钟组由不间断运行的多台商品氢原子钟和商品铯原子钟组成，产生连续稳定的时间频率信号；内部测量系统通过双混频时差测量得到中国计量科学研究院协调世界时 UTC(NIM)与各守时原子钟之间的时差(相位差)；溯源比对系统通过全球卫星导航系统(GNSS)及卫星双向时间频率传递(TWSTFT)技术使 UTC(NIM)实现国际比对，参加国际原子时合作；数据处理系统对内部比对和国际比对数据进行存储、监测和处理；算法及控制系统对钟组相关数据进行计算产生本地原子时，利用中国计量科学研究院保持的铯喷泉钟秒长国家计量基准和国际原子时合作返回的 UTC-UTC(NIM)数据对其进行驾驭(校准)，产生准确稳定的 UTC(NIM)。

UTC(NIM)作为原子时标国家计量基准，其量值溯源至国际标准时间-协调世界时(UTC)并对 UTC 做出贡献；同时作为国家时间频率量值的源头，保证国内时间频率测量量值的准确统一。与协调世界时(UTC)实现全球卫星导航系统(GNSS)共视及载波相位时频传递,保证了UTC(NIM)参加TAI合作的高水平链接,与UTC偏差在±5 ns内,标准合成不确定度优于2 ns。

中国计量科学研究院基于载波相位的链接于2013年成功主导了欧亚四国铯原子喷泉钟国际比对,标志中国第一次成功实现基准钟国际比对;实现时间传递链路校准技术及装置,2014年被BIPM指定为国际9家一类GNSS时间传递链路校准实验室,负责对亚太区域内二类实验室认可。

4.10 电离辐射计量

电离辐射通常又称为放射性辐射,由于这类辐射发生的能量较高,可以引起周围物质的原子电离,故称为电离辐射。在辐射防护领域,电离辐射是指在生物物质中产生离子对的辐射。电离辐射根据组成的粒子本质不同,可分为α粒子、β粒子、γ射线、X射线等。电离辐射的来源可以是放射性核素(包括天然的和人工生产的),也可能是核反应装置,如反应堆、对撞机、加速器、核聚变装置等,也可以是用于医学诊断和治疗的X射线机。电离辐射是能产生电离的带电电离粒子和不带电电离粒子,或者两者混合组成的任何辐射。

电离辐射计量是建立放射性基准器、标准器,对辐射源放出的射线进行准确测量,主要有:放射性核素活度计量,X射线、γ射线、电子线计量、中子剂量等。

测量放射性活度的方法取决于射线的类型、活度的等级等,通常分为绝对测量和相对测量两大类。绝对测量是用测量装置直接按照定义进行的测量。在实际应用中放射源大多是β或α粒子,放射性活度多数是微居里级的,这类放射性活度的绝对测量方法主要有小立体角法、4π计数法和符合法等三种。相对测量是用一个已知活度的标准源与待测样品在相同条件下进行测量,根据它们计数率的比值和标准源的活度即可算出待测源的活度。

放射性标准是指经过精确测定、比对、公认的,可作为放射性活度计量标准的放射性物质或制品。放射性标准以单位时间内发生的核衰变数来计量,单位为贝可(Bq)。标准放射源按照状态可以分为固体标准源、液体标准源和气体标准源。

固体标准源:多为薄膜源,将适当的放射性溶液滴在有机薄膜底托上,再用绝对测量方法刻度而获得。其准确度高,总不确定度为1%左右,但牢固度较差,不便于传递。金属或塑料板源比较耐用,应用很广。这类源由于反散射、自吸收等原因,不能准确给出其活度值,通常只给出表面粒子发射率。其测定既可用相对法,也可用绝对法。绝对法测定值的总不确定度为1%~2%,相对法测定值的总不确定度为3%~5%。高活度的固体源用量热计作绝对测量时,可以给出其活度值,总不确定度约为2%。

液体标准源:即放射性标准溶液。通常是采用绝对测量方法准确测定出溶液的比活度值,然后分装入玻璃安瓶中提供使用的。放射性标准溶液的比活度测定值总不确定度一般在1%左右。有些核素半衰期较短,常用射线能量相近的长半衰期核素来模拟,称为模拟标准溶液,对所模拟核素的活度而言,其总不确定度在5%左右。放射性标准溶液适用性好,故其应用比其他两类标准放射源广得多。

气体标准源:是用绝对测量方法刻度、密封在适当包壳里的某些放射性气体,如

14CO_2、35Kr、133Xe 等。其活度测定值的总不确定度为 1%～3%。

用于监测电离辐射的仪器(电磁辐射则要用场强仪、频谱仪等仪器),按监测用途分:入口探测器,(行人、车辆、火车、行李包裹、货物、集装箱等)用于出入境检验检疫以及国土安全;场所(固定点)剂量仪,用于发现监测区域异常排放,对用源场所的剂量进行监控、报警;巡测剂量仪:用于核环境、核安全,寻找放射源,发现特殊核材料;个人剂量报警仪,用于从事核安全、核反恐人员的个人剂量监测及报警核素识别仪,可识别放射性同位素及特殊核材料的种类并确定其强度,它可分实验室用以及便携式两种;核废物监测仪:用于核设施、核电站等;对核废物监测并分类表面污染监测仪,有监测路面(车载)、全身及工作衣表面(固定),桌面或任何工作区域局部表面(携带式);气体及气溶胶测量仪,测氡气、钍射气、Xe 等惰性气体等流出物监测系统,用于核电站等大型核设施的核成像系统,包括大型核仪器,采用辐射源和传感器组合,对监测目标扫描成像。

计量是当代经济发展必需支撑的条件,计量是信息化的基础。21 世纪的计量,要着手研究建立量传、溯源双轨运行机制,培育和发展计量校准市场,最大限度地满足市场和用户的实际需求。21 世纪将不再是模拟式测量和纯粹管理,而是高度的数字化测量和高可信度测量结果的结合。

【思考题与习题】

1. 简述几何量计量的内容。
2. 简述温度计量的内容。
3. 简述力学计量的内容。
4. 简述电磁计量的内容。
5. 简述化学计量的内容。
6. 简述光学计量的内容。
7. 简述声学计量的内容。
8. 简述无线电计量的内容。
9. 简述时间频率计量的内容。
10. 简述电离辐射计量的内容。

第5章　功能材料计量

功能材料是以物理性能为主的工程材料的统称，即指在电、磁、声、光、热等方面具有特殊性质，或在其作用下表现出特殊功能的材料。在当代信息社会中，能源、信息和材料三大科学技术是生产、生活和高新技术的重要基础，功能材料在能源、信息和材料科学技术中都有着广泛的应用，且种类繁多，功能多样，进展快速。

功能材料的性能取决于材料加工最终状态的微观组织结构，而组织结构又依赖于材料的化学组分、生产流程和工艺参数。

功能材料计量技术主要是研究功能材料在设计、研发、制造及应用等阶段，通过计量技术实现单位统一和量值准确可靠的测量，为提升功能材料的产品质量提供支撑。

开展基础前沿标准物质研究，扩大国家标准物质覆盖面，填补国家标准物质体系的缺项和不足。加强标准物质定值、分离纯化、制备、保存等相关技术、方法研究，提高技术指标。加快标准物质研制，提高质量和数量，满足食品安全、生物、环保等领域和新兴产业检测技术配套和支撑需求。完善标准物质量传溯源体系，保证检测、监测数据结果的溯源性、可比性和有效性。

(1)材料领域对计量测试需求的驱动力

①产品设计日益精确，设计余量不断减少。

②产品的结构功能一体化、材料与器件集成化。

③产品的微型化发展趋势(MEMS、NEMS、集成电路、纳米技术产品)。

④高性能产品对材料特性的需求达到极限。

(2)需要准确测量的材料特性

包括化学组分与微纳结构特性、力学特性、热物性、光学特性、电学特性、磁学特性、射线防护特性。

材料计量的三大要素：标准化的仪器设备，标准方法/参考方法，标准物质。

材料测量参量包括：微结构特性参量，固有特性参量，方法相关的特性参量。

材料的固有特性的测量与测量方法无关，其他绝大多数材料特性的测量结果与测量方法相关。

5.1　功能材料概论

5.1.1　绪　　论

材料是现代科技和国民经济的物质基础。一个国家生产材料的品种、数量和质量是衡量其科技和经济发展水平的重要标志。因此，现在称材料、信息和能源为现代文明的三大支柱，又把新材料、信息和生物技术作为新技术革命的主要标志。

材料的发展虽然历史悠久，但作为一门独立的学科始于20世纪60年代。材料的研究和制造开始从经验的、定性的和宏观的向理论的、定量的和微观的方向发展。20世纪70年代，美国学者首先提出材料科学与工程这个学科全称。1975年美国科学院发表的《材料与人类》专著中，对材料科学与工程定义为：探索和应用材料的成分、结构、加工和其性质与应用之间关系的一门学科。

功能材料的概念是美国J. A. Morton于1965年首先提出来的。20世纪60年代以来，各种现代技术的兴起，强烈刺激了功能材料的发展。为了满足这些现代技术对材料的需求，世界各国都非常重视功能材料的研究和开发。同时，由于固体物理、固体化学、量子理论、结构化学、生物物理和生物化学等学科的飞速发展以及各种制备功能材料的新技术和现代分析测试技术在功能材料研究和生产中的实际应用，许多新功能材料不仅已经在实验室中研制出来，而且已经批量生产且得到应用，并在不同程度上推动或加速了各种现代技术的进一步发展。因此，功能材料学科已经成为材料科学中的一个分支学科。功能材料迅速发展是材料发展第二阶段的主要标志，因此把功能材料称为第二代材料。

在国外，常将这类具有特定功能的材料称为功能材料（functional materials）、特种材料（speciality materials）或精细材料（fine materials）。功能材料涉及面广，具体包括光、电功能，磁功能，分离功能，形状记忆功能等。这类材料相对于通常的结构材料而言，一般除了具有机械特性外，还具有其他的功能特性。

功能材料是新材料领域的核心，对高新技术的发展起着重要的推动和支撑作用，在全球新材料研究领域中，功能材料约占85%。随着信息社会的到来，特种功能材料对高新技术的发展起着重要的推动和支撑作用，是21世纪信息、生物、能源、环保、空间等高技术领域的关键材料，成为世界各国新材料领域研究发展的重点，也是世界各国高技术发展中战略竞争的热点。

鉴于功能材料的重要地位，世界各国均十分重视功能材料技术的研究。1989年美国200多位科学家撰写了《90年代的材料科学与材料工程》报告，建议政府支持的6类材料中有5类属于功能材料。从1995年至2001年每两年更新一次的《美国国家关键技术》报告中，特种功能材料和制品技术占了很大的比例。2001年日本文部省科学技术政策研究所发布的第七次技术预测研究报告中列出了影响未来的100项重要课题，一半以上的课题为新材料或依赖于新材料发展的课题，而其中绝大部分均为功能材料。欧盟的第六框架计划和韩国的国家计划等在他们的最新科技发展计划中，都把功能材料技术列为关键技术之一加以重点支持。各国都非常强调功能材料对发展本国国民经济、保卫国家安全、增进人民健康和提高人民生活质量等方面的突出作用。

中国非常重视功能材料的发展，在国家攻关、“863”、“973”、国家自然科学基金等计划中，功能材料都占有很大比例。这些科技行动的实施，使我国在功能材料领域取得了丰硕的成果。在“863”计划支持下，开辟了超导材料、平板显示材料、稀土功能材料、生物医用材料、储氢等新能源材料，在金刚石薄膜、高性能固体推进剂材料和红外隐身材料，以及材料设计与性能预测等功能材料新领域取得了一批接近或达到国际先进水平的研究成果，在国际上占有了一席之地。镍氢电池、锂离子电池的主要性能指标和生产工艺技术均达到了国外的先进水平，推动了镍氢电池的产业化；功能陶瓷材料的研究开发取得了显著进展，以片式电子组件为目标，我国在高性能瓷料的研究上取得了突破，并在低烧瓷料和贱金属电极上形成了自己的特色并实现了产业化，使片式电容材料及其组件进入了世界先进行列；高档钕铁硼产品的研究开发和产业化取得显著进展，在某些成分配方和相关技术上取得了自主知识产权；功能材料还在"两弹一星""四大装备"等国防工程做出了举足轻重的贡献。

中国作为一个 14 亿人口的大国，正在实施宏伟的第三步发展战略，这一根本国情加之特种功能材料在经济社会发展中的重要作用和地位，决定了我国对功能材料的需求将是巨大的。

国家国防现代化建设一直受到以美国为首的西方国家的封锁和禁运，所以我国国防用关键特种功能材料是不可能依靠进口来解决的，必须要走独立自主、自力更生的道路。如军事通信、航空、航天、导弹、热核聚变、激光武器、激光雷达、新型战斗机、主战坦克以及军用高能量密度组件等，都离不开特种功能材料的支撑。

国家经济的快速增长和社会可持续发展，对发展新型能源及能源材料具有迫切的需求。能源材料是发展能源技术、提高能源生产和利用效率的关键因素，我国目前是世界上能源消费增长最快的国家，同时也是能源紧缺的国家。发展电动汽车、使用清洁能源、节约石油资源等政策措施使得新型能源转换及储能材料的需求不断增加。随着电子信息技术的迅猛发展，我国便携式电器如手机、笔记本式计算机用户每年均以超过 20%的速度增加，形成了一个对小型高能量密度电池的巨大社会需求。

随着移动通信等新一代电子信息技术的迅速崛起，作为一大批基础电子元器件技术核心的信息功能陶瓷日益成为中国发展相关高技术的需求重点。按照 5%的世界市场占有率计，2020 年中国信息功能陶瓷材料及制品的年销售额将达 2 000 亿元人民币，对信息通信产业发展具有举足轻重的作用。

中国是一个稀土大国，其工业储量占世界总储量的 70%以上，发展稀土功能材料中国有着独特的资源优势。例如，稀土永磁材料全世界的年平均增长率为 23%，而中国高达 60%，2019 年，全球钕铁硼永磁材料的产量达到 20 万 t，其中，中国的产量达到 17 万 t。稀土在发光、催化等领域的应用也具有广阔的市场需求。

除稀土外，中国西部还拥有一些储量丰富的资源，如钨、钛、钼、钽、铌、钒、锂等，有的工业储量甚至占世界总储量的一半以上，这些资源均是特种功能材料的重要原材料。研究开发与上述元素相关的特种功能材料，拓宽其应用领域，取得自主知识产权，将大幅度地提高我国相关特种功能材料及制品的国际市场竞争力，这对实现西部资源的高附加值利用，将西部的资源优势转化为技术优势和经济优势具有重要意义，将有力地支持国家的西部大开发。

随着中国人民生活质量的进一步改善和提高，中国潜在的生物医用材料市场将很快转化为充满勃勃生机的现实市场，从而创造出巨大的社会经济效益，成为国民经济的一个支柱产业。

国家已确定"在发展中解决保护，在保护环境的基础上实现持续发展"的原则，签署了有关国际公约，并通过了国家有关环境保护的法律、法规，这些都为生态环境材料需求发展创造了有利条件。发展生态环境材料，除了在社会和经济方面具有巨大的需求之外，在政治上还对中国融入国际社会，提升国际地位具有重要作用。

总之，在未来的五到十年，中国经济、社会及国家安全对功能材料有着巨大的需求，功能材料是关系到中国能否顺利实现第三步战略目标的关键新材料。

5.1.2 功能材料的分类

功能材料本身的范围还没有公认的严格的界定，所以对它的分类就很难有统一的认识。比较常见的分类方法有：

(1)按照材料的化学键分类。分为金属功能材料、无机非金属功能材料、有机功能材料和复合功能材料。

(2)按照材料物理性质分类。分为磁性功能材料、电功能材料、光学功能材料、声学功能材料、力学功能材料、化学功能材料等。

(3)按照功能材料的应用领域分类。分为电子材料、军工材料、核材料、信息工业用材料、能源材料、医学材料等。

5.2 功能材料计量

功能材料计量是指以关注最终的测控数据结果的正确性为目的，采用计量要素链的形式服务于功能材料的设计、研发、制造及应用等阶段。测控数据是指无论采用什么方法进行测试获取的或无论使用什么方式进行控制的量值数据；计量要素链是指实现测试目的的计量技术要素链和管理体系；其中，计量技术要素链是由满足测量目标要求的计量器具的研制与选择、量值溯源、测量环境条件的创造与评估、测量方法的制订与实施、测量过程的实施与控制、质量控制(QC)方法等要素组成；管理体系是由为保证量值的准确可靠的各种管理方法、措施和运行机制组成。

毫无疑问，功能材料计量就是服务于功能材料的设计、研发、制造及应用等过程的计量活动，主要包括：测量仪器设备的计量确认，功能材料形成过程与终端的量值测量与控制，功能材料测量方法与质量控制技术，功能材料测量与检测设备的研究以及测量管理及体系的建立与运行等内容。

5.2.1 功能材料测量仪器设备的计量确认

测量仪器设备的计量确认(含计量器具的校准/检定等)是指为保证测量仪器设备符合预期使用要求的状态所要求的一组操作。其中，测量仪器设备是指所有的测量器具、测量标准、标准物质和辅助设备以及进行测量所必需的资料，包括测试和检验过程中使用的，也包括校准/检定工作中使用的测量仪器设备。计量确认一般包括：校准/检定、必要的调整式修理、调修后的再校准/检定，以及所要求的封印和标记。

实现量值的统一和准确可靠，除了仪器设备和计量检定规程或校准方法外，还需要量值溯源图、相关的程序文件、作业指导书等技术性文件的支撑，以及国家计量法规和计量行政管理体系的保障，即国家计量体系的保障。国家计量体系一般包括以下三个主要部分，即国家计量法律法规体系，国家计量行政管理体系，以及国家计量基准和拥有各级计量标准的技术机构所构成的量值溯源体系。

基于计量仪器设备应用的形式分为在线计量和离线计量。多年来，在线计量（动态计量）突破不大，只在少数邻域应用。离线计量（静态计量）为主要应用形式。

1. 离线计量

离线计量（offline measurement）也称为静态计量，是一种相对独立于功能材料技术活动自动测量的测量，它的测量对象主要是相对的静态量。测量设备不与功能材料技术活动连接，存放在专业实验室，用于量值的传递，或被现场工作人员持有，能独立进行的测量，其测量过程需要人工干预。它包括离线计量器具的校准/检定以及离线量值的测量。

离线计量的特点就是相对静态量的测量。相对静态量，是指在较长的一段时间内，量值是稳定不变的，其稳定的持续时间，远远大于测量系统所需的量值建立时间，在表征这个量值时，一般不需要表达对应的时间，即可忽略其时间相关性。目前，计量工作主要落实在离线计量。离线计量的量值测量是常见的测量，由于量值的稳定和测量建立时间长，测量环境条件可控，相对在线计量的量值测量，量值获得比较容易，测量不确定度较小，准确度较高，为此当前的计量器具的校准/检定基本采用比较离线计量的量值测量结果。

离线计量的主要研究工作内容是计量检定规程，计量校准规范的研究编写，基准、标准和检定校准装置等建立，标准物质的研究建立，量值传递体系和溯源体系等。

2. 在线计量

在线计量（online measurement），又称动态计量，是一种与功能材料技术活动相连接的测量，它的测量对象主要是动态量。所谓“在线”，是指直接安装在工作现场，联结功能材料生产的流水线、生产线，或通过网络、电气信号连接等形式与某个中心控制系统相连接，中心控制系统既可是生产控制系统，也可是测量控制系统。一般而言，在线计量是一种不同于静态量的测量或者不能独立的测量，其测量过程也一般不需要人工干预。它包括在线计量的量值测量和在线计量的量值传递与溯源两部分。

在线计量的特点：

(1)动态。所测量值是动态量。所测系统也是动态的。

(2)所获得的量值数据是波动的。量值的波动幅度，远大于同等强度静态量测量因统计涨落的波动幅度。随着测量时间和测量次数的增加，这种波动减小而趋于稳定，接近静态测量获得的数据。

(3)量值建立的时间段，准确度不高。由于动态量与时间相关，不同的时间内其量值可能并不相同，即量值稳定的时间相对较短，因此在测量时，量值在测量系统上建立的时间同样不长，有时甚至难以满足2～3倍测量回路时间常数，此时获得的量值的准确度不高。对于不满足测量回路时间常数要求的在线计量，一般测量不确定度也与测量时间相关，测量时间长，测量不确定度小。

(4)在线计量一般是自动测量，测量速度快，效率高。测量不需要人工干预。由于测量时间短，可在较短的测量时间内获得对应的不确定度的量值。相对于静态量值测量，在线计量可在较短时间内获得大量的测量数据，测量效率高，可实现长时间连续测量、预置时间点测量或规定的时间间隔内测量。

在线计量的量值测量，不同于离线计量，其校准方法也不同于离线计量，但其必须溯源至静态量的国家基准，在进行量值溯源-校准时，必须依赖动态量所处的系统，即校准的必须是系统运行时的量值，不能改变或必须能模拟其测量环境和工作状态，否则失去校准的目的和意义。

根据不同测量的要求，人们可采用离线计量或在线计量的方法。如在测量功能材料的质量、体积、相结构、平均运动速度，超声波平均功率，平均导电率等时，采用离线计量的方法测量；当测量材料运动的瞬时速度、超声波瞬时功率、薄膜材料的厚度等时，需要采用在线计量（动态计量）的方法。

随着科学技术的发展，越来越多的新的量值出现在人们的生活和社会经济活动中，现有的量值传递体系和溯源体系，已不能满足这些新型量值的量值传递体系和溯源体系。如：特定物质的含量、气体浓度的量、空气洁净度、纳米计量基准以及许多交叉学科量值的测量等，这些新型量值的测量和量值保证体系需要进一步的研究。

5.2.2 功能材料形成过程与终端的量值测量与控制

功能材料形成过程与终端制品的量值测量与控制，主要是指为功能材料技术活动（功能材料的设计、研发、形成过程或生产、制品终端等）的过程提供量值测量与控制的技术活动。它直接服务于功能材料及其制品的研发、设计定型和形成过程（生产过程）以及终端产品等阶段，在这些阶段，不一定有对测量对象的符合性判定要求，其测量的目标是功能材料形成过程中性能、结构、功能、生命周期、报废时对环境影响的评判；生产过程中功能材料及其制品对环境的要求、生产设备运行状况的监测及维修的评价；生产过程和工艺流程本身的量值参数的准确测量；涉及部件的设计、采购及其原材料等产业链的关联；功能材料产品对标准符合性检测和认证取证检测等。在上述阶段中，一般没有现成的测量技术依据，需要对测量对象进行深入研究。因此，量值的测控服务是功能材料计量的重要技术要素之一，量值测控服务的目标是获得量值及对应量值的测量不确定度评定。

1. 复杂的技术过程中，寻求正确合理的测控方法

大多数功能材料的形成过程，是一个复杂的技术过程，在复杂的技术过程中，涉及对被测参量的选择和测控方法的评估，要做到测控的合理性、正确性以及先进性，必须熟悉功能材料生产过程和工艺流程，这一般是技术秘密，只有功能材料生产组织才可以做到。因此，寻求正确合理的测控方法，需要功能材料生产组织参与。通常可以参照国际组织、国内组织或国家标准等公布的方法，也可以依据权威技术刊物、论文等提供的方法。借助于测控人员的技术能力和经验，在了解生产技术过程和工艺流程的基础上，结合功能材料生产组织提供的技术要求和技术方案，或通过实验，或通过论证，设计制订特定的测控方法，满足测控要求，但必须经过功能材料生产组织的技术确认。测控的目的，是为获得特定测量不确定度下的测控量值。

2. 量值的测量不确定性评定

功能材料生产过程的量值测量，可能不一定有符合性判定，但获得量值的目的是用于符合性判定或满足某种目的的要求，或为某种目的提供依据和参考。量值的测量不确定度表征量值的准确性，提供满足测量（不确定度或误差）要求的量值，是测量的目的。

从计量学角度来看，没有测量不确定度评定的量值，是毫无意义的。满足要求的测量不确定度的确定，影响到测量方法的选取。

理论上，所测量值的准确度越高越好，但鉴于实际测量技术和测量条件的限制，有时难以达到某种程度的测量准确度要求，即使达到要求，要付出较大的代价，特别是动态测量的量值，准确度一般难以达到很高的程度。在功能材料形成过程中，量值测量的准确度设计需要根据具体情况研究确定。研究确定量值测量准确度的原则是依据现有的计量技术能力和水平、满足功能材料形成过程中工艺和质量的要求、获得最大经济效益三个方面，即可行性和经济性是考虑的前提。

3. 功能材料各阶段的量值测量

1）功能材料的研发、设计定型和生产阶段的量值测量

在此阶段，量值检测的目标是功能材料形成过程中结构、性能、功能、生命周期、报废时对环境影响（涉及零部件的设计，采购及其原材料等产业链关联）的评判等。在这个阶段的量值检测，直接影响到功能材料功能的实现、成本的控制、功能材料的结构、性能及品质等。在很多功能材料生产中，测量决定功能材料功能的实现。例如高精度轴承制品，只有达到规定尺寸及公差要求的轴承制品，才能实现轴承制品的功能；无法转动的轴承，只能是艺术品或废品。在设计阶段，影响功能材料性能的无法获得的量值，或达不到规定测量要求的量值，直接影响到设计的成败。

生产阶段的量值测量，以获得较好的经济效益为前提，一般采用两种途径：一是增加对生产过程的参量进行测量控制，减少其测量不确定度，提高功能材料的质量；二是通过精确的测量，放宽参量公差限制，降低生产过程中参量的允许波动范围。

2）功能材料形成过程中对环境、维修评价的测量

在功能材料形成过程中，环境条件的改变可能影响功能材料的质量和合格率，或者是生产设备的正常运行。需要对功能材料形成过程的环境条件进行测量（包括研究、设计阶段的环境条件的测量），或对某些设备运行情况进行检测，可能是在线测量，或是离线测量。如定时测量芯片光刻车间的空气清洁度，每次曝光后需要测量诊断X射线机的X射线管温度或其热容量变化，其测量量值的不确定度影响芯片质量和合格率，影响生产设备（终端X射线机）的正常运行。对于诊断X射线机，如果其热容量测量方法不可靠，或其内部温度开关故障，有可能烧毁X射线管。

对于维修评价测量，一般是对设备维修调整后，通过测量其技术指标，进一步帮助设备维修调整，或评估其是否达到维修的目的，满足功能材料生产要求。通过准确评估维修后设备的品质特性，可有效保证生产质量和运行安全。例如新买的生产设备加工机床，使用初期形变小，可以加工高精度的零部件，但几年后，由于磨损、自重以及长期运行振动造成的形变，使得加工机床的精度下降，通过维修调整，测量其技术参数，然后再调整维修，可以帮助将机床加工性能带回原来的水平或满意的程度。

3）生产过程和工艺流程本身的量值参数等的测量

生产过程和工艺流程本身的量值参数，是一个复杂的在线计量过程。测量的目的是控制生产过程和工艺参数，从而控制生产质量，不过可以是自动测量，也可是人工测量，可以是连续测量，也可是间隙测量。烧结炉的炉温测量可以是连续测量，也可是间隙测量，炉温的

准确测量，决定被烧结功能材料的结构和性能。

4)功能材料终端阶段的量值测量

功能材料终端阶段量值测量，是依据检测方法、标准符合性、质量特性要求或分析性要求，对功能材料终端产品量值进行测量，除了外观、标识等目测检测项目外，主要涉及功能材料的质量和性能检测。功能材料终端产品阶段的量值测量包括产品标准符合性检测、分析性检测，取证认证检测等。终端检测可分为离线终端检测、在线终端检测。

离线终端检测(offline terminal test)，是指离线状态功能材料终端检测，主要是功能材料对标准符合性检测和认证取证检测。离线终端检测的特点是对于处于非运行状态、能被移动的、已经成型的产品，验证其是否达到相关要求。因此，需从以下两方面对离线终端检测进行研究。

(1)检测方法的研究

随着科学技术的进步，测量方法和测量原理不断完善。需要对检测方法的合理性和科学性进行研究，以期获得最可靠、最准确、最经济的检测结果。检测方法的研究包括以下几个方面。

①研究新的检测方法。针对很多检测要求，包括分析性检测、指令(法规)性检测、新的复合性要求的指标检测等，都需要研究寻求合理的科学的检测方法，以实现检测的要求。比如指令(法规)性要求和一些限量标准，一般没有提供检测方法，欧盟《电气电子设备中限制使用某些有害物质指令》(简称 RoHS 指令)没有规定具体的检测方法，针对这类检测事项，需要在众多现有检测方法中，寻求测量不确定度能满足要求的检测方法，在选择上可能还要考虑经济性和检测速度等问题。在 RoHS 指令中，铅(Pb)的最大含量限值为 1.000×10^{-6}，在实际检测中，可以采用 X 射线荧光光谱法、原子吸收光谱法、等离子体发射光谱法、等离子体质谱法、分光比色法等，具体采用哪种检测方法，是要通过研究、试验和分析得到，检测结果的正确性是最重要的。

②研究完善现有的检测方法。随着科技的发展和人们认知的提高，利用新的认知和科技发展成果，来研究完善检测方法，以求检测结果更加准确可靠和检测结果的不确定度更小，以及控制更多的质量因素，避免因误判、错判，减少社会和个人的损失。

③研究无损检测方法。无损检测方法可以做到对检测对象无损伤，且检测方便。无损检测，一般是借助于放射线(粒子线或光子)、无线电波、光、声波、磁场作为介质，对检测对象进行无损试验和测量来完成的，如利用 X 射线对材料内部进行探伤检测。

④研究快速检测方法。某些时候，检测速度很重要，希望在较短的时间内，获得检测结果。

⑤研究交叉学科功能材料的检测方法。现在很多功能材料及制品，是多学科交叉研究的成果，在同一功能材料及制品中包含多个学科的技术，或多学科技术的结合。

(2)标准的研究

随着，人们对功能材料本身、运行状况、环境保护等的要求和认识的提高，对功能材料提出了新的复合性要求，需要对这些要求的合理性、科学性、技术可行性进行研究，结合检测方法的研究成果，来完善原有的标准，使之形成新的功能材料的产品标准及检验规则，以提高功能材料的质量。另一方面，由于新的功能材料推出，新材料、新技术的应用，需要研究制订与之相适应的标准或规则，以控制和保障质量和安全。

在线终端检测(online terminal test)是指在线状态功能材料的终端检测，主要体现在技术活动中所涉及在线设备(一般为非测量设备)的检测，包括在线设备的工况检测。在线设备的工况检测是指在现场对设备运行状况是否符合某种要求的检测。所谓"在线"是指被检测功能材料不能被改变至非运行的状态，或其位置的移动和运行状态的改变影响到原运行环境中其他事项的运行环境和运行状态的改变。

在线终端检测不同于在线计量检定/校准，在线计量检定/校准是指计量设备对其他在线计量设备的量值的测量(一般是自动测量)和对在线计量设备的量值传递，而在线检测是对在线设备或计量检定/校准进行试验、测量，重点是其品质。

在线终端检测的研究，包括两个以下方面：

①在线终端检测符合性要求的研究。由于运行状态的变化，设备的磨损老化，以及现场环境的长期影响，使得在线设备的技术要求不能等同于设备在离线时的技术要求，合理的技术要求设置，是准确评估在线设备的在用品质，保障生产质量和运行安全的重要技术保障。

②在线终端检测方法的研究。在线终端检测方法的研究是指在动态、实际运行或相应环境条件下，检测在线设备或功能材料性能的方法。若所测对象是在动态条件下难以测量的量，就要采取检测近似量的方法，但其检测的结果必须与离线条件下的检测结果等效或相近，才能达到相应检测目的应有的效果。这种检测近似量的方法有待进行研究和实验。

5.2.3 功能材料测量方法与质量控制技术

对于特定功能材料技术活动的产品、设备的检测和量值服务所需的测量方法，均有特定性要求，对这种特定性要求，需要研究新的技术方法，以确保测量结果的有效性和测量的目标性，如研究计量检定规程、校准规范、检测方法、产品技术标准和质量标准等；在研发、生产过程的质量控制(QC)技术及方案设计方面，涉及功能材料生产的质量控制点和控制方法的选择，尤其是采用在线计量进行在线质量控制时，只有通过对技术的深入研究才能达到对功能材料质量有效控制和品质提升。如动态量与静态量关系，等效、功能材料质量的关键技术参数，控制、动态量的测量与校准及难以获得的量的近似测量方法等。

1. 测量方法

随着新的测量仪器和功能材料的增多，人们对测量仪器和功能材料的认知加深，以及科学技术的进步和新材料的应用带来新的测量原理和测量技术，需要研究更多的更先进的测量方法，以完善原有的测量方法。这包括：离线计量的测量方法，离线计量的量值传递与溯源方法，离线终端检测的标准和规则，在线计量的测量方法，在线计量的量值传递与溯源方法，在线终端检测的检测方法；在线终端检测的符合性评价方法等。在以上测量方法中，离线计量的测量方法涵盖了离线终端检测的检测方法。针对离线计量的测量方法、离线计量的量值传递与溯源方法、离线终端检测的标准和规则等，目前人们做得比较多的是制订或修订计量器具的计量检定规程、校准规范或产品的检测方法、技术标准等。

在测量方法的研究中，无论是在离线计量或在线计量，获得一定测量不确定度的量值是测量的目的。如何获取量值以及量值的测量不确定度是测量方法研究的关键点。

理论上，获取量值的方法越简单越好，所测量值的不确定度越小越好，可面对复杂的技术过程，以及量值本身的特性，由简单的测量方法获得高准确度的测量结果，这是计量学研究努力的方向。

以下简述动态量与静态量的关系、动态量的测量研究、难以获得的量的近似测量或等效测量方法等。

1）动态量与静态量的关系

对于同一量值，物理意义没有差异，但所获得的动态量的量值数据是波动的，这种波动有可能是测量回路造成的，也可能是量值产生回路造成的。动态量的波动幅度远大于同等强度静态量因统计涨落的波动幅度，但随着测量时间和测量次数的增加，这种波动幅度减小而趋于稳定，最终接近静态测量获得的数据。

2）动态量的测量研究

在动态量测量中，对测量速度和测量不确定度的保证，是测量工作的重点。对于动态量测量结果的准确度，必须是测量回路的时间常数足够短和被测量值建立时间足够短。通过传感器将量值信号转换为电信号或光信号，借助现代电子技术，在一定的频率范围内，降低测量回路的时间常数，实现足够准确度的测量。

对于测量速度，以满足测量要求为目的。任何连续测量，都是由一系列离散的测量组成。离散量值获取时间和获取离散量值的间隔时间，都会影响连续测量的测量结果，在离散理论的支持下，合理设置获取时间和间隔时间，加上算法和软件，可使这些影响减少至可以忽略。

3）难以获得的量的近似测量或等效测量方法

无论动态量的测量还是静态量的测量，有很多的量值是难以获得的，为了获取这些量值，采用了近似测量或等效测量方法。如测量太阳能电池的串联电阻，理论上可以通过电流（I）—电压（V）曲线，由开路电压处的斜率得到，但实际上此处为非线性区域，难以实测斜率，可以通过测量太阳能电池的开路电压、短路电流和效率，然后利用太阳能电池的效率与串联电阻的近似指数关系，用数值计算得到相应的串联电阻的阻值。这种方法是一种近似测量法。

等效测量法，是利用等效测量原理，将一个被测量值转化为另外一个量值测量的方法。一般是将一个较难获得的量值，转化为一个较容易获得的量值进行测量。如炼钢高炉炉内温度测量，常采用颜色比较的方法来进行，物体在高温下发光的颜色与温度相关，测量原理是将难以测量的高温转化为容易测量的颜色（亮度和色度）。

另外，可以将难以测量的动态量转化为静态量进行测量，合适的测量方法，需要根据具体情况和测量对象而定，通过研究试验确定。

2. 质量控制（QC）技术

在研发和生产过程中，在线计量方案和质量控制（QC）技术研究及服务，是实现生产和经济效益提升的关键技术工作。

质量控制（QC）技术方法可分为以下几个方面：

1）质量控制点的选择

功能材料最终质量是依据功能材料制品标准通过离线终端检测体现出来的。制品标准中的每个质量参数，是由很多个影响因素构成的，这些影响因素体现在功能材料制品的设计、原材料采购和生产过程中各个测量控制流程中。原材料的质量与选用和制品的研发设计等都涉及大量的计量检测。

功能材料制品形成过程中每道工序或每道流程的每一步骤，都影响着最后形成制品的质量。在生产阶段，为了实现定型制品的质量和技术性能，需要对功能材料制品整个生产过程进行有效的监测和控制(有时延伸至制品的销售和贸易过程)，包括静态量值的测量控制，以及动态量值的测量控制。需要合理有效设计整个生产过程的每个工序参数，研究分析生产过程中每道工序或每道流程的每一步骤，寻求关键质量控制参数(质量控制点)和控制方法，是实现质量保证的关键步骤。

在功能材料研究与设计定型阶段，需要对每个研究结果、每个功能或性能的设计结果、定型结果等进行测量或检测，存在大量的研究和设计定型所需的测量工作，以确保功能材料及制品的质量和技术性能达到设计要求。因此，这个阶段的所有测量工作，对在功能材料形成过程中的质量控制点的研究选择，以及保证原材料采购质量的关键参数的研究选择，起着关键作用，决定了功能材料及其制品的最终销售和使用的质量。

2)形成过程中质量控制方法

形成过程中质量控制方法是指在功能材料及制品形成过程中依据质量控制点的测量数据，对功能材料及制品质量进行自动或人工控制的技术方法和手段。一般控制方法是闭环控制，是测量→控制→测量→控制→……这样一个循环过程。控制方法包括补偿法、剔除法和混合法(补偿＋剔除)。对于低值单件制品，在逐件测量时往往采用剔除法，将不合格的制品剔除，然后再测量如此往复。对于价值较高的单件制品，或大型制品，一般采取补偿法。

控制方法的选择，是建立在质量控制点的确定，与质量控制点相关测量和在线质量的检测的基础上，目的是保证制品质量，提高制品的合格率，而非简单的合格判定。测量结果用于控制的处理，即控制方法，需要通过试验研究确定。

3)形成过程中质量参数及控制

把最终制品的质量参数，分解到原材料采购和生产过程的各个质量控制点，通过对这些质量控制点参数的测量控制，实现提高合格品率和保证质量的目的。

对于最终制品质量参数由单个质量控制点的质量参数决定时，由于质量控制点的质量参数多数情况下的动态量一般不能完全与静态量等效，在线计量的数据与离线状态的测量值存在差异，必须通过研究试验以控制这些差异，才能控制质量参数，有效保障终端检测结果满足复合性要求。难以获得的量值参数采用的等效测量法或近似测量法，在动态状态下测量结果，与最终离线终端检测的质量参数存在差异，必须通过试验研究以控制这些差异，从而控制质量参数。

对于最终制品质量参数由多个质量控制点的质量参数合成时，需要考虑测量参数及测量不确定度分配的合理性和科学性。在进行测量参数及测量不确定度分配时，可以参照采用测量不确定度合成的逆过程，对各分配参数不相关时采用平方和的根的方法，将各分配参数当作合成分量，一般采用置信因子等于3(即3σ，也有采用6σ)来分配，进行最后试验确认。各参数的标准差和分布，对正确分配参数十分重要，控制各分配参数量值的大小和测量不确定度，才能最终有效控制质量参数。

5.2.4 功能材料测量仪器/检测设备

测量仪器/检测设备与测量方法相关。所有测量活动均离不开测量仪器/检测设备，包括进行量值传递的仪器设备（如计量标准器、检定仪）、进行质量检验或性能试验活动的测量设备、功能材料形成过程中质量控制测量设备、实现特定测量的仪器设备（灯光眩光测量设备）以及进行性能或质量检测活动的检测装置（如环境试验箱、紫外老化试验箱等）。目前，对量值传递的仪器设备、质量检验活动的测量设备和检测装置关注较多，而对生产现场质控测量设备和实现特定测量的仪器设备研究涉及较少。

1. 进行量值传递的仪器设备

进行量值传递的仪器设备主要指用于进行量值传递，这类测量仪器，如计量标准器、检定仪，以提高测量准确性和稳定性为目的，减少量值传递环节造成的准确度损失，有较强的量值复现能力。随着科技的发展，越来越多的新领域需要测量，而这些领域的量值还没有国际基准或标准，对于这些新的量值，需要研制担负量值传递作用的嘉陵标准器，以便实现量值的统一。因此，需要研制新型量值传递的仪器设备，来解决新型量值的传递和溯源。

在国际基准/标准量值保证和复现的技术活动中，追求更加准确和稳定的基标准装置是进行行量值传递的仪器设备研究的主要任务。比如，近年来，国内外一直比较关注的量子基准研究。量子基准是用一些特定的原子系统中量子效应来定义单位的量值的计量基准，具有准确性高、可在多个地点复现等一系列显著优点。宏观物体中微观粒子如果处于相同的确定值，当粒子在不同能级之间发生量子跃迁时，将伴随着吸收或发射能量等于能极差的电磁波能量子。利用量子跃迁来复现计量单位，就可以从原理上消除各种宏观参数不稳定产生的影响，所复现的计量单位就不再会发生缓慢漂移，计量基准的稳定性和准确性就可以提高，并且，量子跃迁现象可以在任何时间、任何地点用原理相同的装置重复产生，用量子跃迁复现计量单位对于保持计量基准量值具有巨大的社会经济价值和科学价值。目前，长度、时间、电学等方面的量子基准已逐步建立。利用最新的科学技术的进步成果，研究改进现有的国家基准、标准，以提高其准确度、稳定性和量值复现的能力。

2. 质量检验或性能试验活动的测量设备

为实现不同检验要求和性能试验的测量，需要研制专门的测量仪器设备，它们以仪器、量具、标准物质等形式出现，具有专用性。在依据当前现有功能材料产品标准或检测标准，对现有功能材料及其制品进行检测或性能试验时，绝大部分所用的测量设备均无须特殊研制，但随着新的产品的问世，其测量原理和方法都发生变化时，势必要求研究新的测量仪器和方法，对其进行检测，以满足产品质量的要求。当标准实施一段时间后，人们对产品的性能和检测方法的认识进一步加深，可能需要进一步完善测量方法，以满足标准的要求。如果没有测量仪器及测量技术的支撑，要完成标准规定的检测要求几乎是不可能的。因此，标准规定的检测方法，必须建立在现有计量技术能到达的基础上，否则标准将因无法实施而成为无用的标准。

3. 功能材料制品形成过程中质量控制测量设备

功能材料制品形成过程中质量控制测量设备，主要是在形成过程中，自动化控制用在线计量仪器和抽检用或人工测量用离线计量仪器。由于制品千差万别，许多质量控制测量仪器设备也不相同,对于一些专用的特殊的在线质量控制测量设备需要专门研制,以满足实际质量控制要求。

功能材料制品形成过程中质量控制测量设备的研制,需要充分了解制品形成过程的质量控制点的选择,以及制品最终质量参数在形成过程中的分解和企业技术人员的人工参与情况等,其目的是得到每个质量控制点的技术要求和测量不确定度,从而制出满足质量控制要求的测量设备。

4. 实现特定测量的仪器设备

实现特定测量的仪器设备一般为工作级测量仪器设备,而不是用于以量值传递为目的的仪器,是为特定的测量目的而研究设计的工作级测量仪器,如涂层厚度测量仪器。

随着科学技术进步,出现了越来越多新的量值,这些新的量值的测量需要新的测量仪器设备来度量其量值的大小。如 HCL 气体含量测量仪、纳米粉体粒径测量仪等。同时,随着人们对被测对象及测量仪器认识的深入,以及新技术新材料的应用带来新的测量原理和测量技术,需要研究完善更先进的测量方法和测量仪器设备,以更准确更稳定可靠地测量量值,满足越来越高的要求。比如从测量 PM10 含量的大气粉尘测量仪到测量 PM2.5 含量的大气粉尘测量仪,就是实现特定测量要求的结果。

5.2.5　测量管理及体系的建立与运行

测量是一个过程,是以确定量值为目的的一组操作。测量过程要素主要包括:测量设备、环境条件、测量方法、操作人员等。依据国际法制计量组织(OIML)的定义:测量工作负责部门对所用测量方法和手段,以及获得表示和使用测量结果的条件进行的管理,称为测量管理,又称计量管理。

目前测量管理有政府、市场和产业组织三个管理层次,对应测量管理体系主要有三大类:一是法制计量管理体系;二是自愿校准/检测认证构成的测量管理体系;三是产业组织内部的测量管理体系。虽然自愿校准/检测认证由国家认证认可监督管理委员会(CNCA)负责管理,但仍属于市场需求行为。这三个层次的测量管理即测量管理体系,即相互独立,又相互紧密依存。法制管理体系势必触及市场和产业组织的测量管理,而市场和产业组织的测量管理必须符合法治管理体系的要求。自愿校准/检测认证构成的测量管理体系,依据认证内容和对象的不同,与产业组织内部的测量管理体系的关系和依存程度也不同,往往借助于对产业组织的校准或检测服务形式,与产业组织的测量管理体系相联系。产业组织内部的测量管理体系,几乎都包含了测量管理,这是由于产品质量,是依靠测量活动保证的,因此质量管理体系的核心是测量管理。

测量管理体系由若干过程组成。无论哪个层次的测量管理体系,都包含有测量设备的计量确认、测量过程控制和支持过程,一般由一个基本过程和三个支持过程构成一个有机的整体。计量确认和测量过程实现的过程是测量管理体系的基本过程,包含两个相互关联又相互作用的子过程,即测量设备的计量确认过程和持续有效控制的测量过程。三个支持过程即管理过程、组织策划和实施对测量管理体系有效监视、分析和改进。这四个过程,使测量管理体系构成一个不停顿、周而复始、不断改进、自我完善运转的闭环(PDCA 循环,戴明环见第 8 章图 8.1)。

法制管理体系是由计量行政管理机构和技术机构共同组成。计量行政管理机构负责法制计量。其中的量值传递系统，采用计量规程和规范规定的标准方法，确保量值在逐级传递过程中的准确和统一。法制计量主要包括：计量基准与标准的管理、标准物质的管理、计量器具的监督管理、计量授权管理、商品量管理、产品检验机构计量认证管理、实验室和检查机构的资质认定管理等。法制计量管理工作主要由政府计量行政管理机构负责，这些政府计量行政管理机构主要是以各级政府计量行政管理部门为主，国务院有关计量行政管理机构为补充。这些机构按省（自治区、直辖市）、市、县等行政级别来划分，形成一个阶梯状的等级层次结构。管理上采取垂直管理方式，上层机构指导下层机构的工作。在法制计量体系中的测量管理，主要采用集中和分级管理相结合的方式进行，其涉及的机构采用等级层次的模式来组成，管理的内容包括了计量工作的各个方面。

技术机构的主要责任是实现量值传递及其涉及的相关技术研究，同时，为政府的计量法制管理提供支持。计量技术机构是按照行政管理体制和量值传递的要求，有层次、分区域设置，形成一个阶梯状的等级层次结构分明的机构网络布局。

实验室和检查机构的资质认定，是指向社会出具具有证明作用的数据和结果的实验室和检查机构应当具备的基本条件和能力的认定，包括计量认证和审查许可。

校准/检测实验室能力认可分为校准实验室认可和检测实验室认可。校准实验室认可主要依据 ISO/IEC 17025《检测和校准实验室能力的通用要求》等及计量法规，对校准实验室的组织人员、设备和环境条件、设备、测量溯源性等技术要求和质量体系、文件控制、校准的分包等管理要求进行评审，经评审确认符合规定要求，允许开展校准工作。检测实验室认可主要依据 ISO/IEC 17025《检测和校准实验室能力的通用要求》、ISO/IEC 导则 38《检测实验室验收的通用要求》等，对检测实验室的组织、人员、检测设备、环境、检测元件及其质量体系进行评审，已确认是否符合规定的能力要求，经评审符合规定的能力要求者，允许其开展认证检验及其他公证检验工作。

实验室认可分为管理要求和技术要求两大部分。其中管理要求分为组织、管理体系，文件控制，要求标书和合同评审、检测和校准的分包，服务和供应品的采购，服务客户，投诉，不符合检测/校准工作的控制，改进、纠正措施，预防措施，记录和控制，内部审核和管理评审共 15 个部分。技术要求分为人员，设施和环境条件，检测和校准方法及方法确认，设备，测量的溯源性，抽样，检测和校准物品的处置，检测和校准结果的质量保证，结果报告等，共 10 个部分。

产业组织的测量管理体系，既是产业组织管理体系中的一个基础子体系，也是产业组织内质量管理体系的一个支柱体系。是由测量人员、测量设备、检定规程/校准方法、测量方法、环境条件、测量操作、溯源间隔、数据处理、管理制度、监视改进程序等许多单元组成，用于改进测量活动、提高产品质量的一个整体架构。其目标是管理由于测量设备和测量过程可能出现的不正确结果而影响到该组织产品质量的风险。产业组织依据 ISO 10012《测量管理体系—测量过程和测量设备的要求》，建立运行测量管理体系。

产业组织测量管理体系的内容与要求如下。

1. 管理职责

(1)计量职能

计量职能是产业组织中负责确定并实施测量管理体系的行政和技术职能。计量职能的管理者应建立测量管理体系,形成文件,并加以保持和持续改进其有效性。要求以测量使用目标要求为关注焦点,建立的测量管理体系能满足测量使用目标(产品的质量和效益)的测量要求,并得到有效的证明。

(2)质量目标

质量目标是指为测量管理体系的建立与运行设定的质量目标,如测量设备的故障修理时间要求、实现测量结果的准确率要求等。

(3)管理评审

产业组织的最高管理者应按计划的时间间隔系统地评审测量管理体系的适宜性、充分性和有效性,并进行必要的体系改进。

2. 资源管理

资源管理是指包括人力资源、信息资源、物资资源和外部供方(供应商)的管理。

3. 计量确认和测量过程的实现

(1)计量确认是指对测量设备的计量要求,包括对测量设备的计量检定、校准和验证,以确保测量设备的计量特性能满足测量过程的使用要求。

(2)测量过程涵盖对测量过程的设计、实现和记录。应根据测量需求和法律法规的要求确定测量要求,设计测量过程,且注意有关过程要素和控制限。每一个测量过程应完整规范,包括对有关测量设备的标识、测量程序、测量软件、使用条件、操作者能力和影响结果可靠性的因素实施控制等。

4. 测量管理体系分析和改进

产业组织应对建立与运行的测量管理体系进行适时监视、分析和改进,以确保测量管理体系符合ISO 10012《测量管理体系-测量过程和测量设备的要求》要求。审核监视当前测量管理体系的适宜性和有效性,确保发现任何不合格即可采取措施予以改正。分析改进要求,将管理评审、审核和其他有关因素的输出作为输入策划和管理测量管理体系的持续改进,并关注改进测量管理体系的潜在机会,进行必要的改进。

5.3 功能材料计量的测量不确定度评定

新型功能材料及相关的材料试验和理化性能检测是当代高新技术发展的物质基础和技术基础,因此,把新材料及材料试验、理化性能检测的研究及开发列为关键技术的重要组成部分。表征材料各种性能的测试结果的正确性,对于功能材料研制以及在工程技术中应用的可靠性是至关重要的。

众所周知,对材料的任何特性参数(物理的或化学的等)进行计量检测或测量时,不管方法和仪器设备如何完善,其测量结果,始终存在着不确定性。而测量不确定度,按照国家计量技术规范JJF 1059.1—2012《测量不确定度评定与表示》定义为“表征合理地赋予被测量之值的分散性,与测量结果相联系的参数”,即描述了测量结果正确性的可疑程度或不肯定程度。测量的水平和质量用“测量不确定度”来评价。

测量不确定度就是对测试结果质量的定量表征,测试结果的可用性很大程度上取决于其不确定度的大小。因此测试结果的表述更为科学、更为完整,需给出其不确定度。不确定度越小，测量结果与真值越靠近，其质量越高，使用价值越大；反之，不确定度越大，测量结果与真值偏离越远，其质量越低，使用价值越小。

测量不确定度是判定测试结果可比性和可靠性的指标，因为，在国际贸易、国际科技交流中，测试结果要得到双边或多边承认，必须具有可比性和可靠性。国际间的量值比对和实验数据的比较，要求提供包含因子约定的测量结果的不确定度。

测量不确定度可说明计量标准、检定测试的水平。不确定度与计量科技技术密切相关，适用于各种准确度等级的测量领域，可说明计量基准、计量标准、检定测试的水平，作为量值溯源的依据。也用以表明测量仪器设备的质量，ISO 9001 中规定，应保证所用设备的测量不确定度已知。测量不确定度的应用为评判实验室的检测能力提供了科学的依据。实验人员通过评定测量不确定度可以分析影响测量结果的主要因素、评价分析测试方法，从而提高分析测试结果的质量。

5.3.1 测量不确定度评定与评定步骤

1. 测量不确定度的评定方法

对于从事材料理化检验的检测人员，由于检测项目繁多，检测方法也很多，各种参数和相应的检测方法都具有各自的特点，检测条件和试样情况也都各不相同。因此如何具体应用有广泛适应性和兼容性的不确定度评定指南 GUM(或 JJF 1059.1—2012)来正确评定检测结果的不确定度，具有一定的难度。大量试验研究表明，为提高测量不确定度评定的可靠性，就评定方法而言对材料不同的检测参数和不同的检测方法应该采用直接评定法或综合评定法进行评定。现把该两种不同评定方法的要点叙述如下。

直接评定法的要点：

(1)适用条件

直接评定法的适用条件如下：①如果对数学模型中的所有输入量进行了测量不确定度分量的评定，就能包含了测量过程中所有影响测量不确定度的主要因素；②由试验标准方法所决定的数学模型，能较容易地求出所有输入量的灵敏系数；③各输入量之间是相关还是独立关系是明确的。如这 3 个前提条件都能满足，那么采用直接评定法是可行的。反之，则无可行性。

(2)直接评定法的思路

在试验条件(检测方法、环境条件、测量仪器、被测对象、检测过程等)明确的基础上，建立由检测参数试验原理所给出的数学模型，即输出量与若干个输入量之间的函数关系(一般由该参数的测试方法标准给出)，然后按照检测方法和试验条件对测量不确定度的来源进行分析，找出测量不确定度的主要来源，以此求出各个输入量估计值的标准不确定度，得到各个标准不确定度分量。然后按照不确定度传播规律，根据数学模型求出每个输入量估计值的灵敏系数，再根据输入量间是彼此独立还是相关，或二者皆存在的关系，进行合成，求出合成不确定度，最后根据对置信度的要求(95%还是 99%)确定包含因子(取 2 还是取 3)从而求得扩展不确定度。也就是说，抓住并评定出各个输入量不确定度因素对输出量不确定度的贡献，从而得到所需要的评定结果。

综合评定法的要点：

(1)适用条件

综合评定法的适用条件如下:①所有输入量的不确定度分量并不能包含影响检测结果所有的主要不确定因素;②所有或部分输入量的不确定度分量量化困难;③有的检测项目由数学模型求某些输入量的灵敏系数十分困难或非常复杂。这时如果仍然使用直接评定法,不仅可靠性低,而且缺乏可操作性。对于这种情况必须采用综合法进行评定。

(2)综合评定法的思路

由于这类检测项目在不确定度评定中,不仅输入量的不确定度因素量化困难,而且所有不确定度分量不能包含影响检测结果所有的主要不确定度因素,况且有的检测项目由数学模型求取不确定度灵敏系数十分困难或非常复杂。所以方法的思路是:在试验方法(包括试样的制备和一切试验的操作)满足国家标准以及所用设备、仪器和标样也都满足国家标准或国家计量检定规程要求的条件下,综合考虑并评定试验结果重复性(包含了人员、试验机、材料的不均匀性,在满足标准条件下试样加工、试验条件及操作的各种差异等因素)引入的不确定度分量、试验设备误差所引入的不确定度分量、所使用的标准试样偏差所引入的不确定度分量以及根据方法标准和数据修约标准对测试结果进行数值修约所引入的不确定度分量。然后再进行不确定度合成、扩展,最后得到评定结果。

(3)综合评定法的数学模型

一般综合评定法所用的数学模型是:

$$y=x \tag{5.1}$$

式中 x——被测试样的参数读出值;

y——被测试样的参数估计值,即测定结果。

对于借助于自动化仪器、设备对材料进行性能参数检测结果的测量不确定度评定以及上述用直接评定法存在困难的项目,比如冲击试验、布氏及洛氏硬度试验、直读光谱分析、等离子光谱分析等检测项目的测量不确定度评定都可采用这种形式的数学模型。但需要注意,式(5.1)中被测试样的参数读出值往往是由多个影响因素所决定。所以在许多情况下,输入量估计值又可分解为 $x_1, x_2, \cdots x_N$,因此该数学模型用估计值表达也可写为:

$$y=\sum x_i=x_1+x_2+\cdots+x_N, \tag{5.2}$$

其中输出量 y 是输出量估计值,即检测结果;x_i 是试验过程中各个影响输出量的因素,即若干个输入量的若干个估计值。

十分明显,式(5.1)和式(5.2)这两个公式实质上是一样的。这样,在评定时只要对测量不确定度来源进行全面分析,找出主要影响因素,并确认它们之间是独立不相关的,而且灵敏系数都等于1,那么就可直接用各个影响因素的不确定度分量进行和的运算。这时,只要主要影响因素考虑得正确,其评定结果就是可靠的。当然,在评定中影响因素不可重复,也不能遗漏,遗漏会使评定结果偏小,重复会导致评定结果偏大。因此遗漏评定要避免,重复评定也要避免,这必须要引起足够的重视。大量评定结果表明,在材料计量和理化检验不确定度的评定中,根据参数检测的不同情况应该采用直接评定法和综合评定法来进行。对于用直接评定法评定存在困难或缺乏可操作性的检测项目,采用综合评定法能够较好地解决评定中的许多难点,不仅具有可操作性,而且评定结果是可靠的。

2. 测量不确定度的评定步骤

测量不确定度的评定可分为以下7个步骤。

(1)概述

将测量方法的依据、环境条件、测量标准(使用的计量器具、仪器设备等)、被测对象、测量过程及其他有关的说明等表述清楚。

(2)建立数学模型

根据测试方法(标准)原理建立输出量(被测量 y)与输入量($x_1, x_2, \cdots, x_N$)之间的函数关系,即:

$$y = f(x_1, x_2, \cdots, x_N) \tag{5.3}$$

(3)测量不确定度来源分析

按测量方法和条件对测量不确定度的来源进行分析,以找出测量不确定度的主要来源。

(4)标准不确定度分量的评定

按照上述所介绍的方法对标准不确定度分量进行评定,建议列表进行汇总,以防止漏项。

(5)计算合成标准不确定度

根据输入量间的关系(是彼此独立还是相关)应用下式:

$$u_c(y) = \sqrt{\sum_{i=1}^{n}\left[\frac{\partial f}{\partial x_i}\right]^2 u^2(x_i)} = \sqrt{\sum_{i=1}^{n} c_i^2 u_i^2(x_i)} = \sqrt{\sum_{i=1}^{n} u_i^2(y)}$$

计算出合成不确定度 $u_c(y)$,并根据下式:

$$\nu_{\text{eff}} = \frac{u_c^4(y)}{\sum_{i=1}^{n} \frac{u_i^4(y)}{\nu_i}}$$

计算有效自由度。

(6)扩展不确定度的评定

根据实际问题的需要,计算出扩展不确定度。

(7)测量不确定度报告

按照问题的类型,根据测量不确定度的评定,选择合乎 GUM(或 JJF1059.1—2012)规定的表示方式,给出测量不确定度报告。

需要指出的是,上述评定步骤中的步骤(3),即测量不确定度的来源分析尤为重要,这是因为检测过程中引入不确定度的来源分析是否清楚,是顺利、正确、可靠地进行不确定度评定的基础。

5.3.2 测量不确定度在评定材料计量中的应用

计量在测量上,不但准确,同时还是非常可靠的一种活动,它的存在主要是为了让某一标准得到实现,如果从传统意识层面去认识,计量是被认为和测量不确定度联系在一起的测量。如何更科学合理地保证测量结果的准确性,一直是计量工作者关注的热点。

测量不确定度是评定测量结果质量高低的一个重要指标,测量结果的可用性在很大程度上取决于测量不确定度的大小。在出具检定证书、校准证书、检测报告、鉴定报告以及计量标准考核等的实际检测工作中,都需要测量不确定度来评定和表示测量结果。因此正确地理解和掌握测量不确定度就显得十分重要。

1. 测量不确定度在材料力学计量中的应用

随着航天、国防、工业等领域对精确测量及对测量结果的完整性、科学性的要求日益提升，越来越多的测量场合开始将不确定度作为测量结果必须包含的一部分，许多不确定度计算的新方法、新理论不断被提出，许多测量装置的研制、算法的设计等，都已经将提高精度的目标转到了如何降低测量不确定度上。

力学计量作为校准实验室的一项重要业务，其不确定度的评定也就非常重要。通过对材料力学计量校准中的相关设备如材料试验机、硬度计等在仪器校准工作中的各类示值误差不确定度进行评定，举例说明测量不确定度在材料力学计量中的应用重要性。具体过程是通过设计测量方案，建立数学模型，分析不确定度来源，对各不确定度分量进行类评定，根据各分量确定合成标准不确定度，确定扩展不确定度，最后给出不确定度报告。

1)材料试验机示值误差测量结果的不确定度评定

材料试验机广泛应用于机械、冶金、石油、化工、建材、建工、航空航天、造船、交通运输等工业部门以及大专院校、科研院所的相关实验室等。材料试验机可以在各种额定条件、环境之下测定金属以及非金属、各种机械零部件、工程结构材料的性能及内部缺陷，以及对相关的产品性能进行测试的精密仪器，可通过试验得到想要的产品数据，从而检测产品是否合格，或者在试验数据得出时对产品进行升级，对于材料的分析有着非常重要的意义。

(1)测量方案

①测量准备：选取规格型号为 YAW-2000、准确度等级为 1 级的微型计算机控制全自动压力试验机作为被测对象，依据 JJG139—2014《拉力、压力和万能试验机》，环境条件：温度 10～35 ℃，湿度不大于 80%，温度波动不大于 2 ℃/h。选取测量标准规格型号为 ZNL-2000 的数字式 0.3 级标准测力仪（测量范围 200～2 000 kN，最大允许误差±3%），相对扩展不确定度 U_{95}=0.061%。

②测量原理：如图 5.1 所示，将 0.3 级标准测力仪（以下简称测力仪）置于试验机工作的上下承压板之间，通过调整进油阀控制油活塞运动速度，使试验机对测力仪加载，当加载至测量点时，读取测力仪显示仪表示值和材料试验机指示器示值，则可得到试验机在该测量点的示值误差。

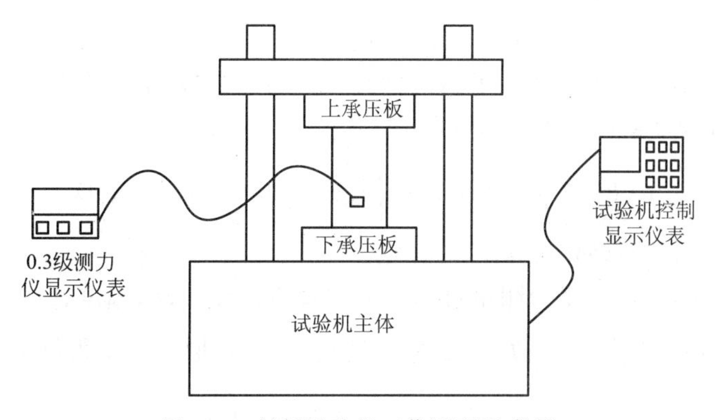

图 5.1　材料试验机工作原理示意图

③测量方法与步骤：试验机检定范围应从每一级量程的 20%至最大试验力，检定点至少为 5 点，且应尽可能均匀分布地选择，一般应与 20%、40%、60%、80%、100%相对应，试

验机检定时应平稳施加试验力，加载至检定点前应缓慢施加，便于准确读数。

（2）测量数学模型

$$\Delta F=\bar{F}-F[1+K(t-t_0)]$$

其中：ΔF 为试验机的示值误差；$\bar{F}$ 为试验机 3 次示值的算术平均值；F 为标准测力仪上的标准力值；K 为标准测力仪的温度修正系数；t_0 为标准测力仪定度的温度；t 为环境温度（检定试验机时）。

（3）不确定度评定

根据数学模型被测材料试验机的示值误差的不确定度主要取决于输入量和的不确定度。

①输入量 $\bar{F}$ 的标准不确定度 $u(\bar{F})$ 的评定。

输入量 $\bar{F}$ 的标准不确定度来源主要是试验机的重复性，可以通过连续测量得到测量列，采用 A 类方法进行评定。

对一台 2 000 kN 的试验机，选择作为 1 000 kN 测量点，连续测量 10 次，得到如下测量列（单位：kN）：1 001.2、1 000.9、1 000.5、1 001.1、1 000.3、1 000.4、1 000.8、1 000.6、1 000.9、1 000.9。其算术平均值：

$$\bar{F}=\frac{1}{n}\sum F_i=1\ 000.76(\text{kN})$$

单次实验标准差：$$s=\sqrt{\frac{\sum(F_i-\bar{F})^2}{n-1}}=0.29(\text{kN})$$

实际测量情况，在重复条件下连续测量 3 次，以这 3 次测量值的算术平均值作为测量结果，可得到：

$$u(\bar{F})=\frac{s}{\sqrt{3}}=0.17(\text{kN})$$

输入量 $\bar{F}$ 的不确定度主要来源于标准测力仪的不确定度，即采用 B 类方法进行评定。因标准器稳定度及其他因素引起的不确定度已包含在测量重复性条件下所得测量列的分散性中，为避免重复计算，故在此项标准不确定度计算中不予以计算。

标准测力仪准确度等级为 0.3 级，在区间内可以认为服从准正态分布，取包含因子 $k=2.58$。在测量点 1 000 kN 处，标准不确定度为

$$u(\bar{F})=\frac{\alpha}{k}\times 1\ 000=\frac{0.3\%}{2.58}\times 1\ 000=1.16(\text{kN})$$

②输入量 t 的标准不确定度 $u(t)$ 的评定。

输入量 t 的不确定度主要为测量过程中的实验室温度波动，温度计的示值误差可忽略，实验室温度波动不大于 2 ℃/h，故 $\alpha=2$ ℃。按均匀分布，取 $k=\sqrt{3}$ 得标准不确定度为

$$u(t)=\frac{\alpha}{\sqrt{3}}=1.15(℃)$$

③输入量标准测力仪温度修正系数 K 的标准不确定度 $u(K)$ 的评定。

温度修正系数 K 是由于修约而导致的不确定度，$\alpha=0.00\ 005$/℃，按均匀分布，

取$k=\sqrt{3}$，

$$u(K)=\frac{\alpha}{\sqrt{3}}=2.89\times10^{-5}(℃)$$

④合成标准不确定度的评定。

灵敏系数：

$$c_1=\frac{\partial \Delta F}{\partial \bar{F}}=1$$

$$c_2=\frac{\partial \Delta F}{\partial \bar{F}}=-[1+K(t-t_0)]$$

$$c_3=\frac{\partial \Delta F}{\partial t}=-F\cdot K$$

$$c_4=\frac{\partial \Delta F}{\partial K}=-F(t-t_0)$$

根据JJG144—2007《标准测力仪》检定规程，检定温度为15℃～30℃，又根据JJG139—2014《拉力、压力和万能试验机》检定规程，测力仪使用温度为10℃～35 ℃，取$t_0=15$ ℃，$t=35$ ℃，温度修正系数$K=0.000\ 27$/℃，$F=1\ 000$ kN，则：

$$c_1=\frac{\partial \Delta F}{\partial \bar{F}}=1$$

$$c_2=\frac{\partial \Delta F}{\partial \bar{F}}=-[1+K(t-t_0)]=-1.005\ 4$$

$$c_3=\frac{\partial \Delta F}{\partial t}=-F\cdot K=-0.27(\text{kN/℃})$$

$$c_4=\frac{\partial \Delta F}{\partial K}=-F(t-t_0)=-2\ 000(\text{kN}\cdot℃)$$

(4)标准不确定度汇总表

输入量的标准不确定度汇总于表5.1。

表5.1　标准不确定度汇总表

标准不确定度分量 $u(x_i)$	不确定度来源	标准不确定度	灵敏系数c_i	$\lvert c_i\rvert\cdot u_i$
$u(\bar{F})$	被检器具的重复性	0.17 kN	1	0.17 kN
$u(F)$	标准测力仪不确定度	1.16 kN	−1.005 4	1.17 kN
$u(t)$	温度波动的不确定度	1.15 ℃	−0.27 kN/℃	0.3 kN
$u(K)$	温度修正系数列引起的不确定度	2.89×10^{-5}/℃	−2 000 kN·℃	0.06 kN

(5)合成标准不确定度的计算

输入量F、$\bar{F}$彼此独立不相关，所以合成标准不确定度可按下式得到：

$$u_c^2(\Delta F)=\left[\frac{\partial \Delta F}{\partial \bar{F}}\cdot u(\bar{F})\right]^2+\left[\frac{\partial \Delta F}{\partial F}\cdot u(F)\right]^2+\left[\frac{\partial \Delta F}{\partial t}\cdot u(t)\right]^2+\left[\frac{\partial \Delta F}{\partial K}\cdot u(K)\right]^2$$

$$=[c_1 \cdot u(\bar{F})]^2+[c_2 \cdot u(F)]^2+[c_3 \cdot u(t)]^2+[c_4 \cdot u(K)]^2$$

$$u_c=\sqrt{u_c^2(\Delta F)}=\sqrt{0.17^2+1.17^2+0.3^2+0.06^2}=1.22(\text{kN})$$

(6)扩展不确定度的评定

取包含因子 $k=2$,扩展不确定度 U 为:

$$U=k \cdot u_c(\Delta F)=2.44(\text{kN})$$

相对扩展不确定度为:

$$U_{\text{rel}}=\frac{2.44}{1\ 000}\times 100\%=0.244\%\approx 0.24\%$$

(7)扩展不确定度的报告与表示

根据 JJG139—2014《拉力、压力和万能试验机》规定的要求,材料试验机准确度等级为 0.3 级,在测量点 1 000 kN 处,负荷示值误差测量结果的相对扩展不确定度为:1 000 kN 量程处 $U_{\text{rel}}=0.24\%$,$k=2$。

按照上述方法,也可以得到其他测量点的示值误差测量结果的不确定度。

2)洛氏硬度计示值误差测量结果的不确定度评定

洛氏硬度计广泛应用于计量、机械制造、冶金、建材等行业的检测、科研与生产。适用于硬质合金、碳钢、合金钢、铸铁、有色金属等材料的洛氏硬度检测,通过试验,可以得到想要的产品数据,从而检测产品是否合格,或者在试验数据得出的时候对产品进行升级。

(1)测量方案

①测量准备:选取规格型号为 HR-150A,最大允许误差为±1.5HR 的洛氏硬度计作为被测对象,依据 JJG112—2013《金属洛氏硬度计 A,B,C,D,E,F,G,H,K,N,T 标尺》,环境条件:温度(23±5)℃,选取测量标准规格型号为 HR 的标准洛氏硬度块(以下简称硬度块,其测量范围 20～30 HRC、35～55 HRC、60～70 HRC、80～88 HRA 和 85～95 HRB 以下简称 HRC 低、HRC 中、HRC 高、HRA 和 HRB,标准洛氏硬度块均匀度为 0.5 HR。

②测量原理:如图 5.2 所示,在初始试验力 F_0 和总试验力 F 的先后作用下,将压头压

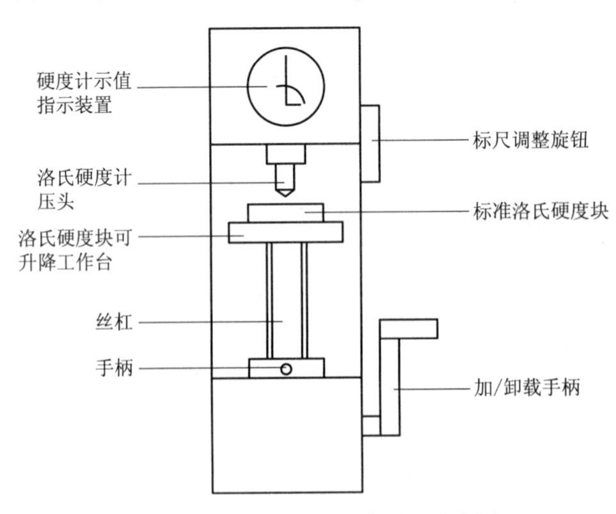

图 5.2 洛氏硬度计工作原理示意图

入试样表面，卸除主试验力 F_1，测量保留初试验力时的压痕残余深度 h，根据硬度计算公式计算硬度值与硬度块的标准硬度值比较，得到该硬度计的示值误差。

③测量方法和步骤：检定时将标准洛氏硬度块置于工作台上，进行硬度值测量，重复进行5次，记录硬度值，取其平均值作为最终的检定结果，检定时应对被使用的每一个标尺都进行检定。

（2）数学模型

$$\Delta h=\bar{h}-h$$

式中　Δh——硬度计的示值误差；

$\bar{h}$——硬度计测示值的算术平均值；

h——硬度块的标准值。

（3）不确定度评定

输入量 $\bar{h}$ 的标准不确定度 $u(\bar{h})$ 的评定。输入量 $\bar{h}$ 的不确定度主要来源是由硬度计的测量重复性引起的，来源于硬度计机构与标准硬度块的均匀度两个因素。由于硬度计示值是硬度计在标准硬度块上的不同区域测得的结果，其测量的特殊性是同一点不可能重复测量，所以硬度计示值重复性已包含了标准硬度块均匀度对其示值的影响，采用A类方法进行评定。

在一台硬度计上，用一块标准值为63.1HRC的洛氏硬度块进行连续10次测量，得到一测量列为62.1，62.4，62.5，62.1，62.4，62.9，62.8，62.9，62.8，62.7（单位：HRC）。其示值算术平均值和单次实验标准差按下式计算：

$$\bar{h}=\frac{1}{n}\sum_{i=1}^{n}h_i=62.55(\text{HRC})$$

则单次实验标准偏差为

$$s_i=\sqrt{\frac{\sum(h_i-\bar{h})^2}{n-1}}=0.31(\text{HRC})$$

由此，输入量 $\bar{h}$ 的标准不确定度 $u(\bar{h})$ 为：

$$u(\bar{h})=\frac{0.31}{\sqrt{5}}=0.14(\text{HRC})$$

（4）输入量 h 的标准不确定度 $u(h)$ 的评定

输入量 h 的标准不确定度来源主要由定值硬度块的标准洛氏硬度计引起的标准不确定度分项 $u(h)$ 的评定。

标准洛氏硬度块是在标准洛氏硬度计上标定的，标准洛氏硬度计的不确定度由定值证书给出，采用B类方法进行评定。

标准洛氏硬度计校准证书给出其扩展不确定度为，取包含因子 $k=\sqrt{3}$，则：

$$u(h)=\frac{a}{k}=\frac{0.3}{\sqrt{3}}=0.17(\text{HRC})$$

合成标准不确定度的评定。

$$灵敏系数：c_1=\frac{\partial \Delta h}{\partial \bar{h}}=1, \qquad c_2=\frac{\partial \Delta h}{\partial h}=-1$$

(5)标准不确定度汇总表

输入量的标准不确定度汇总表见表 5.2。

表 5.2 标准不确定度汇总表

标准不确定度分量 $u(x_i)$	不确定度来源	标准不确定度(HRC)	c_i
		HRC 高	
$u(\bar{h})$	硬度计的测量重复性	0.14	1
$u(h)$	标准硬度块	0.17	−1

合成标准不确定度的计算。输入量 $\bar{h}$ 和 h 彼此独立不相关，所以合成标准不确定度可按下式计算：

$$u_c^2(\Delta h)=\left[\frac{\partial \Delta h}{\partial \bar{h}}\cdot u(\bar{h})\right]^2+\left[\frac{\partial \Delta h}{\partial h}\cdot u(h)\right]^2$$

$$=[c_1\cdot u(\bar{h})]^2+[c_2\cdot u(h)]^2$$

$$u_c=\sqrt{u_c^2(\Delta h)}=\sqrt{0.14^2+0.17^2}=0.22(\mathrm{HRC})$$

(6)扩展不确定度的评定

取包含因子 $k=2$，扩展不确定度 U 为

$$U=k\cdot u_c(\Delta h)=2\times 0.22=0.44(\mathrm{HRC})$$

(7)扩展不确定度的报告

根据 JJG112—2013《金属洛氏硬度计》规定的条件，对洛氏硬度计进行校准，最大允许误差为±1.5 HRC 的洛氏硬度计在测量点 63.1 HRC 处，示值误差测量结果的相对扩展不确定度为：63.1 HRC 处，$U=0.44$ HRC，$k=2$。

按照上述方法，也可以得到其他测量点的示值误差测量结果的不确定度。

通过运用测量不确定度理论及其评定方法，实现了对力学计量中相关仪器仪表校准中示值误差的测量不确定度评定，解决了力学计量校准中相关仪器的示值误差测量不确定度的评定工作，更有效更准确地在校准实验室中推广和使用测量不确定度的评定。

2. 测量不确定度在材料电学计量中的应用

电学计量就是按照国家法定的计量检定系统，应用电测量器具，采用相应的测量方法对被测电参量进行定量分析的一门科学。现代电学计量技术因为其信号有着容易传播等优点，因此在现代生产生活中得到了广泛的应用。测量不确定度评定方法和理论，评定了电学计量中的相关仪器显示的误差不确定度，使不确定度的测量评定更加准确和科学。电学计量中的测量不确定度是人们获得真实计量数字的途径之一。

1)高绝缘电阻测量仪示值误差的测量结果不确定度评定

(1)测量方案

采用标准电阻器法，可得到绝缘电阻表检定装置与高绝缘电阻测量仪之间的差值。根据 JJG 690—2003《高绝缘电阻测量仪(高阻计)检定规程》，环境条件：环境温度(23±5)℃、

环境相对湿度(40～60)%。绝缘电阻表检定装置,型号:ZX119-3,电阻 R(100 Ω～1 MΩ),准确度:0.2 级;电阻 R(1 MΩ～10 MΩ),准确度:0.5 级;电阻 R(10 MΩ～100 MΩ),准确度:1 级;电阻 R(100 MΩ～1 000 MΩ),准确度:2 级。被检对象:ZC-90E 型高绝缘电阻测量仪。

(2)数学模型

$$\Delta R = R_X - R_n$$

式中 ΔR——被检高绝缘电阻测量仪示值误差,MΩ;

R_X——被检高绝缘电阻测量仪示值,MΩ;

R_n——绝缘电阻表检定装置示值,MΩ。

2)各输入量标准不确定度评定

用 ZX119-3 型绝缘电阻表检定装置测量 ZC-90E 型高绝缘电阻测量仪,以 1 kΩ 点为例,进行不确定度评定。

(1)输入量 R_X 产生的标准不确定度分量 u_1

输入量 R_X 产生的标准不确定度分量 u_1 主要由被检表测量重复性引起的,采用 A 类方法。考虑到在重复性条件下所得的测量列的分散性包含了人员对被测高阻计的读数偏移、恒速源转速不稳定造成绝缘电阻表检定装置测量电压不稳定和环境对测量造成的不确定度,故不另外分析。在装置正常工作下,对被检 ZC-90E 型高绝缘电阻测量仪在 1 kΩ 点重复测量 10 次,具体数据如下:1.01、1.01、1.00、1.02、1.01、1.00、1.02、1.00、1.01、1.00,单位:kΩ。平均值 $\bar{R}_X = 1.008$ kΩ,标准偏差 $s_X = 0.007\,9$。

标准不确定度分量

$$u_1 = \frac{s_X / \sqrt{n}}{\bar{R}_X} \times 100\% = 0.25\%$$

(2)输入量 R_n 产生的标准不确定度分量 u_2

输入量 R_n 产生的标准不确定度分量,主要由绝缘电阻表检定装置引起的,采用 B 类方法分析。根据上级的检定证书,电阻 1 kΩ 时最大允许误差的半宽度 $\alpha = 0.2\%$,服从均匀分布,取包含因子 $k = \sqrt{3}$,则有:

$$u_2 = \frac{\alpha}{k} = \frac{0.2\%}{\sqrt{3}} = 0.12\%$$

(3)由被检表分辨力引入的不确定度分量 u_3

查说明书可得,被检表 ZC-90E 在 1 kΩ 时,允许的基本误差为±0.1%,认为服从均匀分布,取 $k = \sqrt{3}$,则标准不确定度为

$$u_3 = \frac{0.1\% R_D + 2D}{\bar{R}_X \cdot k} = \frac{1 + 2 \times 0.1}{1.008 \times \sqrt{3}} = 0.69\%$$

合成标准不确定度为

$$u = \sqrt{(u_1)^2 + (u_2)^2 + (u_3)^2} = 0.74\%$$

(4)扩展不确定度 U

取包含因子 $k = 2$,可认为接近正态分布,ZC-90E 型高绝缘电阻测量仪,1 kΩ 点的扩展不确定度为 $U = k \times u = 1.48\%$。

(5)扩展不确定度的报告

根据 JJG690—2003《高绝缘电阻测量仪(高阻计)检定规程》的条件,对高绝缘电阻测量仪计进行校准,最大允许误差为±0.1% kΩ 的高绝缘电阻测量仪在测量点 1 kΩ 处,示值误差测量结果的相对扩展不确定度为:1 kΩ 处:$U=1.48\%$,$k=2$。

3. 测量不确定度在材料磁学计量中的应用

磁力式磁强计是测量磁感应强度的仪器,其利用磁力法的原理,通过仪器内置磁极连接的指针指示被测磁场的磁感应强度。磁力式磁强计常用于工业、农业、交通运输、卫生医疗等领域的磁检测和无损探伤检测。通过磁力式磁强计磁感应强度示值误差校准不确定度的评定方法与评定实例,为评定磁力式磁强计的测量不确定度提供参考。

1)测量原理

测量依据 JJF 1656—2017《磁力式磁强计校准规范》。测量设备:磁强计校验装置由直流电流源与磁场线圈组成,校验装置的最大允许误差为±1%。环境条件,环境温度:(20±5)℃;相对湿度:不大于 80%;供电电源:电压(220±22)V,频率(50±1)Hz。校准方法:JCZ-10 型磁力式磁强计的量程从负(S)至正(N)方向上示值范围为−1~1 mT。根据规范要求在磁力式磁强计的正负双方向上分别均匀选取不少于 5 个点,以及 0 点上测量磁场强度。将磁力式磁强计置于磁强计校验装置中磁场线圈的中心位置,待磁场系统和磁力式磁强计指针稳定后开始测量。由于地磁场会对磁力式磁强计的测量结果有影响,为减小影响应保证磁力式磁强计在测量时保持在东西方向测量。

2)数学模型

$$\Delta B=\frac{B-B_0}{B_M}\times 100\%$$

式中 ΔB——磁力式磁强计示值相对误差;

B——磁力式磁强计的示值,mT;

B_0——磁场标准值,mT;

B_M——磁力式磁强计的满度值,即在正(N)或者负(S)方向上示值最大绝对值,mT。

3)磁力式磁强计引入的标准不确定度

磁力式磁强计重复性引入的标准不确定度用 A 类标准不确定度评定。以 1 mT 为例,独立重复测量 10 次,测量数据 B_i(单位 mT)如下:1.013、1.017、1.010、1.012、1.012、1.014、1.016、1.016、1.013、1.011,单次试验标准偏差为

$$s=\sqrt{\frac{\sum(B_i-\bar{B})^2}{n-1}}=0.002\ (\text{mT})$$

不确定度: $u_1(B)=s=0.002(\text{mT})$

式中,$\bar{B}$ 为平均值,n 为测量次数。

磁力式磁强计分辨力引入的标准不确定度用 B 类标准不确定度评定。磁力式磁强计的最小分度值为 0.1 mT,分辨力为 0.05 mT。按均匀分布计算,取包含因子 $k=3$,分辨力引入的不确定度为:

$$u_2(B)=\frac{0.05}{2\sqrt{3}}=0.014(\text{mT})$$

由于磁力式磁强计分辨力引入的标准不确定度远大于磁力式磁强计重复性引入的标准不确定度，为了避免重复计算，只取磁力式磁强计分辨力引入的标准不确定度作为设备引入的不确定度。

4）标准不确定度汇总表（见表5.3）

表5.3 标准不确定度汇总表

标准不确定度分量来源	标准不确定度值(mT)	概率分布	灵敏系数	不确定度分量(mT)
$u_1(B)$	0.014	均匀分布	$\frac{1}{B_M}$	0.014
$u(B_0)$	0.006	均匀分布	$-\frac{1}{B_M}$	0.006

磁力式磁强计校准装置引入的标准不确定度用B类标准不确定度评定。由于磁强计校验装置的最大允许误差为±1%，按均匀分布计算，取包含因子$k=3$，磁力式磁强计校准装置引入的不确定度为：

$$u(B_0)=\frac{1\times 1\%}{\sqrt{3}}=0.006(\mathrm{mT})$$

灵敏系数为：
$$c_1=\frac{\partial \Delta B}{\partial B}=\frac{1}{B_M},\quad c_2=\frac{\partial \Delta B}{\partial B_0}=-\frac{1}{B_M}$$

5）合成标准不确定度的评定

以上各项标准不确定度分量相互独立，所以合成标准不确定度为：

$$u_c^2(\Delta B)=\left[\frac{\partial \Delta B}{\partial B}\cdot u_1(B)\right]^2+\left[\frac{\partial \Delta B}{\partial B_0}\cdot u(B_0)\right]^2$$
$$=[c_1\cdot u_1(B)]^2+[c_2\cdot u(B_0)]^2$$
$$u_c(\Delta B)=\sqrt{\left(\frac{0.014}{1}\right)^2+\left(\frac{0.006}{1}\right)^2}=1.5\%$$

6）扩展不确定度的评定

取包含因子$k=2$，扩展不确定度为：

$$U=3.0\%, k=2$$

7）扩展不确定度的报告与表示

根据JJF 1656—2017《磁力式磁强计校准规范》的条件，对磁力式磁强计进行校准，最大允许误差为±1%的磁力式磁强计在测量点1 mT处，示值误差测量结果的相对扩展不确定度为1 mT处：$U=3\%$，$k=2$。

4. 测量不确定度在材料光学计量中的应用

光学计量中，照度计是一种常用的工作计量器具。随着经济的发展，紫外辐射照度计在工业上的运用越来越广泛，主要应用于医疗、防疫、光电子、探伤、电光源、化工、建材、气象、材料老化以及航空航天等领域，故紫外辐射照度计的溯源越发显得重要，其测量数据的准确度与测量不确定度也越来越受到各单位的关注。

测量方法：

采用与标准紫外辐射照度计比较替代法进行检定，通过比较替代法得到被测紫外辐射照度计的示值误差。首先调整好整个光路系统，点燃紫外光源、预热。然后将3台标准紫外辐射照度计依次安装在夹具上，取仪器的测量平均值作为该距离下的标准紫外光谱辐射照度值。在同样的几何条件下安装被测紫外辐射照度计并取值。计算被测紫外辐射照度计的示值误差。

测试条件：

实验室为清洁干净的暗室，温度(23±5)℃；相对湿度<70%RH。测量标准及其主要技术要求：3台UVC标准紫外照度计，相对校准不确定度$U_r=5.8\%$，$k=1$。被评定对象及其性能指标：紫外辐照计(UVC)，工作级，峰值波长254 nm。

采用图5.3所示的紫外照度计检定装置，依据JJG 879—2015检定规程，该装置主要由紫外辐射光源、辐照计、光轨、旋转支架等组成。

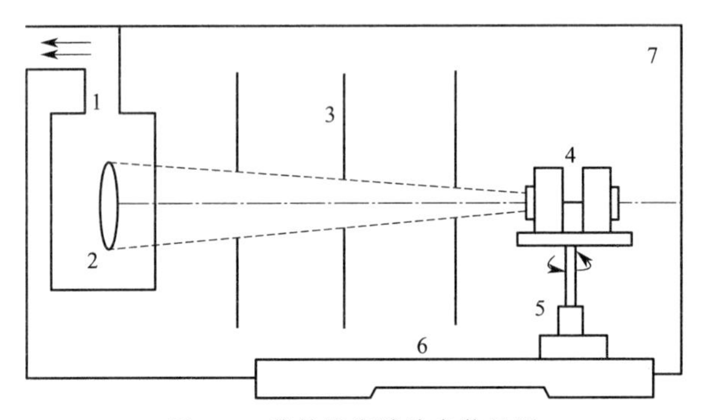

图5.3　紫外照度计检定装置图

1—屏蔽箱和通风管道；2—紫外辐射源；3—光阑；4—辐照计；5—旋转定位支座位；6—光轨；7—遮光屏

不确定度来源包括：标准紫外辐射照度计的量值溯源不确定度；标准紫外辐射照度计的测量重复性；标准紫外辐射照度计的安装与装调误差；紫外光源不稳定性带来的测量不确定度；紫外光源的不均匀性带来的测量不确定度；检定光路中杂散辐射带来的测量不确定度等。

1)输入量的相对标准不确定度评定

(1)标准紫外辐射照度计量值溯源的不确定度u_1

UVC波段的标准紫外辐射照度计量值溯源不确定度为：$u_1=5.8\%$，$k=1$。由此可见上一级量值溯源带来的不确定度较大，上一级校准单位的校准方法与装置有待改进。

(2)标准紫外辐射照度计的测量重复性u_2

在均匀稳定的紫外光源辐照下，选择500 uW/cm^{2}为测量位置点，条件固定，进行10次标准紫外辐射照度计的重复测量，其值分别为：500.4、504.2、506.9、500.7、508.0、502.0、501.8、504.2、507.6、507.3(uW/cm^2)，可得测量的辐射照度平均值$\bar{E}_2$为504.3 uW/cm^2。计算多次重复测量引起的标准不确定度s_2：

$$s=\sqrt{\frac{\sum(E_i-\bar{E})^2}{n-1}}=2.89$$

相对标准不确定度：

$$u_2=\frac{s_2}{\bar{E}_2}\times100\%=\frac{2.89}{504.3}\times100\%=0.6\%$$

标准紫外辐射照度计测量重复性带来的不确定度相对较小，紫外辐射照度计性能优良。

(3)标准紫外辐射照度计安装与装调的重复性 u_3

在均匀稳定的紫外光源辐照下，重复安装标准紫外辐射照度计的探头10次，并记录测量的辐射照度值 E_i 分别为500.7、508.9、510.8、514.0、508.0、501.0、498.2、493.4、488.0、496.0 $\mu W/cm^2$，计算平均辐射照度 $\bar{E}_3=501.9\ \mu W/cm^2$。计算10次测量的标准偏差 $s_3=8.35$，从而计算得到标准紫外辐射照度计的安装与装调带来的测量不确定度 $u_3=\frac{s_3}{\bar{E}_3}\times 100\%=1.67\%$。

装调带来的不确定度也不小，需改进装置减小安装与调试带来的不确定度或者改进方法避免该操作，从而达到减小不确定度的目的。

(4)紫外光源的不稳定性带来的测量不确定度 u_4

待低压汞灯紫外光源稳定后，采用一台性能稳定的紫外辐射照度计，固定好测试位置，间隔2 min，重复测量紫外光源的辐射照度10次，并记录测量的辐射照度值 E_i 分别为501.5、499.8、510.2、520.1、514.3、512.0、514.5、498.0、488.2、498.5(uW/cm^2)，计算平均辐射照度 $\bar{E}_4=505.7\ uW/cm^2$，计算10次测量的标准偏差 s_4，从而得到紫外光源的不稳定性带来的测量不确定度：$u_4=\frac{s_4}{\bar{E}_4}\times 100\%=1.97\%$。紫外线光源的不稳定性带来的不确定度较大，通过寻找更加稳定的紫外光源或者尽量减少测量时间，从而减少紫外光源的不稳定性带来的不确定度。

(5)紫外光源的不均匀性带来的测量不确定度 u_5

待紫外光源稳定后，采用一台性能稳定标准紫外辐射计，并在其前放置具有小孔径(如 $d\approx 3$ mm)小孔光阑在与光源光轴垂直的测量平面上，移动探测器位置，记录在不同测量位置的辐射照度值 E_i 分别为504.5、496.0、520.1、510.4、496.0、488.2、512.0、486.0、498.6(uW/cm^2)，计算平均辐射照度 $\bar{E}_5=501.3\ uW/cm^2$，计算9次测量的标准偏差 s_5，从而得到紫外光源的不均匀性带来的测量不确定度 $u_5=\frac{s_5}{\bar{E}_5}\times 100\%=2.26\%$。紫外光源不均匀性带来的不确定度也不可忽视，通过寻找均匀度更好的紫外光源，或者通过积分球匀化光源，改善光源的均匀性，从而减少紫外光源的不均匀性带来的不确定度。

(6)检定光路中的杂散辐射带来的测量不确定度 u_6

由于光路设置不完善，来自周围环境中的杂散辐射引起的测量不确定度：$u_6=2.05\%$。

不确定度来源：各项标准不确定度分量相互独立，合成相对标准不确定度：

$$u_c=\sqrt{(u_1)^2+(u_2)^2+(u_3)^2+(u_4)^2+(u_1)^2+(u_1)^2}=7.1\%$$

2)相对扩展不确定度的计算

确定扩展不确定度时取包含因子为：$k=2$，则 $U_r=k\times u_c=14.2\%$。取两位有效数字，则相对扩展不确定度表示为：$U_r=15\%$，$k=2$。

3)测量不确定度报告

本装置的相对扩展不确定度：$U_r = 15\%$，$k=2$。从本标准装置不确定的评定可以看出，采用此标准装置的不确定度主要为：①标准紫外照度计溯源的不确定度，寄希望于上一级计量标准从测量方法、测量装置上有进一步的提高；②光源的稳定性以及不均匀性带来的不确定度较大，需要进一步提高光源的性能或者寻求新的校准方法。校准装置不确定度所做的评估分析，对今后相关检测部门开展紫外辐射照度计的检测与校准工作中不确定度的评定和研制新的紫外辐射照度标准装置具有一定的参考和指导意义。

以上介绍的测量不确定度在材料计量中应用，可以推广到其他计量如温度计量、无线电计量、电离辐射计量、化学计量等领域。

5.3.3 测量不确定度评定材料理化检验中的应用

1. 电感耦合等离子光谱法氧化钆中钇含量测量不确定度评定

磁性材料产业在国民经济中的地位举足轻重，烧结钕铁硼磁体为稀土高新技术产品之首，是现代信息产业的基础之一。在计量领域，不确定度的评定已是常态。稀土检测起步较晚，以企业送检氧化钆粉末为样本，就稀土行业中常用的 ICP-OES 法检测稀土原料中杂质的化学分析方法进行不确定度评价，分析各种影响因素，计算最终的相对扩展不确定度。

1)检测原理

参考国家标准 GB/T 18115.7—2006《稀土金属及其氧化物中稀土杂质化学分析方法　钆中镧、铈、镨、钕、钐、铕、铽、镝、钬、铒、铥、镱、镥和钇量的测定》，采用“方法 1 电感耦合等离子体光谱法”测定氧化钆中氧化钇的含量，试样以盐酸溶解，在稀盐酸介质中，直接以氩等离子体光源激发，进行光谱测定，以基体匹配法校正基体对测定的影响。元素钇(Y)的分析波长为 371.030 nm。

试验条件：盐酸(国药集团，优级纯)；超纯水(自制，密理博，一级水，电阻率 18.2 MΩ · cm，25 ℃)；氧化钆(江阴加华，99.999%)；钇标准溶液(钢铁研究总院，1 000 mg/L，GSBG 62032-90，扩展不确定度 $U=4$ μg/mL，包含因子 $k=2$)；ULTIMA2 电感耦合等离子体发射光谱仪，日本 HORIBA。

试料：称取 0.500 g 试样，精确至 0.000 1 g。将试料置于 100 mL 烧杯中，加入 10 mL 水，加 10 mL(1∶1)盐酸，低温加热至溶解完全，冷却至室温，移入 100 mL 容量瓶中用水稀释至刻度，混匀，待用。

2)标准系列溶液的配制

将氧化钆基体溶液和钇标准溶液按表 5.4 分别移入 6 个 100 mL 容量瓶中，并加入 8 mL(1∶1)盐酸，以水稀释至刻度并混匀，制得标准系列溶液，待用。

表 5.4　标准系列溶液配制表(质量浓度，以氧化物计)　　单位：μg/mL

标液标号	氧化钆	氧化钇	标液标号	氧化钆	氧化钇
1	5 000	0	4	5 000	0.5
2	5 000	0.02	5	5 000	1
3	5 000	0.2	6	5 000	10

以钇含量为横坐标，信号响应强度为纵坐标，绘制标准曲线。

3)数学模型

待测样品中相应元素含量的质量分数按下式计算：

$$W(x)=\frac{c\times V\times 10^{-1}}{k\times m}\times 100\%$$

式中 c——试样消化液浓度，μg/mL；

m——试样质量，g；

V——试样定容体积，mL；

k——单质与氧化物换算系数。计算结果保留 2 位有效数字。

4)不确定度来源

数学模型的测量不确定度来自以下方面：①测量结果重复性的相对不确定度，②标准溶液配制过程中的相对不确定度，③标准曲线拟合的相对不确定度，④试样称量时的相对不确定度，⑤定容时的相对不确定度。

5)测量结果及其不确定度评定

(1)测量结果重复性的相对不确定度 $u(W)$。

由光谱仪重复测量 10 次，结果为 0.027 9，0.027 8，0.027 6，0.027 8，0.027 9，0.028 1，0.027 7，0.027 8，0.027 5，0.028 2。

算术平均值： $$\bar{W}=\frac{1}{n}\sum W_i=0.027\ 83$$

标准偏差： $$s=\sqrt{\frac{\sum(W_i-\bar{W})^2}{n-1}}=2.11\times 10^{-4}$$

实际测量时，在重复性条件下连续测量 3 次，以这 3 次测量算术平均值为测量结果，$n=3$，所以其相对不确定度为：

$$u(W)=\frac{s}{W\sqrt{n}}=0.438\%$$

(2) 标准溶液配制过程中的相对不确定度 $u(c_1)$。

①标准溶液的相对不确定度 $u(c_{11})$：标准溶液的相对不确定度是电感耦合等离子体发射光谱仪的误差来源之一，直接影响测量结果的准确度，标准样品的不确定度通常由标准样品证书给出，钢铁研究总院标准样品证书上给出的标准值为 1 000 μg/mL，扩展不确定度为 $U=4$ μg /mL，包含因子 $k=2$，所以其相对不确定度为：

$$u(c_{11})=\frac{4}{2\times 1\ 000}\times 100\%=0.2\%$$

②标准储备液配制的相对不确定度 $u(c_{12})$：

使用 1 mL 的移液枪($U=0.002$ mL，$k=2$)分别移取 1.0 mL 的标准溶液于 100 mL 的容量瓶($U=0.04$ mL，$k=2$)中，配合基体溶液，用超纯水定容至刻度，得到 10 μg /mL 的标准溶液，其相对不确定度为

$$u(c_{12})=\sqrt{\left(\frac{0.002}{2\times 1.0}\right)^2+\left(\frac{0.04}{2\times 100}\right)^2}\times 100\%=0.102\%$$

③标准工作溶液稀释配制的相对不确定度 $u(c_{13})$：

使用 5 mL 的移液枪(U=0.017 mL,k=2)移取 5.0 mL 的 10 μg/mL 的标准溶液于 50 mL 的容量瓶(U=0.03 mL,k=2)中,配合基体溶液,用超纯水定容至刻度,得到 1.0 μg/mL 的标准溶液。使用 5 mL 的移液枪(U=0.017 mL,k=2)分别移取 5.0 mL 和 2.0 mL 的 10 μg/mL 的标准溶液于 100 mL 的容量瓶(U=0.04 mL,k=2)中,配合基体溶液,用超纯水定容至刻度,分别得到 0.5 μg/mL 和 0.2 μg/mL 的标准溶液,其相对不确定度较大的为 0.2 μg/mL 的标准溶液:

$$u(c_{13})=\sqrt{\left(\frac{0.017}{2\times 2.0}\right)^2+\left(\frac{0.04}{2\times 100}\right)^2}\times 100\%=0.425\%$$

④标准工作溶液进一步稀释配制的相对不确定度 $u(c_{14})$:

使用 5 mL 的移液枪(U=0.017 mL,k=2)移取 2.0 mL 的 1.0 μg/mL 的标准溶液于 100 mL 的容量瓶(U=0.04 mL,k=2)中,配合基体溶液,用超纯水定容至刻度,得到 0.02 μg/mL 的标准溶液,其相对不确定度为:

$$u(c_{14})=\sqrt{\left(\frac{0.017}{2\times 2.0}\right)^2+\left(\frac{0.04}{2\times 100}\right)^2}\times 100\%=0.425\%$$

⑤标准溶液配制过程中的相对不确定度:

$$u(c_1)=\sqrt{u(c_{11})^2+u(c_{12})^2+u(c_{13})^2+u(c_{14})^2}=0.642\%$$

(3)标准曲线拟合的相对不确定度 $u(c_2)$

采用稀释配制的标准工作溶液测定相应光谱强度(I),结果如表 5.5 所示。

表 5.5 标准溶液浓度与光谱强度

标液浓度 c_i(ug/mL)	光谱强度 I_{CPS}			光谱强度平均值 $\bar{I}$
0	10 786.43	11 638.04	11 423.68	11 282.72
0.02	18 345.24	18 753.65	18 537.34	18 545.41
0.2	41 035.43	40 786.06	40 837.27	40 886.25
0.5	91 435.16	89 867.74	90 786.65	90 696.52
1	145 835.67	147 524.19	146 517.28	146 625.71
10	1 301 453.31	1 298 755.30	1 298 773.58	1 299 660.74

根据以上数据,以最小二乘法拟合直线方程:

$$I=128\,279.37c+17\,377.18=a+bc,\quad a=17\,377.18,\quad b=128\,279.37$$

$$R^2=0.999\,90$$

由标准溶液线性拟合引入的相对不确定度计算如下:

$$u(c_2)=\frac{\dfrac{S_R}{b}\sqrt{\dfrac{1}{P}+\dfrac{1}{n}+\dfrac{(c-\bar{c})^2}{\sum(c_i-\bar{c})^2}}}{c}\times 100\%$$

其中:

$$S_R=\sqrt{\frac{\sum[I_i-(a+bc_i)]^2}{n-2}}$$

式中 n——标准曲线的溶液测量次数，$n=6\times3=18$；

I_i——实测光谱强度值；

c_i——6个标准溶液的浓度值；

P——待测样品测量次数10；

c——待测样品实测溶液浓度，1.391 μg/mL；

$\bar{c}$——标准曲线溶液平均浓度，1.953 μg/mL；

S_R——工作曲线的标准偏差。

把前面相应数据代入相对不确定度计算公式计算可得：

$$u(c_2)=1.104\%,\ S_R=4\ 971.94$$

(4)试样称量时的相对不确定度 $u(m)$

样品称样量为0.5 g，用万分之一电子天平称量，天平的检定不确定度为0.2 mg，变动性小于0.2 mg，包含因子 $k=2$，相对不确定度：

$$u(m)\frac{\sqrt{\left(\frac{0.2}{2}\right)^2+0.2^2}}{500}=0.044\%$$

(5)定容时产生的相对不确定度 $u(V)$

根据JJG196—2006《常用玻璃量器检定规程》可知，A级100 mL容量瓶的最大允许误差为 $\Delta=\pm0.10$ mL，符合三角分布，$k=\sqrt{6}$，其允许误差引起的不确定度为：

$$u(V_1)=\frac{0.01}{\sqrt{6}}=0.04(\text{mL})$$

根据检定规程要求，检定或校准容量瓶是在20℃条件下进行的，而实际实验操作条件为(20±2)℃，水的膨胀系数为 2.1×10^{-4}/℃，因此产生的体积变化为 $\Delta V=\pm(100\times2\times2.1\times10^{-4})\text{mL}=\pm0.042$ mL，符合均匀分布，$k=\sqrt{3}$，其不确定度为：

$$u(V_2)=\frac{0.042}{\sqrt{3}}=0.025(\text{mL})$$

所以定容时产生的相对不确定度为：

$$u(V)=\frac{\sqrt{[u(V_1)]^2+[u(V_2)]^2}}{100}=0.047\%$$

归纳不确定度来源，相对合成不确定度：

$$u=\sqrt{(u(W))^2+(u(c_1))^2+(u(c_2))^2+(u(m))^2+(u(V))^2}=1.35\%$$

包含因子 k 取2，包含概率 $P=95\%$，相对扩展不确定度：

$$U=k\cdot u=2.7\%$$

通过电感耦合等离子体光谱法测定氧化钆中氧化钇的含量，其测试结果为0.027 8%，相对扩展不确定度为($U=2.7\ \%$，$k=2$)。通过对一系列不确定度分量的分析计算可得，标准曲线拟合时引入的相对不确定度分量最大，$u(c_2)=1.104\%$。结果的计算对广大检测工作者具有一定的借鉴意义，在实际操作中可根据样品浓度适当调整标准溶液浓度范围，从而减小标准曲线浓度跨度范围，通过提高线性来减小标准曲线拟合的不确定度分量。同时，提高电感耦合等离子体光谱仪的工作稳定性，通过降低平行测试的相对标准偏差来减小测量结果重复性带来的不确定度分量。在对标准溶液进行逐级稀释配制时，减少稀释次数同样可以降低相应不确定度分量的影响。

2. 烧结钕铁硼剩磁测量值的不确定度的评定

磁性参数是衡量永磁材料磁性能的重要指标之一。永磁材料生产企业和测试机构都会对磁性参数进行测量，以判别该产品质量的优劣，并指导材料的研发以及企业生产选材和制订生产工艺。为了提高测量的准确性，有必要对影响测量的因素以及测量结果的不确定度进行分析和评定。

1)试验依据及试验方法

按照标准依据 GB/T 3217—2013《永磁(硬磁)材料　磁性试验方法》的要求进行。检测了烧结钕铁硼样品的剩磁 B_r，并结合技术规范 JJF 1059.1—2012《测量不确定度评定与表示》评定了测量结果的不确定度。试验环境条件：温度为(20±2)℃。采用的测量设备为 NIM-2000 磁性材料精密测量装置。

2)数学模型

剩磁是指从材料饱和状态出发，单调地变化磁场强度而得到的剩余磁通密度值。考虑测试系统和测试温度的波动对测量结果的影响，由于温度影响很小，可不考虑。剩磁 B_r 的数学模型可表为：

$$\Delta\vec{B}_r=\vec{B}_r-\vec{\bar{B}}_r$$

式中　$\vec{\bar{B}}_r$——剩磁的测量平均值；

$\vec{B}_r$——剩磁的测量值。

3)不确定度来源

(1)由测量重复性引入的不确定度分量 U_1(A 类)；

测量重复性引入的不确定度的评定为获得重复性测量引入的不确定度，采用 NIM-2000 磁性材料精密测量装置对样品重复测量 10 次，所得数据为 1.389、1.389、1.380、1.378、1.386、1.392、1.385、1.384、1.379、1.384，剩磁的测量平均值 $\vec{\bar{B}}_r=1.384\ 6$，标准差 $s=0.004\ 62$，不确定度分量 $U_1=0.004\ 62$。

(2)磁性材料精密测量装置的分辨率引起的不确定度分量 U_2(B 类)

NIM-2000 磁性材料精密测量装置测量误差为±0.01，在±0.01 区间可认为呈均匀分布，包含因子 $k=\sqrt{3}$，则磁性材料精密测量装置的分辨率引起的不确定度分量 $U_2=\frac{0.01}{\sqrt{3}}=0.005\ 7$。

(3)磁性材料精密测量装置的示值误差引起的不确定度分量 U_3(B 类)

NIM-2000 磁性材料精密测量装置的最小分辨率为 0.001T，不确定度区间为±0.000 5 T，在此区间可认为呈均匀分布，包含因子 $k=\sqrt{3}$，则磁性材料精密测量装置的示值误差引起的不确定度分量 $U_3=\frac{0.005}{\sqrt{3}}=0.000\ 29$。

①合成标准不确定度：

$$U_C=\sqrt{(U_1)^2+(U_2)^2+(U_3)^2}=0.0074$$

②扩展不确定度，取包含因子 $k=2$，则扩展不确定度：

$$U=k\times U_c=0.0148$$

③测量不确定度结果。剩磁测量结果为：(1.384 6± 0.007 4)T，$k=2$，$p=95\%$。

3. 扫描电镜微米级长度测量实验中不确定度的评定

测量依据：GB/T 16594—2008 微米级长度的扫描电镜测量方法。

环境条件：温度(20± 5)℃，相对湿度<60%；被测对象：Sic 纤维；测量过程：用冷场发射扫描电镜 HITACHI S- 4800 自动测量被检 Sic 纤维直径，测量 10 次，10 次示值的平均值为被测 Sic 纤维直径大小。

1)数学模型

$$\Delta l=l-\bar{l}$$

式中　l——测量结果，μm；

$\bar{l}$——测量平均值，μm；

Δl——示值误差，μm。

灵敏系数：

$$c_1=\frac{\partial l}{\partial \bar{l}}=1,c_2=\frac{\partial l}{\partial \Delta l}=1$$

2)不确定度的评定与计算

不确定度来源：直径测量的不确定因素主要包括两方面，扫描电镜的测量不重复性和扫描电镜示值误差。

3)输入量 $\bar{l}$ 的标准不确定度 $u(\bar{l})$ 的评定

输入量 $\bar{l}$ 的不确定度来源主要是扫描电镜长度的测量不重复性，可以通过连续测量得到测量列，采用 A 类方法进行评定。

对一根 SiC 纤维，重复性条件下连续测量 10 次，得到测量列：12.1，12.2，12.0，12.1，12.2，12.0，12.0，12.1，12.2，12.1(单位 μm)。

平均值：$\bar{l}=12.08$ μm；单次实验标准差：$s(\bar{l})=0.083$ μm。

取 6 根 Sic 纤维，分别测量其直径长度，各在重复性条件下连续测量 10 次，共得到 6 组测量列，每组测量列分别按上述方法计算得到单次实验标准差如表 5.6 所示。

表 5.6　6 组实验标准差计算结果　(单位：μm)

s_1	s_2	s_3	s_4	s_5	s_6
0.083	0.081	0.083	0.088	0.081	0.076

合并样本标准差：

$$s_P=\sqrt{\frac{1}{m}\sum_{j=1}^{m}s_j^2}=0.082\ (\mu\text{m})$$

实际测量时，在重复性条件下连续测量 10 次，以 10 次测量算术平均值作为测量结果，则可得到输入量 $\bar{l}$ 的标准不确定度 $u(\bar{l})$：

$$u(\bar{l})=\frac{s_P}{\sqrt{10}}=0.026(\mu m)$$

自由度：
$$\nu_l=\sum_{j=1}^{m}\nu_{1j}=6\times(10-1)=54$$

4)示值误差的不确定度的评定

扫描长度示值误差采用B类方法进行评定。说明书未说明置信概率及其他信息，故按均匀分布考虑，取 $k=3$。扫描电镜S-4800微米级长度测量的相对允许误差为±1%，则绝对允许误差为：$a=12.08\times0.1\%=1.121(\mu m)$，不确定度为 $u(\Delta l)=\frac{a}{k}=0.070(\mu m)$，自由度 ν_2 为12。

5)合成标准不确定度及有效自由度的计算

合成标准不确定度：

$$u_c=\sqrt{[u(l)]^2+[u(\Delta l)]^2}=\sqrt{0.026^2+0.070^2}=0.075(\mu m)$$

合成标准不确定度的有效自由度：

$$\nu_{eff}=\frac{0.074}{\frac{0.026}{54}+\frac{0.070}{12}}\approx 12$$

6)扩展不确定度的评定

取置信概率 $p=95\%$，查 t 分布表得：$t_P=2.12$。

扩展不确定度为：

$$U_{95}=2.12\times0.075=0.16(\mu m)$$

7)测量不确定度的表示

扫描电镜微米级长度测量的扩展不确定度为：

$$l=12.08\ \mu m;\quad U_{95}=0.16\ \mu m,\quad k=2.12$$

5.4 功能材料计量的应用实例

5.4.1 碳纤维及其复合材料的计量

将计量学融入碳纤维及其复合材料全寿命周期（产品研发、设计、生产、检测、使用、回收全过程），开展计量测试服务对提高碳纤维性能，提升产业核心竞争力，推动碳纤维军工、民用应用领域产业发展具有极其重要的意义。

1. 研发设计阶段

国内目前91%以上的碳纤维制造集中在聚丙烯腈(PAN)碳纤维及其复合材料产业，包括：碳纤维制造、碳纤维复合材料制造、碳纤维及其复合材料生产设备制造、碳纤维及其复合材料原辅料制造四大领域，涵盖从设计、制造、检测到应用全产业链。为此在研发设计阶段就要考虑产品技术指标的计量总体要求。这就需要计量检测机构参与到设计阶段的工作中，密切配合设计方案，实现关键参数、关键工序的测量与控制，确保设计的可靠性、可计量性。碳纤维及其复合材料生产设备设计阶段重点关注的计量参数有：①热学类参数：碳纤维及复合材料加工工艺高温测量(100～1 000 ℃)、碳纤维碳化石墨炉超高温测量(1 000～3 000 ℃)、循环利用温度测量等;②几何学类参数:长度、直径、角度、位移、平行度、垂直度、同轴度、同心度、粗糙度等;③力学类参数:反应釜扭矩力、真空压力、牵引力、喷丝压力、脉动值等;④化学类参数:纺丝液聚合度、黏度、浓度、pH值、电导率值、污染物排放值等。

2. 生产阶段

在生产阶段中,碳纤维的生产(即聚合成丝及碳化过程)工艺长、影响质量的控制点多,是碳纤维及其复合材料整体性能高低的关键,这一阶段的计量服务十分重要。在此阶段,除碳纤维及其复合材料生产设备应严格按研发设计图纸进行制造、碳纤维及其复合材料原辅料应按配方研发设计严格计量外,更需要针对性地开展实现碳纤维生产线的关键工艺参数在线、动态、精密测量等计量服务。

(1)原、辅料检测

对原、辅料实行精密检测,如,丙烯腈、衣康酸、二甲基亚砜等原辅料各自的酸度、浓度、固含量、环氧值、表面张力、粒径等参数的测量。

(2)碳纤维及其复合材料生产设备检测

碳纤维及其复合材料生产设备生产过程使用的三坐标测量机、数控机床、几何量测量仪器,主要包括直径、角度、圆度、平行度、垂直度、同轴度、粗糙度、外轮廓尺寸、内轮廓尺寸等参数的测量。

(3)碳纤维及其复合材料生产过程检测

碳纤维及其复合材料生产过程检测主要是在线检测,包括:①接触式检测,如纺丝液聚合黏度测量、二甲基亚砜浓度测量等;②非接触式检测,如反应器(氧化炉、高温炉)温度场、风场测量等;③快速检测,如喷丝板孔径尺寸(洁净度)快速检测等;④生产线上传感器及仪表在线检测,如温度传感器、压力传感器及二次仪表等检测;⑤动态检测,如纺丝牵伸、水洗工序的张力场检测等;⑥在线校准,如碳化炉中废气检测的氧分析仪在线实时校准等。

(4)碳纤维及其复合材料产品检测

为确保碳纤维复合材料在应用领域的最终产品使用性能,对产品进行专业检测,需要全面开展计量服务,主要包括:①碳纤维原丝检测,如分子量分布、强度、模量、纤维度、结晶度、取向度、热失重量、玻璃化转变温度、碱金属含量等;②碳纤维检测,如单纤维直径、线密度、体密度、膨胀系数、灰分量等;③碳纤维复合材料检测,如拉伸强度、拉伸模量、压缩强度、压缩模量、弯曲强度、弯曲模量、剪切强度、剪切模量等。

3. 使用阶段

使用阶段的检测一般在碳纤维材料应用领域的检测机构进行,如大飞机上使用的碳纤维材料制作的机翼,模拟其实际使用空间环境进行力学和耐疲劳测试评价。计量机构也应根据需要和整体分工积极参与进去,为使用碳纤维材料的产品检测(如力性能检测、防爆检测、耐疲劳检测、耐温性能检测等)提供计量技术支持。

4. 报废、回收阶段

当使用碳纤维材料的产品需要报废时,碳纤维级复合材料计量可为分类、分部位性能评价以及安全环保类检测等提供计量服务,提高利用率,降低环境污染。同时将计量服务引入碳纤维基体(如:热塑性树脂等)和界面结合的相关研究中,提高碳纤维回收利用率。

5.4.2 磁性材料的计量

磁性材料的生产、应用和磁性测量具有互为依存的关系，磁性材料性能要求的提高依赖于磁性计量技术的进步。我国磁性材料产业发展存在的问题，无论是研发和产业组织问题，还是专利和标准问题，归根结底都与磁性材料的生产工艺流程控制有关。磁性材料在生产工艺流程的关键领域和关键参数中存在大量检定、校准和检测的计量需求。

下面以钕铁硼磁材的烧结法工艺流程为例进行说明，其他类型的磁材工艺流程与之大同小异，工艺的关键领域和关键参数可以相互借鉴。

1. 钕铁硼磁性材料烧结法工艺流程

工艺流程主要包括以下 12 个环节：原材料准备(原材料成分分析、设计、配料与称料)→熔炼→速凝铸片→破碎→制粉→混料→磁场取向与压型→烧结→回火→机械加工(磨、切、削)→表面处理(电镀)→成品质检(含充磁、包装)。

2. 钕铁硼磁材生产的关键领域和关键参数

要生产出高品质并且性状稳定的钕铁硼磁材产品，从其工艺流程的过程控制中分析主要包含以下几个关键领域。

(1)原材料配料

制造高档烧结钕铁硼永磁体，一般要求稀土金属总含量达到 99.5%以上。因此，需要通过运用特殊的计量器具(如电感耦合等离子发射光谱仪)对原材料纯度、杂质进行确定。这一步是整个工艺流程的前提。

(2)熔炼

必须保证配制好的各种金属完全熔化，形成均匀熔融的液体，而这些金属熔点很高(如钕的熔点高达 2 450 ℃)又极易氧化，因此如何确保高温和高真空度的熔炼环境是一个难点。

(3)速凝铸片(快淬工艺)

这是获得高性能烧结钕铁硼永磁材料的关键环节，通过准确的冷却速度得到正确的合金成分设计和良好的铸锭微结构，使磁体成分结构尽可能接近 $Nd_2Fe_{14}B$ 成分(即钕铁硼比例接近 2∶14∶1)，富 Nd 相分散均匀，基本不存在 α-Fe 相，产品性能稳定。

(4)制粉

要确保破碎过的物料在制粉阶段达到(3～4)μm 的颗粒尺寸，并且此尺寸的颗粒比例要求要达到 95%。磁粉要求颗粒小且分布窄，同时颗粒形状要尽量呈球形，制粉过程也要在高纯氮气的保护下防止被氧化。

(5)烧结与回火

通过烧结提高磁粉压坯的密度，改善磁体的显微组织特征，通过两次回火使富稀土金属相薄层的界面更加清晰光滑连续，提高矫顽力。这个过程的难点是烧结和两次回火的温度控制，以及回火的真空或高纯氮气保护状态。

(6)成品质检

成品质检主要是磁性比较检测、磁热稳定性和表面防腐蚀性能测试。难点在于规格过大和过小磁材的检测、磁性能精密测量，以及表面防护镀层结合力与厚度的测量。

综上所述几个关键领域中的主要关键参数依次为：稀土原料纯度（Nd/Fe/B 等稀土元素的含量及比例）、超高温温度、氮气纯度、含氧量、真空度、磁粉粒径、磁化曲线、矫顽力、居里温度、密度等关键参数。

3. 磁性材料关键领域中关键参数的计量需求

以上工艺过程中这些关键参数全部可以转化为对计量的需求。归纳一下主要涉及五大类计量指标：①理化量（主要是 Nd/Fe/B 等稀土元素的含量及比例、氮气纯度、含氧量）。②温度量（主要是超高温温度、居里温度）。③力学量（主要是真空度、密度）。④几何量（主要是磁粉粒径、镀层厚度）。⑤电磁量（主要是磁化曲线、矫顽力等磁性能指标）。

这五大类计量指标涉及的计量需求突出地体现在 3 个方面：一是磁材的在线生产过程中需要对这些指标进行计量监控；二是涉及这些指标的专用计量仪器设备需要进行检定和校准；三是这些指标涉及的有关具体物质需建立或完善相应标准以备量值溯源的需要。

计量测试技术在磁性材料产业发展中的主要作用体现在以下几个方面：①通过关键参数的实时在线计量，满足磁材工艺流程中这些参数动态量、连续量、极端量的过程控制需求。在工艺过程控制中按照优质磁材生产的标准要求，对炉内高温温度及分布、氧含量、氮气纯度、真空度、磁粉粒径等关键参数进行在线计量监控，确保这些关键指标在连续量、动态量和极端量上满足要求，以提高磁材成品的成品率和性能稳定性。②制定和完善磁性材料产业专用计量仪器的检定规程和校准规范，保障产业发展中关键参数的准确性。目前在磁性材料领域应用广泛的专用计量仪器设备，如加速老化试验箱、盐雾试验箱、含水率测量仪、金相分析仪等都缺乏相应的检定规程和校准规范，应抓紧制定和完善这些规程和规范，在进行磁材性能测试过程中保障数据的准确性。③建立和完善磁性材料关键参数的计量标准，提高产业关键参数的量值传递能力。磁性材料产业专用设备如真空计、X 射线荧光镀层测厚仪、永磁磁性能测试仪、特斯拉计等计量设备数量较少，计量需求相对较低，量值传递覆盖率低的情况严重。因此需要建立和完善磁材产业专用的计量标准，填补空白，提高产业量值传递的能力和覆盖率。④针对磁性材料产业技术瓶颈，提升关键参数计量能力，增强产业核心竞争力。当前磁性材料产业的技术瓶颈主要是部分关键参数的在线测试困难。烧结法钕铁硼永磁的技术瓶颈主要表现在物料高温在线测试、真空度在线控制、磁粉粒径在线测试、气体成分在线分析等方面。通过计量测试技术的科技创新，研制和运用满足这些在线测试要求的专用计量测试系统，必将提高磁性材料产业的核心竞争力。

5.4.3　太阳能电池及其产业计量

各个国家，尤其是发达国家越来越重视包括太阳能等各种可再生能源的开发利用，根据欧洲委员会下属的联合研究中心 JRC 的预测，太阳能光伏发电在不远的将来会成为世界能源供应的主体，到 2030 年，太阳能光伏发电在世界总电力的供应中将达到 10% 以上；2040 年将占 20%以上；到 21 世纪末将占到 60%以上，显示出其未来的重要战略地位。

我国光伏产业虽然取得了大发展，但也存在着光伏制造关键工艺技术研发和基础理论不足、研究不足、创新能力不足、检测手段落后、核心竞争力与国际水平仍有差距等问题。太阳能电池产品的成品率、转换效率等晶硅太阳能电池生产厂的核心技术，成了支撑太阳能电池光伏企业维持生存、谋求利润和发展的生命线。晶硅太阳能电池的转换效率更是产品定价的依据。因此，太阳能电池产品技术指标的计量检测需求越来越多。

晶硅太阳能电池产业从晶硅铸锭、硅片、光伏电池片、光伏电池组件的生产到系统安装的整个光伏行业产业链都需要检测和计量。

光伏产业计量测试项目结合光伏产业的产品技术特征、企业分类特征划分为 6 个部分，分别是：①太阳能电池原材料；②太阳能电池；③太阳能电池组件；④太阳能电池阵列（方阵）；⑤太阳能光伏发电系统；⑥太阳能电池辅助材料。以上各个部分需要计量测试的服务涵盖计量的多个专业领域，如太阳能电池原材料涵盖化学、几何量和电学；太阳能电池/组件生产线参数检测和产品检验涵盖温度、压力、流量、重量和化学、电学、光学及光电转换效率；太阳能电池阵列和光伏电站涵盖力学、光学、电学以及电能汇集控制，电能逆变上网的质量监测和调控，联网电能的双向计量，电气运行安全监测等。

硅材料需检测电阻率、型号、翘曲度、隐裂、位错、氧碳含量等指标。

太阳能电池组件的作用是将太阳的光能转化为直流电输出。其直流电汇入蓄电池后或是直接或是经过逆变供用电器使用，也可经过逆变向电网供电。太阳能电池组件是太阳能发电系统中最重要的部件之一，其转换效率和使用寿命是确定太阳电池组件是否具有使用价值的决定性因素。转换效率的定义：在标准测试条件下，太阳能电池外部回路上连接最佳负荷时的最大能量转换效率。

$$\eta = P_{m}/P_{in}$$

式中 η——转换效率；

P_{m}——最大功率（峰值功率）；

P_{in}——太阳入射功率。

定义中“标准测试条件下”是指地面用太阳能电池测试标准条件（STC）：①大气质量为 AM1.5 时的太阳光谱分布；②光辐照强度为 1 000 W/m^2；③温度为 25 ℃。注：在 STC 条件下测试的电池功率称为“峰瓦数”。

太阳能电池的测量主要是对尺寸、光电特性参数、电池光电转换效率等进行测量。使用的测量仪器设备有太阳能电池 I-V 特性测量系统、太阳能电池分选机、太阳能模拟器、参考电池/标准电池、少子寿命测试仪、电池片 EL 测试仪、量子效率测量系统等。要进行一系列的计量参数测量与计算，如短路电流 I_{sc}、开路电压 V_{oc}、短路电流密度 J_{sc}、I-V 特性曲线、P-V 曲线、最大功率 P_{max}、最大功率电流 I_{mp}、最大功率电压 V_{mp}、转换效率 η、填充因子 FF、串联电阻 R_{s}、并联电阻 R_{sh}、光强、电池温度、少子寿命、电池裂片、以及 SR 光谱响应、EQE 外量子效率、IQE 内量子效率、IPCE、相对反射率、绝对反射率、相对透射率、绝对透射率等计量参数的测量和计算。

高效率电池组件保证了发电功率充足，且功率输出的稳定性和持久性，电池组件还应当具有防风雨和能够承受高水平的紫外辐射和潮湿环境的性能。电池组件测量的主要参数有转换率、透光率、反射率、光谱响应波长、绝缘电压、边框接地电阻、迎风压强、填充因子、短路电流温度系数、开路电压温度系数、工作温度、抗机械冲击力等，以及组件材料耐辐照、耐负荷、耐老化、耐腐蚀等等的全寿命试验。

测量光伏产品的设备需要计量校准溯源，主要有：太阳模拟器、I-V 特性测量仪、标准级或工作参考级太阳能电池及组件、直接辐射表、总辐射表、紫外老化试验箱、量子效率测量仪等。通过测量光伏产品及校准光伏产品的检测设备，进行数据分析处理，在企业可以控制产品质量，在科研单位可以开展光伏技术的研究，在检测机构可以提供公正准确的数据。随着光伏产业的发展，准确的测量将显得越来越重要。越来越多的光伏企业纷纷注重太阳能电池产品的质量检测。太阳能光伏领域迅速发展的同时，也对光伏仪器设备提出了新的计量需求。为满足进一步分析、研究光伏计量校准和检测的需求，光伏研究机构深入进行光伏计量校准和检测技术的研究，建立我国光伏量值溯源体系，并且与国际光伏量值溯源体系对接，进一步帮助企业提高光伏量值的测量准确度，为提高光伏产品质量，增强中国光伏企业的竞争力，使中国从光伏产业大国成为光伏产业强国。

5.4.4 石墨烯的计量

石墨烯是一种由碳原子组成的经 sp^2 杂化轨道形成六角蜂窝状晶格的二维碳材料。它只有一个碳原子层厚(0.335nm)，是目前世界上已知的最薄的材料。从零维的富勒烯，一维的碳纳米管到二维的石墨烯，后起之秀石墨烯的发现使得碳材料家族更为完整。石墨烯拥有诸多优异的性能，高透光性、高导热系数、低电阻率等突出的性质使得石墨烯在超级电容器、锂离子电池、智能触控、超导纤维、光伏、油墨、生物催化等领域拥有很好的应用前景。

石墨烯所表现出来的优异性能，使得石墨烯产业欣欣向荣。而产业的不断发展则需要先进测量技术的支持。特别是石墨烯产业计量技术的发展有利于获得国际互认测量结果，从而表征还未形成国际统一的标准，并将对石墨烯产业的发展产生不可忽视的影响。目前，石墨烯的计量表征主要集中在缺陷、结构、电学性能、层数、量子霍尔效应等性质的表征，表征技术主要有原子力显微镜(AFM)、扫描隧道显微镜(STM)、拉曼光谱等。

1. 石墨烯缺陷的测量

美国国家标准与技术研究院(NIST)、日本产业技术综合研究所(AIST)、韩国标准和科学研究委员会(KRISS)、英国国家物理实验室(NPL)等专业从事计量表征的研究机构对石墨烯的缺陷进行了深入研究，应用 STM、HR-TEM、AFM、拉曼等表征技术表征了石墨烯中的缺陷形貌。其中来自 NPL 的 Andrew J. Pollard 等用拉曼光谱实现了石墨烯中缺陷的尺寸表征。NIST 已经立项利用扫描隧道显微镜和光谱技术在原子规模上对在石墨烯合成过程中发现的缺陷进行测量以了解石墨烯的电学性质。

2. 石墨烯结构的表征

Gregory M. Rutter 等利用 STM 研究了在 6H-SiC 上外延生长的石墨烯岛。在特定的生长条件下，在 SiC 的缓冲层上发现约 10 nm 厚的单层石墨烯岛。

来自 NPL 的研究者 Andrew J. Pollard、Cristina Giusca、Olga Kazakova 等致力于石墨烯测量技术的研究。他们采用 STN、AFM、EFM、SKPM 等成像技术研究了石墨烯的结构。

Olga Kazakova 和瑞典林雪平大学合作，利用扫描探针显微镜(SKPM)、静电力显微镜(EFM)研究了石墨烯的结构。利用静电力显微镜(EFM)在环境条件下识别出石墨烯的厚度。

3. 石墨烯电学性质的测量

为了更好地了解石墨烯的电子行为，NIST 的科学家们必须在极限环境(超真空、超低温度、高强磁场)中研究石墨烯材料。在这种条件下,石墨烯可以保存几周的时间,并且能级和电子之间的相互作用可以被精确观察到。2010 年,NIST 在前所未有的低温(甚至低于 10mK 或绝对零度的万分之一度)、超真空条件及高磁场强度条件下,构建了世界上最强大最稳定的扫描探针显微镜。科研团队首次使用这个仪器一个原子一个原子地解决了石墨烯电子能量的差异。这个团队的工作也研究了石墨烯的自然物理性能,由于电子随着材料的晶体结构而移动,他们描述了石墨烯的电子能级随着其位置的改变而改变。电子能量的改变方式表明在相邻层电子的相互作用可能发挥了作用。由于石墨烯中的电子移动速度几乎是硅中的 100 倍,石墨烯作为电子材料应用于电子器件引起了人们的普遍关注。NIST 自主开发构建的扫描探针显微镜可确定石墨烯的电学性能是如何改变的。

NPL 利用校准探针技术实现了表面电位和逸出功的精确测量。KPFM 可探查探针与样品间的静电力,从而提供了定量表面电位的方法。通过探针和已知的功能函数,表面电位测量也可以用来描述样本的功能函数。通过以金为探针的较真功能函数,得到了单层和双层石墨烯的逸出功,分别为 4.55eV 和 4.44eV。

Christos Melios 等研究了化学气相沉积法在 4HSiC(0001)基底上得到的石墨烯的表面电位并用拉曼对其进行了表征。在局部范围,KPFM 提供了完整详细的不同厚度的石墨烯的表面电位分布图。

4. 石墨烯量子霍尔效应的测量

对石墨烯量子霍尔效应(QHE)的研究为石墨烯的应用提供了很多优势,并且石墨烯的量子霍尔效应很可能是量子霍尔电阻(QHR)标准的基准。

Tian Shen 等研究了厘米级尺寸(7mm×7mm)的化学沉积法合成的单层石墨烯的量子霍尔效应。具有优良的质量和电学均匀性的大尺寸的石墨烯可以成为有前途的石墨烯及量子霍尔电阻标准。同时还可以促进石墨烯量子霍尔物理实验和石墨烯特殊性质的实际应用的开发。Youngwook Kim 等通过跨导波动测量技术研究了伯纳尔堆积的双层石墨烯的量子霍尔效应。

5. 石墨烯层数的测定方法

石墨烯的层数是决定其各种性质的重要因素之一。石墨烯层数的不同,材料的电子结构会发生显著的变化,性能也会有很大差异。石墨烯的层数是其重要技术指标。主要采用拉曼光谱(Raman)、原子力显微镜(AFM)和透射电子显微镜(TEM)三者或二者相互组合相互验证的手段。Raman 是表征石墨烯层数的一种无损且有效的方法,通过拉曼光谱的形状、宽度和峰位置等信息可以判断样品的层数。AFM 被认为是表征石墨烯结构最有力的工具,可以通过测量样品厚度确定其层数,进而通过厚度数据的计量统计结构确定样品的单层率。TEM 是一种直观的表征石墨烯结构的方式,通过透射电镜观察石墨烯边缘和褶皱处的图像,可以快速简便地估算石墨烯的层数。通过合适的表征方式检测石墨烯的层数,在石墨烯的制备和应用中都具有重要的指导意义。

石墨烯性质的表征测量是石墨烯研究乃至应用中必不可少的重要环节。对性质的表征,不仅可以用来指导石墨烯的合成以得到性质良好的石墨烯,还可以为后续的性能研究和应用开发发挥指导作用。

计量的概念深入到每一个产业。目前国内产业对标准的概念耳熟能详,但是对于计量概念,大部分只停留在检定校准的层面。功能材料计量是最接近产业的、与传统计量有很大区别的新兴计量领域,在国际上也是新兴研究方向。功能材料计量除了设备的检定校准,还有有效测量方法,其成果的表现形式即为标准。通过认证和标准,促进了产业对功能材料计量的深入理解和重视。

【思考题与习题】

1. 简述功能材料及其分类。
2. 简述功能材料计量研究内容及其三要素。
3. 简述功能材料测量仪器设备的计量确认。
4. 简述功能材料形成过程与终端的量值测量与控制。
5. 简述功能材料测量方法与质量控制技术研究。
6. 简述测量不确定度评定与评定步骤。
7. 举例测量不确定度评定在材料计量中的应用。
8. 举例测量不确定度评定在材料理化检验中的应用。
9. 简述功能材料计量的应用实例。

第二篇 质量管理

第6章 质量管理概论

6.1 质量的基本知识

质量是经济发展的战略问题，质量水平的高低，反映了一个企业、一个地区乃至一个国家和民族的素质。质量管理是兴国之道，治国之策。人类社会自从有了生产活动，特别是以交换为目的的商品生产活动，便产生了质量的活动。围绕质量形成全过程的所有管理活动，都可称为质量管理活动。人类通过劳动增加社会物质财富，不仅表现在数量上，更重要的是表现在质量上。质量是构成社会财富的关键内容。从人们衣、食、住、行，到休闲、工作、医疗、环境等均与质量息息相关。优良的产品和服务质量能给人们带来便利和愉快，给企业带来效益和发展，给国家带来繁荣和强大。而劣质的产品和服务会给人们带来烦恼甚至灾难。

6.1.1 质量的概念

质量的概念最初仅用于产品，以后逐渐扩展到服务、过程、体系和组织，以及以上几项的组合。

1. 质量的概念

质量：一组固有特性满足要求的程度。

在理解质量的概念时，应注意以下几个要点：

(1)关于"固有特性"

特性指"可区分的特征"。可以有各种类别的特性，如物的特性(如机械性能)；感官的特性(如：气味、噪声、色彩等)；行为的特性(如礼貌)；时间的特性(如：准时性、可靠性)；人体工效的特性(如生理的特性或有关人身安全的特性)和功能的特性(如飞机的最高速度)。

①特性可以是固有的或赋予的。"固有的"就是指某事或某物中本来就有的，尤其是永久的特性。例如，螺栓的直径、机器的生产率或接通电话的时间等技术特性。

②赋予特性不是固有的，不是某事物中本来就有的，而是完成产品后因不同的要求而对产品所增加的特性，如产品的价格、硬件产品的供货时间和运输要求(如：运输方式)、售后服务要求(如：保修时间)等特性。

③产品的固有特性与赋予特性是相对的，某些产品的赋予特性可能是另一些产品的固有特性，例如：供货时间及运输方式对硬件产品而言，属于赋予特性；但对运输服务而言，就属于固有特性。

(2)关于"要求"

要求指"明示的、通常隐含的或必须履行的需求或期望"。

①"明示的"可以理解为是规定的要求。如在文件中阐明的要求或顾客明确提出的要求。

②"通常隐含的"是指组织、顾客和其他相关方的惯例或一般做法,所考虑的需求或期望是不言而喻的。例如:化妆品对顾客皮肤的保护性等。一般情况下,顾客或相关方的文件(如:标准)中不会对这类要求给出明确的规定,组织应根据自身产品的用途和特性进行识别,并做出规定。

③"必须履行的"是指法律法规要求的或有强制性标准要求的。如食品卫生安全法、GB 8998—2011《音频、视频及类似电子设备 安全要求》等,组织在产品的实现过程中必须执行这类标准。

④要求可以由不同的相关方提出,不同的相关方对同一产品的要求可能是不相同的。例如:对汽车来说,顾客要求美观、舒适、轻便、省油,但社会要求对环境不产生污染。组织在确定产品要求时,应兼顾顾客及相关方的要求。

要求可以是多方面的,当需要特指时,可以采用修饰词表示,如产品要求、质量管理要求、顾客要求等。

从质量的概念中,可以理解到:质量的内涵是由一组固有特性组成,并且这些固有特性是以满足顾客及其他相关方所要求的能力加以表征。质量具有经济性、广义性、时效性和相对性。

①质量的经济性:由于要求汇集了价值的表现,价廉物美实际上是反映人们的价值取向,物有所值,就是质量有经济性的表征。虽然顾客和组织关注质量的角度是不同的,但对经济性的考虑是一样的。高质量意味着最少的投入,获得最大效益的产品。

②质量的广义性:在质量管理体系所涉及的范畴内,组织的相关方对组织的产品、过程或体系都可能提出要求。而产品、过程和体系又都具有固有特性,因此,质量不仅指产品质量,也可指过程和体系的质量。

③质量的时效性:由于组织的顾客和其他相关方对组织和产品、过程和体系的需求和期望是不断变化的,例如,之前被顾客认为质量好的产品会因为顾客要求的提高而不再受到顾客的欢迎。因此,组织应不断地调整对质量的要求。

④质量的相对性:组织的顾客和其他相关方可能对同一产品的功能提出不同的需求;也可能对同一产品的同一功能提出不同的需求;需求不同,质量要求也就不同,只有满足需求的产品才会被认为是质量好的产品。

质量的优劣是满足要求程度的一种体现。它须在同一等级基础上做比较,不能与等级混淆。等级是指对功能用途相同但质量要求不同的产品、过程或体系所做的分类或分级。

2. 与质量相关的概念

(1)组织

组织是指职责、权限和相互关系得到安排的一组人员及设施。例如:公司、集团、商行、社团、研究机构或上述组织的部分或组合。可以这样理解,组织是由两个或两个以上的个人为了实现共同的目标组合而成的有机整体,安排通常是有序的。

(2)过程

过程是指一组将输入转化为输出的相互关联或相互作用的活动。过程由输入、实施活动和输出三个环节组成。过程可包括产品实现过程和产品支持过程。

(3)产品

产品是指“过程的结果”。产品有四种通用的类别:服务(如:商贸、运输);软件(如:计算机程序、字典);硬件(如:发动机机械零件、电视机);流程性材料(如:润滑油)。

许多产品由不同类别的产品构成,服务、软件、硬件或流程性材料的区分取决于其主导成分。例如“汽车”是由硬件(如:汽车齿轮);流程性材料(如:燃料、冷却液、电流);软件(如:发动机控制软件、汽车说明书、驾驶员手册)和服务(如:销售人员所做的操作说明)所组成。

依产品的存在形式,又可将产品分为有形的和无形的。服务通常是无形的,并且是在供方和顾客接触面上至少需要完成一项活动的结果。

软件由信息组成,通常是无形产品并可以方法、论文或程序的形式存在。硬件通常是有形产品,具有计数的特性(可以分离,可以定量计数)。

流程性材料通常是有形产品,具有连续的特性(一般是连续生产,状态可以是液体、气体、粒子线状、块状或板状等)。

(4)顾客

顾客是指接受产品的组织或个人。例如,消费者、委托人、最终使用者、零售商、受益者和采购方。顾客可以是组织内部的或外部的。

(5)体系

体系是指相互关联或相互作用的一组要素。

(6)质量特性

质量特性是指产品、过程或体系与要求有关的固有特性。

质量概念的关键是“满足要求”,这些“要求”必须转化为有指标的特性,作为评价、检验和考核的依据。由于顾客的需求是多种多样的,所以反映产品质量的特性也是多种多样的。它包括:性能、适用性、可信性(可用性、可靠性、维修性)、安全性、环境、经济性和美学性。质量特性有的是能够定量的,有的是不能够定量的,只有定性。实际工作中,在测量时,通常把不定量的特性转换成可以定量的代用质量特性。

产品质量特性有内在特性,如结构、性能、精度、化学成分等;有外在特性,如外观、形状、色泽、气味、包装等;有经济特性,如成本、价格、使用费用、维修时间和费用等;有商业特性,如交货期、保修期等;还有其他方面的特性,如安全、环境、美观等。质量的适用性就是建立在质量特性基础之上的。

服务质量特性是服务产品所具有的内在的特性。有些服务质量特性是顾客可以直接观察或感觉到的,如服务等待时间的长短、服务设施的完好程度、火车的正误点、服务用语的文明程度、服务中噪声的大小等。还有一些反映服务业绩的特性,如酒店财务的差错率、报警器的正常工作率等。一般来说,服务特性可以分为五种类型:可靠性,准确地履行服务承诺的能力;响应性,帮助顾客并迅速提供服务的愿望;保证性,员工具有的知识、礼节以及表达出自信与可信的能力;移情性,设身处地地为顾客着想和对顾客给予特别的关注;有形性,有形的设备、设施、人员和材料。不同的服务对各种特性要求的侧重点会有所不同。

根据对顾客满意的影响程度不同,应对质量特性进行分类管理。常用的质量特性分类方法是将质量特性划分为关键、重要和次要三类,它们分别是:

关键质量特性,是指若超过规定的特性值要求,会直接影响产品安全性或产品整机功能丧失的质量特性。

重要质量特性，是指若超过规定的特性值要求，将造成产品部分功能丧失的质量特性。

次要质量特性，是指若超过规定的特性值要求，暂不影响产品功能，但可能会引起产品功能的逐渐丧失。

6.1.2 质量概念的发展

随着经济的发展和社会的进步，人们对质量的需求不断提高，质量的概念也随着不断深化、发展。具有代表性的质量概念主要有：符合性质量、适用性质量和广义质量。

1. 符合性质量的概念

它以符合现行标准的程度作为衡量依据。符合标准就是合格的产品质量，符合的程度反映了产品质量的一致性。这是长期以来人们对质量的定义，认为产品只要符合标准，就满足顾客需求。规格和标准有先进和落后之分，过去认为是先进的，现在可能是落后的。落后的标准即使百分之百的符合，也不能认为是质量好的产品。同时，规格和标准不可能将顾客的各种需求和期望都规定出来，特别是隐含的需求与期望。

2. 适用性质量的概念

它是以适合顾客需要的程度作为衡量的依据。从使用角度定义产品质量，认为产品的质量就是产品"适用性"，即产品在使用时能成功地满足顾客需要的程度。

适用性的质量概念，要求人们从使用要求和满足程度两个方面去理解质量的实质。

质量从符合性发展到适用性，使人们对质量认识逐渐把顾客的需求放在首位。顾客对消费的产品和服务有不同的需求和期望。这意味着组织需要决定要服务于哪类顾客，是否在合理的前提下每一件事都满足顾客的需要和期望。

3. 广义质量的概念

国际标准化组织总结质量的不同概念加以归纳提炼，并逐渐形成人们公认的名词术语，即质量是一组固有特性满足要求的程度。这一定义的含义是十分广泛的，既反映了要符合标准的要求，也反映了要满足顾客的需要，综合了符合性和适用性的含义。

6.2 质量管理的基本知识

6.2.1 管理概述

管理：指挥和控制组织的协调的活动。管理是在一定环境和条件下通过协调的活动，综合利用组织资源以达到组织目标的过程，是由一系列相互关联、连续进行的活动构成。管理过程包括计划、组织、领导和控制人员与活动。

1. 管理职能

管理的主要职能是计划、组织、领导和控制。

(1)计划确立组织目标，制订实现目标的策略。计划决定组织应该做什么，包括评估组织的资源和环境条件，建立一系列组织目标。而一旦确立了组织目标，管理者必须采取相应的战术实现这些目标，并建立监督运行结果的决策制定过程。

计划有以下三个方面的内容：

①研究活动条件。包括内部能力研究和外部环境研究。

②制订业务决策。是指在活动条件研究基础上，根据这种研究所揭示的环境变化中可能提供的机会或造成的威胁，以及组织在资源拥有和利用上的优势和劣势，确定组织在未来某个时期内宗旨方向和目标，并据此预测环境在未来可能呈现的状态。

③编制行动计划。将决策目标在时间上和空间上分解到组织的各个部门和环节，对每个单位和每个成员的工作提出具体要求。

(2)组织确定组织机构，分配人力资源。组织是决策目标如何实现的一种技巧，这种决策需要建立最合适的组织结构并训练专业人员，组织通信网络。管理者必须建立起与顾客、制造商、销售人员和技术专家之间的沟通渠道。

组织要完成下述工作：

①组织机构和结构设计。

②人员配备，将适当的人员安置在适当的岗位上，从事适当的工作。

③启动并维持组织运转。

④监视运转。

(3)领导激励并管理员工，组建团队。领导是完成组织目标的关键，是利用组织赋予的权力和自身的能力去指挥和影响下属，创造一个使员工充分参与实现组织目标的内部环境的管理过程。包括管理者为实现组织目标对员工的指导和激励，制订一系列计划，采取相应的措施来组织员工努力工作，保持良好的士气。

(4)控制评估执行情况，控制组织的资源。控制是为了保证系统按预定要求运作而进行的一系列工作，包括根据标准及规则，检查监督各部门、各环节的工作，判断是否发生偏差和纠正偏差。控制职能在整个管理活动中起着承上启下的连接作用。

四项管理职能之间的关系从逻辑关系来看，通常是按发生先后顺序，即先计划，继而组织，然后领导，最后控制；从管理过程来看，在控制的同时，往往要编制计划，或对原计划进行修改，并开始新一轮的管理活动；从职能的作用看，计划是前提，组织是保证、领导是关键、控制是手段；四个职能之间是一个相辅相成、密切联系的整体，不能片面地强调某一职能，而否定其他职能作用。

2. 管理层次和技能

(1)管理幅度

管理幅度是指管理者直接领导下属的数量；管理层次是最高管理者到具体执行人员之间的不同管理层次。在管理幅度给定的条件下，管理层次与组织规模的大小成正比，即组织规模越大，成员人数越多，管理层次就越多；在组织规模给定的条件下，管理层次与管理幅度成反比，即管理者直接领导下属的人员越多，组织所需的层次就越少。

有效的管理幅度的大小受到以下几方面因素的影响：

①管理者本身的素质与被管理者的工作能力。

②管理者工作的内容。

③工作环境与工作条件。

(2)管理层次

按层次划分，管理可分为高层管理、中层管理和基层(底层)管理三个层次。

①高层管理者是组织的高级管理者，其主要作用是确立组织的宗旨和目标，规定职责和提供资源。他们主要负责与外部环境联系，如政府、学界、重要顾客或供应商、金融机构等沟通。

②中层管理者负责利用资源以实现高层管理者确立的目标，主要通过在其职权范围内执行计划并监督基层管理人员来完成。

③基层管理者负责日常业务活动，他们通常监督指导作业人员，保证组织正常运转。

(3)组织活动

相应地，组织的活动也有三种：作业活动、战术活动和战略计划活动，分别由基层、中层和高层管理者负责执行。

①作业活动是组织内的日常活动，包括申请与消费资源。基层管理者必须对引起资源需求与消耗的业务过程进行识别、收集、登记和分析。

②组织的战术功能由其中层管理者负责，监督作业活动，保证组织实现目标，节约资源，并确定如何配置企业资源以达到组织目标。

③战略计划活动需要建立组织的长期目标计划，综观全局做出决策。

(4)管理技能

通常情况下，作为一名管理者应具备三个管理技能，即技术技能、人际技能和概念技能。

①技术技能：指具有某一专业领域的技术、知识和经验完成组织活动的能力。

②人际技能：指与处理人事关系有关的技能，即理解激励他人并与他人共事的能力，主要包括领导能力、影响能力和协调能力。

③概念技能：指综观全局，认清为什么要做某事的能力，也就是洞察企业与环境相互影响的复杂性的能力，它包括理解事物相互关联性从而找出关键影响因素的能力，确定与协调各方面关系的能力。

高层管理者尤其需要较强的概念技能；中层管理者更多需要人际技能和概念技能；基础层管理者主要需要技术技能和人际技能，如图6.1所示。

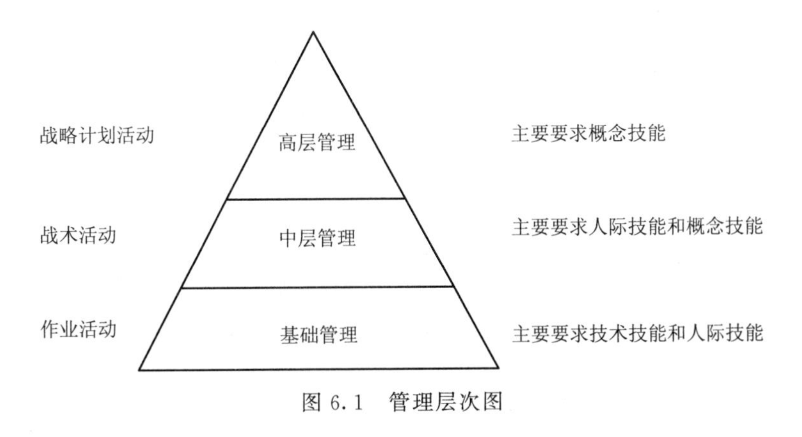

图6.1　管理层次图

6.2.2　质量管理

1. 质量管理的定义

质量管理是指在质量方面指挥和控制组织协调的活动。在质量方面的指挥和控制活动，通常包括制订质量方针、质量目标、质量策划、质量控制、质量保证和质量改进。

上述定义可从以下几个方面来理解：

第一，质量管理是通过建立质量方针和设立质量目标，并为实现规定的质量目标进行质量策划，实施质量控制和质量保证，开展质量改进等活动予以实现的。

第二，组织在整个生产和经营过程中，需要对诸如质量、计划、劳动、人事、设备、财务和环境等各个方面进行有序的管理。由于组织的基本任务是向市场提供符合顾客和其他相关方要求的产品，围绕着产品质量形成的全过程实施质量管理是组织的各项管理的主线。

第三，质量管理涉及组织的各个方面，是否有效地实施质量管理关系到组织的兴衰。组织的最高管理者应正式发布本组织的质量方针，在确立质量目标的基础上，按照质量管理的基本原则，运用管理的系统方法来建立质量管理体系，为实现质量方针和质量目标配备必要的人力和物质资源，开展各项相关的质量活动，这也是各级管理者的职责。所以，组织应采取激励措施激发全体员工积极参与，充分发挥他们的才干和工作热情，造就人人争做贡献的工作环境，确保质量策划、质量控制、质量保证和质量改进活动顺利地进行。

2. 质量方针和质量目标

质量方针是指由组织的最高管理者正式发布的该组织总的质量宗旨和质量方向。质量方针是企业经营总方针的组成部分，是企业管理者对质量的指导思想和承诺。企业最高管理者应确定质量方针并形成文件。

质量方针的基本要求应包括供方的组织目标和顾客的期望和需求，也是供方质量行为的准则。

质量目标是组织在质量方面所追求的目的，是组织质量方针的具体体现，目标既要先进，又要可行，便于实施和检查。

3. 质量策划

质量策划是质量管理的一部分，致力于制订质量目标并规定必要的运行过程和相关资源以实现质量目标。

质量策划幕后关键是制订质量目标并设法使其实现。质量目标是在质量方面所追求的目的，其通常依据组织的质量方针制订。并且通常对组织的相关职能和层次分别规定质量目标。

4. 质量控制

质量控制是质量管理的一部分，致力于满足质量要求。

作为质量管理的一部分，质量控制适用于对组织任何质量的控制，不仅仅限于生产领域，还适用于产品的设计、生产原料的采购、服务的提供、市场营销、人力资源的配置，涉及组织内几乎所有的活动。质量控制的目的是保证质量，满足要求。为此，要解决要求（标准）是什么、如何实现（过程）、需要对哪些进行控制等问题。

质量控制是一个设定标准（根据质量要求）、测量结果，判定是否达到了预期要求，对质量问题采取措施进行补救并防止再发生的过程，质量控制不是检验。在生产前对生产过程进行评审和评价的过程也是质量控制的一个组成部分。总之，质量控制是一个确保生产出来的产品满足要求的过程。例如，为了控制采购过程的质量，采取的控制措施可以有：确定采购文件（规定采购的产品及其质量要求），通过评定选择合格的供货单位，规定对进货质量进行验证的方法,做好相关质量记录的保管并定期进行业绩分析。为了选择合格的供货单位而采用的评定方法可以有:评价候选供货单位的质量管理体系、检验其产品样品、小批试用、考察其业绩等。再如,为了控制生产过程,例如某一工序的质量,可以通过作业指导书规定生产该工序使用的设备、工艺装备、加工方法、检验方法等,对特殊过程或关键工序还可以采取控制图法监视其质量的波动情况。

5. 质量保证

质量保证是质量管理的一部分,它致力于提供满足质量要求应得到的信任。

质量保证定义的关键词是"信任",对达到预期质量要求的能力提供足够的信任。这种信任是在订货前建立起来的,如果顾客对供方没有这种信任则不会与之订货。质量保证不是买到不合格产品以后保修、保换、保退保证质量、满足要求是质量保证的基础和前提,质量管理体系的建立和运行是提供信任的重要手段。因为质量管理体系将所有影响质量的因素,包括技术、管理和人员方面的,都采取了有效的方法进行控制,因而具有减少、消除、特别是预防不合格的机制。

组织规定的质量要求,包括产品的、过程的和体系的要求,必须完全反映顾客的需求,才能给顾客以足够的信任。因此,质量保证要求,即顾客对供方的质量体系要求往往需要证实,以使顾客具有足够的信任。证实的方法可包括:供方的合格声明;提供形成文件的基本证据(如质量手册,第三方的形式检验报告);提供由其他顾客认定的证据;顾客亲自审核;由第三方进行审核;提供经国家认可的认证机构出具的认证证据(如质量体系认证证书或名录)。

质量保证是在有两方的情况下才存在,由一方向另一方提供信任。由于两方的具体情况不同,质量保证分为内部和外部两种,内部质量保证是组织向自己的管理者提供信任;外部质量保证是组织向顾客或其他方提供信任。

6. 质量改进

质量改进是质量管理的一部分,致力于增强满足质量要求的能力。

作为质量管理的一部分,质量改进的目的在于增强组织满足质量要求的能力,由于要求可以是任何方面的,因此,质量改进的对象也可能会涉及组织的质量管理体系,过程和产品,可能会涉及组织的方方面面。同时,由于各方面的要求不同,为确保有效性、效率或可追溯性,组织应注意识别需改进的项目和关键质量要求,考虑改进所需的过程,以增强组织体系或过程实现产品并使其满足要求的能力。

7. 全面质量管理

全面质量管理(total quality management,TQM)的含义可以这样来表述:以质量为中心,以全员参与为基础,目的在于通过让顾客满意和本组织所有者、员工、供方、合作伙伴或社会等相关方受益而达到长期成功的一种管理途径。

该含义有如下要点:

(1)全面质量管理是对一个组织进行管理的途径,对一个组织来说,就是组织管理的一种途径,除了这种途径之外,组织管理还可以有其他的途径。

(2)正是由于全面质量管理讲的是对组织的管理,因此,将质量概念扩充为全部管理目标,即全面质量,可包括提高组织的产品的质量,缩短周期(如生产周期、物资储备周期),降低生产成本等。

(3)全面质量管理的思想,是以全面质量为中心,全员参与为基础,通过对组织活动全过程的管理,追求组织的持久成功,即使顾客、本组织所有者、员工、供方、合作伙伴或社会等相关方持续满意和受益。

全面质量管理的概念最早见于1961年美国通用电气公司质量经理菲根堡姆(A. V. Feigenbaum)发表的《全面质量管理》一书,他指出:"全面质量管理是为了能够在最经济的水平上并考虑到充分满足顾客需求的条件下进行市场研究、设计、生产和服务,把企业各部门的研制质量、维持质量和提高质量的活动构成一体的有效体系。"菲根堡姆首次提出了质量体系问题,提出质量管理的主要任务是建立质量管理体系,这是一个全新的见解,具有划时代的意义。菲根堡姆的思想在日本、美国、欧洲和其他许多国家广泛传播,并在各国的实践中得到了丰富和发展。

6.2.3 质量管理的发展

1. 质量管理发展阶段回顾

20世纪,人类跨入了以加工机械化、经营规模化、资本垄断化为特征的工业化时代。在整整一个世纪中,质量管理的发展,大致经历了三个阶段:

1)质量检验阶段

20世纪初,人们对质量管理的理解还只限于质量的检验。质量检验所使用的手段是各种的检测设备和仪表,方式是严格把关,进行百分之百的检验。期间,美国出现了以泰罗为代表的"科学管理运动"。"科学管理"提出了在人员中进行科学分工的要求,并将计划职能与执行职能分开,中间再加入一个检验环节,以便监督、检查对计划、设计、产品标准等项目的贯彻执行。这就是说,计划设计、生产操作、检查监督各有专人负责,从而产生了一支专职检查队伍,构成了一个专职的检查部门,这样,质量检验机构就被独立出来了。起初,人们非常强调工长在保证质量方面的作用,将质量管理的责任由操作者转移到工长,故被人称为"工长的质量管理"。

后来,这一职能又由工长转移到专职检验人员,由专职检验部门实施质量检验,称为"检验员的质量管理"。

质量检验是在成品中挑出废品,以保证出厂产品质量。但这种事后检验把关,无法在生产过程中起到预防、控制的作用,且百分之百的检验,增加检验费用。在大批量生产的情况下,其弊端就突显出来。

2)统计质量控制阶段

这一阶段的特征是数理统计方法与质量管理的结合。第一次世界大战后期,休哈特将数理统计的原理运用到质量管理中来,并发明了控制图。他认为质量管理不仅要事后检验,而且在发现有废品生产的先兆时就应进行分析改进,从而预防废品的产生。控制图就是运用数理统计原理进行这种预防的工具。因此,控制图的出现,是质量管理从单纯事后检验进入检验加预防阶段的标志,也是形成一门独立学科的开始。第一本正式出版的质量管理科学专著是1931年休哈特的《工业产品质量的经济控制》。在休哈特创造出控制图以后,他的同事美国学者道奇和罗米格在1929年发表了《抽样检查方法》。他们都是最早将数理统计方法引入质量管理的,为质量管理科学做出了贡献。

第二次世界大战开始以后,统计质量管理得到了广泛应用。美国军政部门组织一批专家和工程技术人员,于1941—1942年间先后制定并公布了Z1.1《质量管理指南》、Z1.2《数据分析用控制图法》和Z1.3《生产过程质量管理控制图法》,强制生产武器弹药的厂商推行,并收到了显著效果。从此,统计质量管理的方法得到很多厂商的应用,统计质量管理的效果也得到了广泛的承诺。

第二次世界大战结束后,美国许多企业扩大了生产规模,除原来生产军火的工厂继续推行质量管理方法以外,许多民用工业也纷纷采用这一方法,美国以外的许多国家,也都陆续推行了统计质量管理,并取得了成效。

但是,统计质量管理也存在着缺陷,它过分强调质量控制的统计方法,使人们误认为质量管理就是统计方法,是统计专家的事。在计算机和数理统计软件应用不广泛的情况下,使许多人感到高不可攀、难度大。

3)全面质量管理阶段

20世纪50年代以来,科学技术和工业生产的发展,对质量要求越来越高。要求人们运用"系统工程"的概念,把质量问题作为一个有机整体加以综合分析研究,实施全员、全过程、全企业的管理。60年代在管理理论上出现了"行为科学"学派,主张调动人的积极性,注意人在管理中的作用。随着市场竞争,尤其国际市场竞争的加剧,各国企业都很重视"产品责任"和"质量保证"问题,均加强内部质量管理,确保生产的产品使用安全、可靠。

在上述背景条件下,显然仅仅依赖质量检验和运用统计方法已难以保证和提高产品质量,也不能满足社会进步要求。1961年,菲根堡姆提出了全面质量管理的概念。

所谓全面质量管理,是以质量为中心,以全员参与为基础,旨在通过顾客和所有相关方受益而达到长期成功的一种管理途径。日本在20世纪50年代引进了美国的质量管理方法,并有所发展,最突出的是全面质量管理强调从总经理、技术人员、管理人员到工人,全体人员都参与质量管理。企业对全体职工分层次地进行质量管理知识的教育培训,广泛开展群众性质量管理小组活动,同时创新了一些通俗易懂、便于群众参与的管理方法,并归纳、整理了质量管理的老七种工具(常用七种工具)和新七种工具(补充七种工具),使全面质量管理充实了大量新的内容。质量管理的手段也不再局限于数理统计,而是全面地运用各种管理技术和方法。

全面质量管理以往通常用英文缩写TQC来代表,现在改用TQM来代表。其中"M"是"Management"的缩写,更加突出了"管理"。在一定意义上讲,它已经不再局限于质量职能领域,而演变为一套以质量为中心,综合的、全面的管理方式和管理理念。

发达国家组织运用全面质量管理使产品或服务质量获得迅速提高,引起了世界各国的广泛关注。全面质量管理的观点逐渐在全球范围内获得广泛传播,各国都结合自己的实践有所创新发展。目前举世瞩目的ISO9000族质量管理标准、美国波多里奇奖、欧洲质量奖、日本戴明奖等各种质量奖及卓越经营模式、六西格玛管理模式等,都是以全面质量管理的理论和方法为基础的。

2. 质量管理专家的质量理念

在现代质量管理的实践活动中,质量管理专家中的核心人物发挥了积极的作用,正是这些著名质量管理专家，如戴明、朱兰、石川馨等，使人们对质量及质量管理有了更进一步的认识，对质量管理的发展和进步产生了巨大影响。

1）戴明的质量理念

戴明（W. E. Deming）是美国著名的质量专家之一。第二次世界大战后，他应邀赴日本讲学和咨询，对统计质量管理在日本的普及和深化发挥了巨大的作用。后来他在美国传播了在日本十分有效的质量管理理念。1980 年，在美国全国广播公司（NBC）的名为“日本可以，为什么我们不能”节目播出后，戴明便成为美国在质量方面的著名人物。

戴明的主要观点是引起效率低下和不良质量的原因主要在于公司管理系统而不是员工。他总结出质量管理 14 条原则，认为一个公司要想使其产品达到规定的质量水平必须遵循这些原则。戴明的质量管理 14 条原则是：

（1）建立改进产品和服务的长期目标；

（2）采用新观念；

（3）停止依靠检验来保证质量；

（4）结束仅仅依靠价格选择供应商的做法；

（5）持续地且永无止境地改进生产和服务系统；

（6）采用现代方法开展岗位培训；

（7）发挥主管的指导帮助作用；

（8）排除恐惧；

（9）消除不同部门之间的壁垒；

（10）取消面向一般员工的口号、标语和数字目标；

（11）避免单纯用量化定额和指标评价员工；

（12）消除影响工作完美的障碍；

（13）开展强有力的教育和自我提高活动；

（14）使组织中的每个人都行动起来去实现转变。

2）朱兰的质量理念

像戴明一样，朱兰（J. M. Juran）作为美国的著名质量专家，曾指导过日本质量管理。他在 1951 年出版了《质量控制手册》（Quality Control Handbook），到 1998 年已发行到第五版，改名为《朱兰质量手册》（Juran Quality Handbook）。

（1）朱兰关于质量的观点

朱兰博士认为质量来源于顾客的需求。在《朱兰质量手册》中他对质量的定义是：

①质量是指那些能满足顾客需求，从而使顾客感到满意的“产品特性”。

②质量意味着无缺陷，也就是说没有造成返工、故障、顾客不满意和顾客投诉等现象。

（2）朱兰质量管理三部曲

朱兰博士把质量管理的三个普遍过程，即质量策划、质量控制和质量改进称为构成质量管理的三部曲（即朱兰质量管理三部曲）。

3）石川馨的质量理念

石川馨（Ishikawa Kaori）是日本著名质量管理专家。他是因果图的发明者，日本质量管理小组（QC 小组）的奠基人之一，是将国外先进质量管理理论和方法与本国实践相结合的一位专家。

石川馨认为，质量不仅是指产品质量，从广义上说，质量还指工作质量、部门质量、人的质量、体系质量、公司质量、方针质量等。他认为，全面质量管理（TQC）在日本就是全公司范围内的质量管理。具体内容包括：①所有部门都参加的质量管理，即企业所有部门的人员都学习、参与的质量管理。为此，要对各部门人员进行教育，要"始于教育，终于教育"。②全员参加的质量管理，即企业的经理、董事、部课长、职能人员、工班长、操作人员、推销人员等全体人员都参加质量管理，并进而扩展到外协、流通机构、系列公司。③综合性质量管理，即以质量管理为中心，同时推进成本管理（利润、价格管理）、数量管理（产量、销量、存量）、交货期管理。

他认为在日本推行的质量管理是经营思想的一次革命，其内容可归纳为6项：①质量第一；②面向消费者；③下道工序是顾客；④用数据、事实说话；⑤尊重人的经营；⑥机能管理。

6.3 方针目标管理

6.3.1 方针目标管理的基本知识

1. 方针目标管理的概念

1）方针目标管理

方针目标管理，在日本又称方针管理，在美国及西方国家又称目标管理（management by objective 简称 MBO），我国称为方针目标管理。

方针目标管理是企业为实现以质量为核心的中长期和年度经营方针目标，充分调动职工积极性，通过个体与群体的自我控制与协调，以实现个人目标，从而保证实现共同成就的一种科学管理方法。

这里所说的"个体"是指个人、岗位；"群体"是指企业、部门、分厂（车间）、工段、班组；"自我控制"是指根据目标的要求，调整自己的行为，以促使目标的实现；"共同成就"是指企业目标和部门、车间、班组目标。

2）方针目标管理的特点

作为一种科学管理的方法，方针目标管理具有以下特点：

（1）强调系统管理，层层设定目标，建立目标体系，并且围绕企业方针目标将措施对策、组织机构、职责权限、奖惩办法等组合为一个网络系统，按PDCA（策划—实施—检查—处置）循环原理展开工作，重视管理设计和整体规划，进行综合管理。

（2）强调重点管理，不代替由标准、制度或计划（如生产计划）所规定的业务职能活动，也不代替日常管理，只是重点抓好对企业和部门的发展有重大影响的重点目标、重点措施或事项。其他则纳入按职能划分的日常管理中去。重点目标主要指营销、能耗、效益、安全、质量改进、考核等。

（3）注重措施管理，管理的对象必须细化到实现目标的措施上，而不是停留在空泛的号召上。为此，要切实将目标展开到能采取措施为止，对具体措施实施管理。

(4)注重自我管理,它要求发动广大职工参与方针目标管理的全过程,而不是仅靠少数人的努力。并且还为企业各级各类人员规定了具体而明确的目标,从工人到管理人员都要被目标所管理。同时,又要为完成目标而努力调整自己的行为,实行自我管理。

2. 方针目标管理的原理

方针目标管理的理论依据是行为科学和系统理论。

1943年,西方心理学家马斯洛(A. B. Maslow)在他所写的《调动人的积极性的理论》中提出了人的“需要层次论”,即人的需要可分为:生理需要—安全需要—社会需要—尊重需要—自我实现的需要,并认为西方一些国家的职工,大部分已经满足了生理和安全方面的需要,开始把策动力的重心转移到社会需要、尊重需要、自我实现方面来。如果企业的经营者和管理者不注意满足人们这种比较高级的需要,职工的生产积极性将受到压抑。因此提出,要激励、调动员工的积极性,就必须引导全体职工走向“成就欲”方面。因而要求企业的领导者确定好企业的经营目标,以此来统一全体职工的意志,激发全体职工共同努力。

目标管理是以行为科学中的“激励理论”为基础而产生的。它与泰罗制的科学管理思想相比,是一个很大的进步,主要表现在:从以物为中心转变为以人为中心,从监督管理转变为自主管理,从家长式专制管理转变为民主管理,从纪律约束转变为激励管理。

目标管理的基本原理,就是运用行为科学的激励理论来激发、调动人的积极性,对企业实行系统管理。这就要求,在实施目标管理的全过程中,要牢牢抓住系统管理和调动人的积极性这两条主线。

3. 方针目标管理的作用

方针目标管理在企业管理中的作用主要体现在以下几个方面:

1)是实现企业经营目的、落实经营决策的根本途径

企业方针目标的确定大致经过这样几个环节:第一,要调查企业所处的内外环境,分析面临的发展机会和威胁。第二,要分析企业现状与期望值之间的差距。在弄清经营问题基础上,确定企业中长期经营方针目标。第三,要研究确定实现经营方针目标的可行性方案。

2)是调动职工参加管理积极性的重要手段

方针目标管理的理论基础是系统原理和行为科学;指导思想是从过去的以物的管理为中心转变为以人的管理为中心。企业在推行方针目标管理中,必须以目标来统一全体员工的意志。每个部门、每个成员应根据企业总目标,设立本部门、本岗位的目标,即自我设立目标,实行自我管理,使企业成就和个人成就有机统一起来。因此,方针目标管理制订和实施的过程,就是发动群众参与管理、调动群众的积极性投身管理、依靠群众开展民主管理的过程。

3)是提高企业整体素质的有效措施

方针目标管理通过建立目标管理体系,在规定时期内把企业的力量相对集中起来,为完成当期的企业方针目标进行一系列组织协调和指挥工作;通过全企业自上而下层层保证,形成纵横交织的伞状组织网络;通过PDCA循环,以责、权、利相结合的经济责任制作为考核手段,确保方针目标管理全过程的实现。这样做,使企业各项管理工作有很强的向心力和凝聚力,有利于克服条块分割的现象,使企业经营目标明确、重点突出、措施

具体、进度落实，使管理处于有序的受控状态，实现高效化、系统化和标准化，促使企业的整体素质不断提高。

6.3.2 方针目标管理的实施

企业方针目标管理包括方针目标的制订、展开、动态管理和考评四个环节。

1. 方针目标的制订

1)方针目标制订的要求

(1)企业方针目标是由总方针、目标和措施构成的有机整体。其中，总方针是指企业的导向性要求和目的性方针，实际上往往是企业各类重点目标的归总和概括；目标是指带有激励性的定量化目标值；措施是指对应于目标的具体对策。因此，企业制订的方针目标应包括总方针、目标和措施三个方面，并使其有机统一起来。

(2)企业方针目标的内容较多，可以归结为质量品种、利润效益、成本消耗、产量产值、技术进步、安全环保、职工福利、管理改善等项目，但每一年度方针目标不必把所有项目全部列入，而是根据实际情况选择重点、关键项目作为目标。

(3)目标和目标值应有挑战性，即应略高于现有水平，至少不低于现有水平。

(4)在指导思想上要体现以下原则：长远目标和当前目标并重、社会效益和企业效益并重、发展生产和提高职工福利并重。

2)方针目标制订的依据

企业制订方针目标的依据主要有以下几个方面：

(1)顾客需求和市场状况。

(2)企业对顾客、对公众、对社会的承诺。

(3)国家的法令、法规与政策。

(4)行业竞争对手情况。

(5)社会经济发展动向和有关部门宏观管理要求。

(6)企业中长期发展规划和经营目标。

(7)企业质量方针。

(8)上一年度未实现的目标及存在的问题点。

3)方针目标制订的程序

(1)宣传教育。组织学习、研讨方针目标管理的理论知识和兄弟厂的先进经验，分析企业形势及资源现状，在初步找出问题点的基础上，提出下一年度方针目标的思路；也可结合方针目标管理的当年诊断，在总结成绩和问题的基础上，提出下一年度方针目标的基本设想。

(2)搜集资料，提出报告。由有关部门依照上述要求搜集资料，分别提出专题报告，如经营销售部门提出市场形势和预测的报告，以及竞争对手情况的报告；生产计划部门提出上一年度计划执行情况的报告(应包括存在的问题点)，以及上级指令性或指导性计划的估计值。

(3)确定问题点。一般有两类问题点：一类是未实现规定目标、标准的问题点，例如上一年度方针目标中未完成的部分，制度标准中未执行的条款，如未达到国家法令法规、安全质量监督和行业标准中所规定的事项(例如环保、工业卫生等)的要求等。另一类是对照长期规划、发展需要可能出现的问题点，例如如何适应国内外顾客需要，战胜竞争对手，开拓新产品、新市场中可能出现的问题点。

(4)起草建议草案。由企业最高管理者召集专题讨论会，首先提出下一年度方针目标设想，各专业部门提出具体的目标草案；然后通过论证、分析和协调；最后由归口管理部门起草方针目标建议草案。

(5)组织评议。组织广大职工对方针目标的建议草案进行评论，汲取各方面意见后，修改建议草案。

(6)审议通过。按照决策程序，经过企业的决策机构进行审议后通过并发布。

4)方针目标的修改

当企业面临的主、客观环境产生变化，原来设定的方针目标的条件已部分或全部丧失，导致原定的方针目标、措施或进度无法完成或无法如期完成时，可以修改方针目标或措施。但是这种修改必须遵循一定的程序、并有一定的时间要求，不可带随意性。

2. 方针目标的展开

企业方针目标应通过层层展开将其落到实处，成为部门、车间、班组和全体职工的奋斗目标和行动指南。

3. 方针目标的动态管理

企业方针目标的动态管理包含着多方面的工作，主要应抓好以下几项：

1)下达方针目标计划任务书

为了加强对方针目标的日常管理，应在对方针目标和措施进行时间展开的基础上下达方针目标计划任务书，计划任务书的时间跨度依据企业的具体情况确定，一般可采用月度计划或季度计划，也有企业采用旬计划。计划任务书应当包括三项内容：一是方针目标展开项目，即重点实施项目；二是协调项目，即需要配合其他部门或车间完成的项目；三是随着形势的变化而变更的项目。

2)建立跟踪和分析制度

在生产经营活动的发展过程中，不断跟踪、了解目标项目的动态进展状况和发展趋势，进行分析，提出对策，进行管理措施的优化，确保实现目标。实施跟踪管理可建立动态管理图板(或图表)，在墙上悬挂或张贴。动态管理图板(图表)的主要作用是经常显示所管目标值的动态。其内容和形式依部门、行业、管理层次的不同而有所不同。但一般来说，应当包括以下几个项目：上级方针和本单位的方针，所管理的目标项目的目标值，所管理的时间跨度内目标值应达到的水平，主要管理措施等。

定期分析制度，是对“目标”在生产过程中的变化情况进行动态分析，这是方针目标管理中的一个重要环节。分析制度的时间跨度，一般应与计划任务书或动态管理图的时间跨度相对应，也可与定期检查相结合。

3)抓好信息管理

实行动态管理，最重要的环节是保证信息流的畅通。从管理角度讲，当方针目标确定并展开后，管理工作的主要内容就是信息管理。没有迅速、准确的信息，动态管理就没有活力，或使管理失灵。为了加强信息管理，要建立信息中心，负责收集、整理、分析、处理和反馈信息。

4)开展管理点上的 QC 小组活动

为实现方针目标的动态管理,应围绕方针目标实施中的难题、问题点,即在方针目标的管理点上组织开展 QC 小组活动。并掌握 QC 小组的活动情况,以管理点上质量攻关活动的成功保证方针目标的顺利实现。

5)加强人力资源的开发和管理

方针目标管理的内涵,包括激励与奋进,它是以人为中心的管理理论的具体体现。因此,加强人力资源的开发管理,充分调动人的积极性,是保证方针目标实现的重要环节。

4. 方针目标的考评

1)方针目标管理的考核

对方针目标的完成情况进行考核,是实施方针目标管理的重要环节。它的侧重点在于,通过对上一个时段的成果和部门、职工做出的贡献进行考查核定,借以激励职工,为完成下一时段的目标而奋进。

考核的对象包括企业的基层单位、职能部门、班组及个人。

考核的内容通常包括两个方面,一是根据目标展开的要求,对目标和措施所规定进度的实现程度及其工作态度、协作精神的考核;二是根据为实现目标而建立的规范和规章制度,对其执行情况的考核。考核一般可按月度或季度进行。

方针目标管理的考核都应与经济责任制或经营责任制挂钩,并作为单位、部门和个人业绩的重要依据。

2)方针目标管理的评价

方针目标管理的评价,是通过对本年度(或半年)完成的成果,审核、评定企业、基层单位、部门和个人为实现方针目标管理所做的工作,借以激励职工,为进一步推进方针目标管理和实现方针目标而努力。方针目标管理的考核是在执行过程中进行的,而评价是把全过程的综合情况与结果联系起来,进行综合评价。

评价内容主要包括:

(1)对方针及其执行情况的评价。

(2)对目标(包括目标值)及其实现情况的评价。

(3)对措施及其实施情况的评价。

(4)对问题点(包括在方针目标展开时已经考虑到的和未曾考虑到而在实施过程中出现的)的评价。

(5)对各职能部门和人员协调工作的评价。

(6)对方针目标管理主管部门工作的评价。

(7)对整个方针目标管理工作的评价。

对上述各项内容的评价,是根据完成情况和原定目标或修订后的目标进行对比而做出的。评价原则上可以在每年年终进行一次。对目标及其实施情况做出评价时,不仅要考虑到目标的完成情况和实现程度,而且还要考虑制订或修订本身的正确性,考虑实现各项目标的困难复杂程度和实现过程中的主观努力程度,综合进行评定。

3)方针目标管理的诊断

方针目标管理诊断,是对企业方针目标的制订、展开、动态管理和考评四个阶段的全部或部分工作的指导思想、工作方法和效果进行诊察，提出改进建议和忠告，并在一定条件下帮助实施，使企业的方针目标管理更加科学、有效。它与方针目标管理的考核、评价既有联系又有区别，共同点都是为了提高方针目标管理的有效性；区别在于其侧重点不同：诊断的侧重点在于调查、分析和研究企业方针目标管理中的问题，提出改进建议并帮助解决；考核的侧重点在于核查方针目标按原定计划的实施情况，对其执行结果做出鉴定意见和奖罚决定；评价的侧重点在于对单位、部门和个人对实现方针目标所作的贡献和工作绩效做出评价。

方针目标管理诊断的主要内容包括：一实地考察目标实现的可能性，采取应急对策和调整措施；二督促目标的实施，加强考核检查；三协调各级目标的上下左右关系，以保持一致性；四对部门方针目标管理的重视和实施程度做出评价，提出整改建议。

6.4 产品质量法

6.4.1 产品质量法基本原则

1993 年 2 月 22 日七届人大常委会第 30 次会议通过了我国质量领域第一部法律——《中华人民共和国产品质量法》(以下简称《产品质量法》)，并于 1993 年 9 月 1 日起施行。2000 年 7 月 8 日九届全国人民代表大会常务委员会第十六次会议通过了《关于修改〈中华人民共和国产品质量法〉的决定》，当日中华人民共和国主席令予以公布，该决定于 2000 年 9 月 1 日起施行。

制定《产品质量法》的宗旨是：加强对产品质量的监督管理，提高产品质量水平；明确产品质量责任；保护消费者的合法权益；更好地维护社会主义经济秩序。

产品质量立法的基本原则主要有：

(1)有限范围原则。《产品质量法》主要调整产品在生产、销售以及对产品质量实施监督管理活动中发生的权利、义务、责任关系。重点解决产品质量责任问题，完善我国产品责任的民事赔偿制度。

(2)统一立法、区别管理的原则。对可能危及人体健康和人身、财产安全的产品，政府技术监督部门要实施强制性管理；对其他产品则通过市场竞争优胜劣汰。

(3)实行行政区域统一管理、组织协调的属地化原则。对产品质量的监督管理和执法监督检查，采用地域管辖的原则。

(4)奖优罚劣原则。国家一方面要采取鼓励措施，对质量管理先进的企业和达到国际先进水平的产品给予奖励；另一方面，要采取严厉的制裁措施，惩处生产、经销假冒伪劣产品的违法行为。

6.4.2 《产品质量法》的有关规定

1. 适用《产品质量法》的产品范围

《产品质量法》适用的产品范围，是以销售为目的，通过工业加工、手工制作等生产方式所获得的具有特定使用性能的产品，即指用于销售的经过加工制作的工业产品、手工业产品和农产品，包括建筑工程中使用的建筑材料、建筑构件和设备。初级农产品（如小麦、水果等）、初级畜禽产品、建筑工程等不适用本法规定。未投入流通领域的自用产品，赠予产品等也不适用本法规定。

2. 产品质量责任

（1）产品质量责任是指生产者、销售者以及其他对产品质量负有责任的人违反产品质量法规定的产品义务所应当承担的法律责任。包括违反产品质量法规定的行政责任、刑事责任和不履行保证产品质量义务的民事责任，这也是判断产品质量责任的重要依据。产品质量责任是一种综合法律责任。

（2）《产品质量法》规定了认定产品质量责任的依据，主要有三方面：一是国家法律、行政法规明确规定的对于产品质量规定必须满足的条件，如《产品质量法》规定，可能危及人体健康和人身、财产安全的工业产品，必须符合保障人体健康和人身、财产安全的国家标准或行业标准；未制定国家标准、行业标准的，必须符合保障人体健康和人身、财产安全的要求。二是明示采用的产品标准，作为认定产品质量是否合格以及确定产品质量责任的依据。无论何种标准，一经生产者采用，并明确标注在产品标识上，即成为生产者对消费者的明示承担有关法律责任的担保承诺。三是产品缺陷，是指产品存在危及人身、他人财产安全的不合理的危险；产品有保障人体健康和人身、财产安全的国家标准、行业标准，缺陷是指不符合相关标准。

（3）按照《产品质量法》的规定，产品存在缺陷造成他人损害，是生产者承担产品责任的前提。

《产品质量法》的上述规定，从法律上确立了判断产品是否存在缺陷的基本标准。一般来说，产品存在缺陷，即产品存在"不合理危险"，大体有以下情况：一是产品本身不应当存在危及人身、财产安全的危险（如儿童玩具），但因设计、制造上的原因，导致产品存在危及人身、财产安全的危险，这种危险即为"不合理的危险"。二是某些产品因本身的性质而具有一定的危险（如易燃易爆产品），如在正常合理使用情况下，不会发生危害人身、财产安全的危险，但因产品设计、制造等方面的原因，导致该产品在正常使用的情况下也存在危及人身、财产安全的危险，这种危险就属于"不合理危险"。产品存在不合理危险的原因，主要有以下几种：

一是因产品设计上的原因导致的不合理危险（又称设计缺陷），即产品本身应当不存在危及人身、财产安全的危险性，却由于"设计"的原因，导致产品存在危及人身、财产安全的危险。例如，玻璃制的火锅，如果由于结构或安全系数设计不合理，就有可能导致在正常使用中爆炸，危及使用者或者他人的人身、财产的安全。

二是制造上的原因产生的不合理危险（又称制造缺陷）。即产品本身应当不存在危及人身、财产安全的危险性，却由于"加工、制作、装配等制造上"的原因，导致产品存在危及人身、财产安全的危险。例如，生产的幼儿玩具制品，未按照设计要求采用安全的软性材料，而是使用了金属材料并带有锐角，则有可能存在导致伤害幼儿身体的危险。

三是因告知上的原因产生的不合理危险（又称告知缺陷、指示缺陷、说明缺陷），即由于产品本身的特性就具有一定的危险性，由于生产者未能用警示标志或者警示说明，明确地告诉使用者使用时应注意的事项，而导致产品存在危及人身、财产安全的危险。例如，煤气热水器在一定条件下对使用者有一定的危险性，需要生产者告知，必须将热水器安装在浴室外空气流通的地方。如果生产者没有明确告知上述情况，就可认为该产品存在不合理的危险。

3.《产品质量法》对企业管理的要求

《产品质量法》中对企业质量管理提出了法定的基本要求，即生产者、销售者应当健全内部产品质量管理制度、严格实施岗位质量规范、质量责任及相应的考核办法。

本条对企业质量管理提出了基本的要求，但对具体的某个企业来说，应当建立什么样的质量管理制度、岗位质量规范及考核办法，则应视企业的具体情况而定，法律不作具体规定。

4. 生产者、销售者的产品质量义务

《产品质量法》规定了生产者、销售者的产品质量义务，包括产品内在质量要求及其制定依据、产品标识的规定，销售者进货检查验收、保持产品质量的规定，以及生产者、销售者在产品质量方面的若干禁止性行为规定等。生产者的产品质量义务包括四方面：保证产品内在质量，保证产品标识符合法律规定的要求，产品包装必须符合规定要求，严禁生产假冒伪劣产品等。销售者的产品质量义务包括四方面：严格执行进货检查验收制度，保持产品原有质量，保证销售产品的标识符合法律规定要求，严禁销售假冒伪劣产品。

5.《产品质量法》明令禁止的产品质量欺诈行为

《产品质量法》针对实际工作中存在的典型的产品质量欺诈行为，作了明确的禁止性规定。包括：

(1) 禁止伪造或者冒用认证标志等质量标志。这里讲的认证标志，是指产品经法定的认证机构按规定的认证程序认证合格，准许在该产品及其包装上使用的表明该产品的有关质量性能符合认证标准的标识。产品认证标志与产品合格证不同，合格证是由产品生产者自己出具的，而认证标志是由第三方认证机构出具的。除认证标志外，还可包括其他标明产品质量状况的标志，如中国名牌产品标志、免检产品标志等。

(2) 禁止伪造产品的产地。生产者、销售者如在产品或者其包装上标明该产品产地的，必须真实，不得伪造，例如不是上海生产的皮鞋，不得将产地标为上海。某些特定地区生产的某种产品，具有较好的质量性能，往往与该地区的自然条件、传统的工艺制作方法等因素有关，消费者对这类特定地区生产的特定产品比较信赖和喜欢。利用消费者的这种心理，伪造产品的产地，是欺骗消费者的行为和不正当竞争的行为，必须予以禁止。

(3) 产品或其包装上标注的厂名、厂址必须真实，禁止伪造或者冒用他人的厂名、厂址。这里讲的“伪造”，是指无中生有，编造根本不存在的厂名、厂址；这里讲的“冒用”，是擅自使用其他企业的厂名、厂址。伪造产品的生产厂名、厂址，隐瞒真实的生产者，当产品发生质量问题时，消费者难以找到最终的责任者，侵害了消费者的知情权，损害了消费者的利益。冒用他人的厂名，厂址，实践中往往表现为冒用知名企业的厂名、厂址，目的是利用知名企业已建立起来的市场信誉，推销自己的产品，这既是对消费者的欺骗行为，也是一种典型的不正当竞争行为，必须予以禁止。

(4) 禁止在生产销售的产品中掺杂、掺假，以假充真，以次充好。掺杂、掺假，是指在产品中掺入不属于该产品应有的成分、会导致产品品质下降的其他物质的行为。

6.《产品质量法》对企业及产品质量的监督管理和激励引导措施

(1)推行企业质量管理体系认证制度。这是依照国际上通行的做法,对企业采取的一种引导措施。

(2)推行产品质量认证制度。

(3)实行产品质量监督检查制度。这是一项行政措施。目的是加强对生产、流通领域的产品质量实施监督,保护国家和人民的利益,维护市场经济秩序。

(4)鼓励推行科学的质量管理方法、采用先进的科学技术,鼓励企业产品质量达到并且超过行业标准、国家标准或国际标准。

(5)实行奖励制度。对产品质量管理先进和产品质量达到国际先进水平、成绩显著的单位和个人给予奖励。

7. 产品质量监督检查制度

为了加强政府对产品质量的宏观管理,掌握重要产品的质量状况,我国于 1985 年建立了产品质量监督抽查制度。产品质量监督抽查制度是指各级质量技术监督部门,根据国家有关产品质量法律、法规和规章的规定,对生产、流通领域的产品质量实施的一种具有监督性质的检查制度。它既是一项强制性的行政措施,同时又是一项有效的法制手段。

产品质量法规定,国家对产品质量实行以抽查为主要方式的监督检查制度,对可能危及人体健康和人身、财产安全的产品,影响国计民生的重要工业产品以及消费者、有关组织反映有质量问题的产品进行抽查。抽查的样品应当在市场上或者企业成品仓库内的待销产品中随机抽取。

产品质量法规定,监督抽查工作由国务院产品质量监督部门规划和组织。县级以上地方产品质量监督部门在本行政区域内也可以组织监督抽查。法律对产品质量的监督检查另有规定的,依照有关法律的规定执行。

国家监督抽查的产品,地方不得另行重复抽查;上级监督抽查的产品,下级不得另行重复抽查。

根据监督抽查的需要,可以对产品进行检验。检验抽取样品的数量不得超过检验的合理需要,并不得向被检查人收取检验费用。监督抽查所需检验费用按照国务院规定列支。

生产者、销售者对抽查检验的结果有异议的,可以自收到检验结果之日起 15 日内向实施监督抽查的产品质量监督部门或者其上级产品质量监督部门申请复检,由受理复检的产品质量监督部门做出复检结论。对依法进行的产品质量监督检查,生产者、销售者不得拒绝。

实施产品质量监督抽查,以安全、卫生标准,或产品应当具备的使用性能,或明示采用标准等为判定产品质量的依据。为此,产品质量监督抽查,应当以产品所执行的标准为判定依据;未制定标准的以国家有关规定或要求为判定依据;既无标注又无规定或要求的,以产品说明书、质量保证书、标签标明的质量指标为依据。产品执行的标准,包括国家现行的四级标准:国家标准、行业标准、地方标准、经过备案的企业标准。

依照产品质量法进行监督抽查的产品质量不合格的,由实施监督抽查的产品质量监督部门责令其生产者、销售者限期改正。逾期不改正的,由省级以上人民政府产品质量监督部门予以公告;公告后经复查仍不合格的,责令停业,限期整顿;整顿期满后经复查产品质量仍不合格的，吊销营业执照。

【思考题与习题】

1. 简述质量的概念及其发展。
2. 简述管理及其管理层次。
3. 简述质量管理及其发展阶段。
4. 简述质量信息、质量信息管理以及质量管理信息的概念。
5. 简述方针目标管理及其特点。简述方针目标管理的实施方法。

第 7 章　质量控制技术

7.1　质量控制概述

1. 质量控制的基本原理

质量管理的一项主要工作是通过收集数据、整理数据，找出波动的规律，把正常波动控制在最低限度，消除系统性原因造成的异常波动。把实际测得的质量特性与相关标准进行比较，并对出现的差异或异常现象采取相应措施进行纠正，从而使工序处于控制状态，这一过程就称为质量控制。质量控制大致可以分为 7 个步骤：

(1)选择控制对象。

(2)选择需要监测的质量特性值。

(3)确定规格标准，详细说明质量特性。

(4)选定能准确测量该特性值的监测仪表，或自制测试手段。

(5)进行实际测试并做好数据记录。

(6)分析实际与规格之间存在差异的原因。

(7)采取相应的纠正措施。

当采取相应的纠正措施后，仍然要对过程进行监测，将过程保持在新的控制水准上。一旦出现新的影响因子，还需要测量数据分析原因进行纠正，因此这 7 个步骤形成了一个封闭式流程，称为“反馈环”。这点和 6Sigma 质量突破模式的 MAIC 有共通之处。

在上述 7 个步骤中，最关键有两点：

(1)质量控制系统的设计；

(2)质量控制技术的选用。

2. 质量控制系统设计

在进行质量控制时，需要对需要控制的过程、质量检测点、检测人员、测量类型和数量等几个方面进行决策，这些决策完成后就构成了一个完整的质量控制系统。

1)过程分析

一切质量管理工作都必须从过程本身开始。在进行质量控制前，必须分析生产某种产品或服务的相关过程。一个大的过程可能包括许多小的过程，通过采用流程图分析方法对这些过程进行描述和分解，以确定影响产品或服务质量的关键环节。

2)质量检测点确定

在确定需要控制的每一个过程后，就要找到每一个过程中需要测量或测试的关键点。一个过程的检测点可能很多，但每一项检测都会增加产品或服务的成本，所以要在最容易出现质量问题的地方进行检验。典型的检测点包括：

(1)生产前的外购原材料或服务检验。为了保证生产过程顺利进行,首先要通过检验保证原材料或服务的质量。当然,如果供应商具有质量认证证书,此检验可以免除。另外,在JIT(准时化生产)中,不提倡对外购件进行检验,认为这个过程不增加价值,是"浪费"。

(2)生产过程中产品检验:典型的生产中检验是在不可逆的操作过程之前或高附加值操作之前。因为这些操作一旦进行,将严重影响质量并造成较大的损失。例如在陶瓷烧结前,需要检验。因为一旦被烧结,不合格品只能废弃或作为残次品处理。再如产品在电镀或油漆前也需要检验,以避免缺陷被掩盖。这些操作的检验可由操作者本人对产品进行检验。生产中的检验还能判断过程是否处于受控状态,若检验结果表明质量波动较大,就需要及时采取措施纠正。

(3)生产后的产成品检验。为了在交付顾客前修正产品的缺陷,需要在产品入库或发送前进行检验。

3)检验方法

接下来,要确定在每一个质量控制点应采用什么类型的检验方法。检验方法分为:计数检验和计量检验。计数检验是对缺陷数、不合格率等离散变量进行检验;计量检验是对长度、高度、重量、强度等连续变量的计量。在生产过程中的质量控制还要考虑使用何种类型控制图问题:离散变量用计数控制图,连续变量采用计量控制图。

4)检验样本大小

确定检验数量有两种方式:全检和抽样检验。确定检验数量的指导原则是将不合格产品造成的损失和检验成本相比较。假设有一批 500 个单位产品,产品不合格率为 2%,每个不合格品造成的维修费、赔偿费等成本为 100 元,则如果不对这批产品进行检验的话,总损失为 100×10=1 000 元。若这批产品的检验费低于 1 000 元,应该对其进行全检。当然,除了成本因素,还要考虑其他因素。如涉及人身安全的产品,就需要进行 100%检验。而对破坏性检验则采用抽样检验。

5)检验人员

检验人员的确定可采用操作工人和专职检验人员相结合的原则。在 6Sigma 管理中,通常由操作工人完成大部分检验任务。

3. 质量控制技术

质量控制技术包括两大类:抽样检验和过程质量控制。

抽样检验通常发生在生产前对原材料的检验或生产后对成品的检验,根据随机样本的质量检验结果决定是否接收该批原材料或产品。过程质量控制是指对生产过程中的产品随机样本进行检验,以判断该过程是否在预定标准内生产。抽样检验用于采购或验收,而过程质量控制应用于各种形式的生产过程。

7.2 过程质量控制技术

自 1924 年,休哈特提出控制图以来,经过近 80 世纪的发展,过程质量控制技术已经广泛地应用到质量管理中,在实践中也不断地产生了许多种新的方法。如直方图、相关图、排列图、控制图和因果图等"QC 七种工具"以及关联图、系统图等"新 QC 七种工具"。应用这些方法可以从经常变化的生产过程中，系统地收集与产品有关的各种数据，并用统计方法对数据进行整理、加工和分析，进而画出各种图表，找出质量变化的规律，实现对质量的控制。石川馨曾经说过，企业内95%的质量问题可通过企业全体人员应用这些工具得到解决。无论是ISO9000还是近年来非常风行的6Sigma质量管理理论都非常强调这些基于统计学的质量控制技术的应用。因此，要真正提高产品质量，企业上至领导下至员工都必须掌握质量控制技术并在实践中加以应用。

7.2.1 直方图

1. 直方图用途

直方图法是把数据的离散状态分布用竖条在图表上标出，以帮助人们根据显示出的图样变化，在缩小的范围内寻找出现问题的区域，从中得知数据平均水平偏差并判断总体质量分布情况。

2. 直方图画法

下面通过例子介绍直方图如何绘制。

[例7-1] 生产某种滚珠，要求直径 x 为(15.0±1.0)mm，试用直方图对生产过程进行统计分析。

解:(1)收集数据

在5M1E(人、机、法、测量和生产环境)充分固定并加以标准化的情况下，从该生产过程收集 n 个数据。n 应不小于50，尽量在100以上。本例测得50个滚珠的直径如表7.1。其中 L_i 为第 i 行数据最大值，S_i 为第 i 行数据最小值。

(2)找出数据中最大值 L、最小值 S 和极差 R

$$L=L_i=15.9, S=S_i=14.2, R=S-L=1.7 \tag{7.1}$$

区间 $[S,L]$ 称为数据的散布范围。

(3)确定数据的大致分组数 k

分组数可以按照经验公式 $k=1+3.322\lg n$ 确定，本例取 $k=6$。

表7.1 50个滚珠样本直径 单位:mm

I	J										L_i	S_i
	1	2	3	4	5	6	7	8	9	10		
1	15.0	15.8	15.2	15.1	15.9	14.7	14.8	15.5	15.6	15.3	15.9	14.7
2	15.1	15.3	15.0	15.6	15.7	14.8	14.5	14.2	14.9	14.9	15.7	14.2
3	15.2	15.0	15.3	15.6	15.1	14.9	14.2	14.6	15.8	15.2	15.8	14.2
4	15.9	15.2	15.0	14.9	14.8	14.5	15.1	15.5	15.5	15.5	15.9	14.5
5	15.1	15.0	15.3	14.7	14.5	15.5	15.0	14.7	14.6	14.2	15.5	14.2

(4)确定分组组距 h

$$h=\frac{R}{k}=\frac{1.7}{6}=0.3 \tag{7.2}$$

(5)计算各组上下限

首先确定第一组下限值，应注意使最小值 S 包含在第一组中，且使数据观测值不落在上、下限上。故第一组下限值取为：

$$S-\frac{h}{2}=14.2-0.15=14.05$$

然后依次加入组距 h，便可得各组上下限值。第一组的上限值为第二组的下限值，第二组的下限值加上 h 为第二组的上限值，其余类推。各组上下限值见表 7.2。

(6)计算各组中心值 b_i、频数 f_i 和频率 p_i

b_i=(第 i 组下限值+第 i 组上限值)/2，频数 f_i 就是 n 个数据落入第 i 组的数据个数，而频数 $p_i=f_i/n$(见表 7.2)。

(7)绘制直方图

以频数(或频率)为纵坐标，数据观测值为横坐标，以组距为底边，数据观测值落入各组的频数 f_i(或频率 p_i)为高，画出一系列矩形，这样就得到频数(或频率)直方图，简称为直方图，如图 7.1 所示。

表 7.2 频数分布表

组序	组界值	组中值 b_i	频数 f_i	频率 p_i
1	14.05～14.35	14.2	3	0.06
2	14.35～14.65	14.5	5	0.10
3	14.65～14.95	14.8	10	0.20
4	14.95～15.25	15.1	15	0.32
5	15.25～14.55	15.4	9	0.16
6	15.55～15.85	15.7	6	0.12
7	15.85～16.15	16.0	2	0.04
合计			50	100%

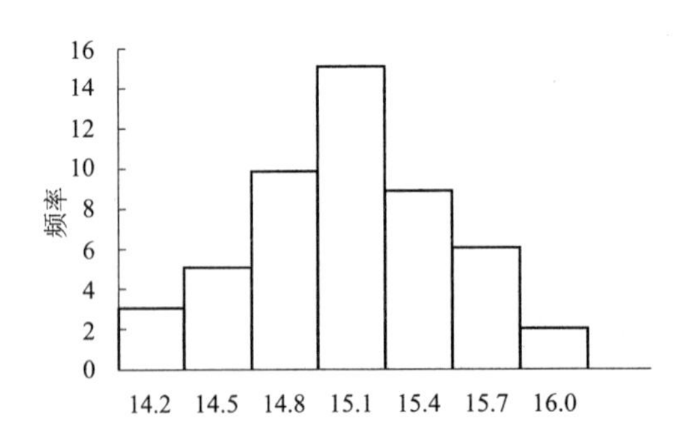

图 7.1 频数(频率)直方图

3. 直方图的观察与分析

从直方图可以直观地看出产品质量特性的分布形态，便于判断过程是否出于控制状态，以决定是否采取相应措施。直方图从分布类型上来说，可以分为正常型和异常型。正常型是指整体形状左右对称的图形，此时过程处于稳定状态(统计控制状态)，如图 7.2(a)所示。

如果是异常型,就要分析原因,加以处理。常见的异常型主要有六种:

(1)双峰型[见图 7.2(b)]:直方图出现两个峰。主要原因是观测值来自两个总体,两个分布的数据混合在一起造成的,此时数据应加以分层。

(2)锯齿型[见图 7.2(c)]:直方图呈现凹凸不平现象。这是由于作直方图时数据分组太多,测量仪器误差过大或观测数据不准确等造成的。此时应重新收集和整理数据。

(3)陡壁型[见图 7.2(d)]:直方图像峭壁一样向一边倾斜。主要原因是进行全数检查,使用了剔除了不合格品的产品数据作直方图。

(4)偏态型[见图 7.2(e)]:直方图的顶峰偏向左侧或右侧。当公差下限受到限制(如单侧形位公差)或某种加工习惯(如孔加工往往偏小)容易造成偏左;当公差上限受到限制或轴外圆加工时,直方图呈现偏右形态。

(5)平台型[见图 7.2(f)]:直方图顶峰不明显,呈平顶型。主要原因是多个总体和分布混合在一起,或者生产过程中某种缓慢的倾向在一起作用(如工具磨损、操作者疲劳等)。

(6)孤岛型[见图 7.2(g)]:在直方图旁边有一个独立的"小岛"出现。主要原因是生产过程中出现异常情况,如原材料发生变化或突然换为不熟练的工人。

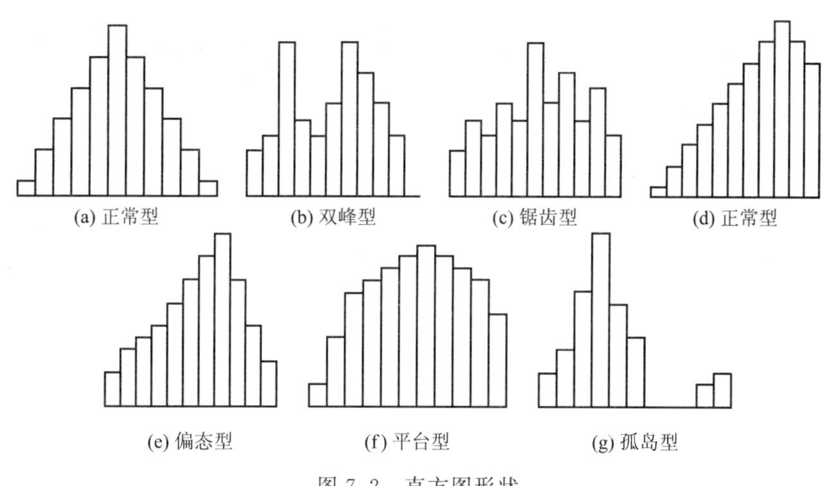

图 7.2 直方图形状

7.2.2 过程能力指数

过程能力指数(process capability index,PCI)用于反映过程处于正常状态时,即人员、机器、原材料、工艺方法、测量和环境(5M1E)充分标准化并处于稳定状态时,所表现出的保证产品质量的能力。过程能力指数又称为工序能力指数或工艺能力指数。

对于任何生产过程,产品质量总是分散地存在。若过程能力指数越高,则产品质量特性值的分散就会越小;若过程能力指数越低,则产品质量特性值的分散就会越大。那么,可用 6σ(即 $\mu\pm3\sigma$)来描述生产过程所造成的总分散,即过程能力指数,$=6\sigma$。

过程能力指数是表示生产过程客观存在着一个分散的参数,但是这个参数能否满足产品的技术规格要求,仅从它本身还难以看出。因此,还需要另一个参数来反映工序能力满足产品技术要求(公差、规格等质量标准)的程度。这个参数就称为工序能力指数。它是技术

规格要求和工序能力的比值，即

$$工序能力指数=技术规格要求/工序能力 \tag{7.3}$$

当分布中心与公差中心重合时，过程能力指数记为 C_p。当分布中心与公差中心有偏离时，过程能力指数记为 C_{pk}。过程的质量水平按 C_p 值可划分为五个等级：$C_p>1.67$，特级，能力过高；$1.67\geqslant C_p>1.33$，一级，能力充分；$1.33\geqslant C_p>1.0$，二级，能力尚可；$1.0\geqslant C_p>0.67$，三级，能力不足；$0.67>C_p$，四级，能力严重不足。

1. 过程能力计算方法

过程能力指数的计算可分为四种情形：

(1)过程无偏情形

设样本的质量特性值为 $X\sim N(\mu,\sigma^2)$，又设 X 的规格要求为(T_l,T_u)，则规格中心值 $T_m=(T_u+T_l)/2$，$T=T_u-T_1$ 为公差。当 $u=T_m$ 时，过程无偏，此时过程能力指数按下式计算：

$$C_p=\frac{T}{6\sigma} \tag{7.4}$$

(2)过程有偏情形

当 $\mu\neq T_m$ 时，则称此过程有偏。此时，计算修正后的过程能力指数：

$$C_{pk}=(1-k)C_p \tag{7.5}$$

$$k=\frac{|\mu-T_m|}{T/2} \tag{7.6}$$

k 为偏移系数。

(3)只有单侧上规则限 T_u 时，$X<T_u$ 产品合格情形

$$C_p(u)=\frac{T_u-u}{3\sigma} \tag{7.7}$$

(4)只有单侧上规则限 T_l 时，$X>T_l$ 产品合格情形

$$C_p(l)=\frac{u-T_l}{3\sigma} \tag{7.8}$$

2. 过程能力指数与过程不合格品率 *p* 之间的关系

1)C_p 与 p 的关系

$$p=2[1-\Phi(3C_p)] \tag{7.9}$$

2)C_{pk} 与 p 的关系

$$p=2-[1-\Phi(3C_p)]-\Phi[3C_p(1+k)] \tag{7.10}$$

3)$C_p(u)$与 p 的关系

$$p=2[1-\Phi(3C_p(u)] \tag{7.11}$$

4)C_p(l)与 p 的关系

$$p=2[1-\Phi(3C_p(l)] \tag{7.12}$$

以上四式中，Φ 值可根据附录标准正态分布函数表查出。例如，$\Phi(4.17)=0.999\ 985$。

[例 7-2] 已知某零件加工标准为(148±2)mm，对 100 个样本计算出均值为 148 mm，标准差为 0.48 mm，求过程能力指数和过程不合格品率。

解:由于样本均值 $\bar{x}=T_m=148(\text{mm})$,过程无偏。根据式(7.4),过程能力指数为:

$$C_p=\frac{T}{6\sigma}=\frac{4}{6\times 0.48}=1.39$$

过程不合格品率为:

$$p=2[1-\Phi(3C_p)]=2[1-\Phi(3\times 1.39)]=2[1-0.999\ 985]=3\times 10^{-5}$$

7.2.3 控制图

控制图是对生产过程中产品质量状况进行实时控制的统计工具,是质量控制中最重要的方法。人们对控制图的评价是:"质量管理始于控制图,亦终于控制图"。控制图主要用于分析判断生产过程的稳定性,及时发现生产过程中的异常现象,查明生产设备和工艺装备的实际精度,为评定产品质量提供依据。我国也制定了有关控制图的国家标准。GB/T 4091—2001《常规控制图》控制图的基本样式如图7.3所示。横坐标为样本序号,纵坐标为产品质量特性,图上三条平行线分别为:实线CL——中心线,虚线UCL——上控制界限线,虚线LCL——下控制界限线。在生产过程中,定时抽取样本,把测得的数据点一一描在控制图中。如果数据点落在两条控制界限之间,且排列无缺陷,则表明生产过程正常,过程处于控制状态,否则表明生产条件发生异常,需要对过程采取措施,加强管理,使生产过程恢复正常。

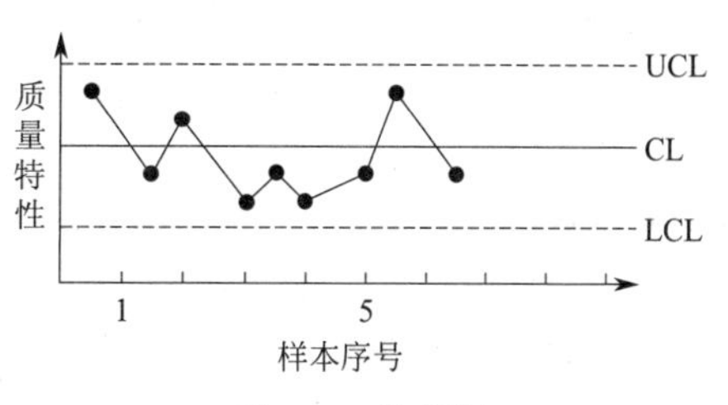

图 7.3 控制图

1. 控制图的设计原理

①正态性假设:控制图假定质量特性值在生产过程中的波动服从正态分布。

②3σ 准则:若质量特性值 X 服从正态分布 $N(\mu,\sigma^2)$,根据正态分布概率性质,有:

$$P\{\mu-3\sigma<X<\mu+3\sigma\}=99.73\% \tag{7.13}$$

即$(\mu-3\sigma,\mu+3\sigma)$是 X 的实际取值范围。据此原理,若对 X 设计控制图,则中心线 $\text{CL}=\mu$,上下控制界限分别为 $\text{UCL}=\mu-3\sigma$,$\text{LCL}=\mu+3\sigma$。

③小概率原理:小概率原理是指小概率的事件一般不会发生。由 3σ 准则可知,数据点落在控制界限以外的概率只有 0.27%。因此,生产过程正常情况下,质量特性值是不会超过控制界限的,如果超出,则认为生产过程发生异常变化。

2. 控制图的基本种类

按产品质量的特性分类,控制图可分为计量值控制图和计数值控制图。

①计量值控制图:用于产品质量特性为计量值情形,如长度、重量、时间、强度等连续变量。常用的计量值控制图有:均值——极差控制图($\bar{x}-R$ 图),中位数——极差控制图($\tilde{x}-R$ 图),单值——移动极差控制图($x-R_S$ 图),均值——标准差控制图($\bar{x}-S$ 图)。

②计数值控制图:用于产品质量特性为不合格品数、不合格品率、缺陷数等离散变量。常用的计数值控制图有:不合格品率控制图,不合格品数控制图,单位缺陷数控制图,缺陷数控制图。按控制图的用途来分,可以分为分析用控制图和控制用控制图。

(1)分析用控制图

分析用控制图用于分析生产过程是否处于统计控制状态。若经分析后，生产过程处于控制状态且满足质量要求，则把分析用控制图转化为控制用控制图；若经分析后，生产过程处于非统计控制状态，则应查找原因并加以消除。

(2)控制用控制图

控制用控制图由分析控制图转化而来，用于对生产过程进行连续监控。生产过程中，按照确定的抽样间隔和样本大小抽取样本，在控制图上描点，判断是否处于受控状态。

3. 控制图的判别规则

(1)分析用控制图

若控制图上数据点同时满足表 7.3 所示的规则，则认为生产过程处于控制状态。

(2)控制用控制图

控制用控制图中的数据点同时满足下面规则，则认为生产过程处于统计控制状态：

规则 1，每一个数据点均落在控制界限内；

规则 2，控制界限内数据点排列无异常情况(参见分析用控制图规则 2)。

表 7.3 分析用控制图判别规则

规则	具体描述
规则 1：绝大多数数据点在控制界限内	1. 连续 25 点没有一点在控制界限外
	2. 连续 35 点中最多只有一点在控制界限外
	3. 连续 100 点中最多只有两点在控制界限外
规则 2：数据点排列无右边所列的 1～8 种异常现象	1. 连续 7 点或更多点在中心线同一侧
	2. 连续 7 点或更多点单调上升或下降
	3. 连续 11 点中至少有 10 点在中心线同一侧
	4. 连续 14 点中至少有 12 点在中心线同一侧
	5. 连续 17 点中至少有 14 点在中心线同一侧
	6. 连续 20 点中至少有 16 点在中心线同一侧
	7. 连续 3 点中至少有 2 点落在 2σ 与 3σ 界限之间
	8. 连续 7 点中至少有 3 点落在 2σ 与 3σ 界限之间

4. 控制图的制作与判别

下面以均值—极差控制图为例说明控制图的制作与分析方法。均值—极差控制图是 $\bar{x}$ 图(均值控制图)和 R 图(极差控制图)联合使用的一种控制图，前者用于判断生产过程是否处于或保持在所要求的受控状态，后者用于判断生产过程的标准差是否处于或保持在所要求的受控状态。

[例 7-3] 某厂生产一种零件，长度要求为(49.50±0.10)mm，生产过程质量要求为过程能力指数不小于 1，为对该过程实施连续控制，试设计均值—极差控制图。

解：(1)收集数据并加以分组

每隔 2 h，从生产过程中抽取 5 个零件，测量长度值，形成一组大小为 5 的样本，一共收集 25 组样本。

(2)计算每组的样本均值 $\bar{x}$ 和极差 R

$$\bar{x}=\frac{1}{n}\sum_{i}^{n}x_i,R=x_{\max}-x_{\min},i=1,2,\cdots,k \tag{7.14}$$

计算结果见表 7.4。

表 7.4　某零件长度各组均值和极差

组号	1	2	3	4	5	6	7	8	9	10	11	12	13
均值	49.49	49.52	49.50	49.50	49.53	49.51	49.50	49.50	49.51	49.53	49.50	49.51	49.49
极差	0.06	0.07	0.06	0.06	0.11	0.12	0.10	0.06	0.12	0.09	0.11	0.06	0.07
组号	14	15	16	17	18	19	20	21	22	23	24	25	
均值	49.53	49.49	49.50	49.51	49.51	49.51	49.50	49.52	49.50	49.50	49.50	49.52	
极差	0.10	0.09	0.05	0.07	0.06	0.05	0.08	0.10	0.06	0.09	0.05	0.11	

(3)计算总均值和极差平均

$$\bar{\bar{x}} = \frac{1}{k}\sum_{i=1}^{k}\bar{x}_i = 49.506\,8, \bar{R} = \frac{1}{k}\sum_{i=1}^{k}R_i = 0.800 \tag{7.15}$$

(4)计算控制界限

$\bar{x}$ 图的控制界限计算：

$$\begin{gathered} UCL = \bar{\bar{x}} + A_2R = 49.506\,8 + 0.577 \times 0.800 = 49.553\,0 \\ CL = \bar{\bar{x}} = 49.506\,8 \\ LCL = \bar{\bar{x}} - A_2R = 49.506\,8 - 0.577 \times 0.800 = 49.460\,6 \end{gathered} \tag{7.16}$$

R 图的控制界限计算：

$$\begin{gathered} UCL = D_4\bar{R} = 2.115 \times 0.080\,0 = 0.169\,2 \\ CL = \bar{R} = 0.080\,0 \\ LCL = D_3\bar{R} < 0 \end{gathered} \tag{7.17}$$

以上两式中，A_2、D_4、D_3 均可从相关控制图系数表 7.5 中查出：当 $n=5$，$A_2=0.577$，$D_3<0$，$D_4=2.115$。

表 7.5　计量值控制图计算控制限的系数表

子组中观测值的个数	控制限系数										
	A	A2	A3	B3	B4	B5	B6	D1	D2	D3	D4
2	2.121	1.880	2.659	0.000	3.267	0.000	2.606	0.000	3.686	0.000	3.267
3	1.732	1.023	1.954	0.000	2.568	0.000	2.276	0,000	4.358	0.000	2.574
4	1.500	0.729	1.628	0.000	2.266	0.000	2.088	0.000	4.698	0.000	2.282
5	1.342	0.577	1.427	0.000	2.089	0.000	1.964	0.000	4.918	0.000	2.114
6	1.225	0.483	1.287	0,030	1.970	0.029	1.874	0.000	5.078	0.000	2.004
7	1.134	0.419	1.182	0.118	1.882	0.113	1.806	0.204	5.204	0.076	1.924
8	1.061	0.373	1.099	0.185	1.815	0.017	1.751	0.338	5.306	0.136	1.864
9	1.000	0.337	1.032	0.239	1.161	0.232	1.707	0.547	5.393	0.184	1.816
10	0.949	0.308	0.975	0.284	1.716	0.276	1.669	0.687	5.469	0.223	1.777
11	0.903	0.285	0.927	0.321	1.679	0.313	1.637	0.811	5.535	0.256	1.744
12	0.866	0.266	0.886	0.354	1.646	0.346	1.610	0.922	5.594	0.283	1.717
13	0.832	0.249	0.850	0.382	1.618	0.374	1.585	1.025	5.647	0.307	1.693
14	0.802	0.235	0.817	0.406	1.595	0.399	1.563	1.118	5.696	0.328	1.672
15	0.775	0.223	0.789	0.428	1.572	0.421	1.544	1.203	5.741	0.347	1.653

(5)制作控制图

根据各样本的均值和极差在控制图上描点，如图 7.4 所示。

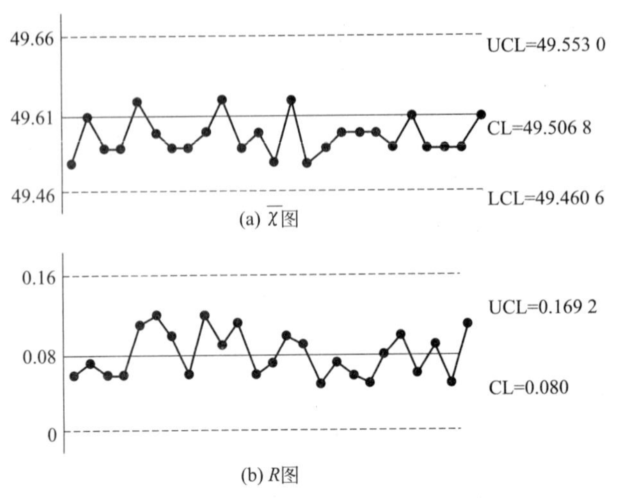

图 7.4 零件长度的均值—极差控制图

(6)分析生产过程是否处于控制状态

利用表 7.3 的规则进行判断，可知生产过程处于统计控制状态。

(7)计算过程能力指数

例 7-3 中，零件长度规格限为双侧且样本总均值不等于规格中心值，应该根据有偏情形计算过程能力指数。根据极差法估计得出：$\sigma=\overline{R}/d_2(n)$，式中，$d_2(n)$根据相关控制图系数表查出，$n=5$ 时 $d_2(n)=2.326$，则：

$$C_p=\frac{T}{6\sigma}=\frac{T}{6\overline{R}/d_2(n)}=\frac{0.20}{6\times 0.08/2.326}=0.97$$

修正系数
$$k=\frac{|\mu-T_m|}{T/2}=\frac{|49.506\ 8-59.50|}{0.20/2}=0.068$$

$$C_{pk}=(1-k)C_p=(1-0.068)\times 0.97=0.90$$

根据题意，由于过程质量要求为过程能力不小于 1，显然该过程不能满足要求。因此不能将分析用控制图转化为控制用控制图，应采取措施，提高加工精度。

(8)计算过程平均不合格品率 p

根据式(7.10)，过程不合格品率为：

$$p=2-[1-\Phi(3C_p)]-\Phi[3C_p(1+k)]=2-\Phi(2.71)-\Phi(3.11)=0.43\%$$

5. 控制图几种常见的图形及原因分析

在使用控制图时，除了根据表 7.3 的判断规则对生产过程进行正确判断以外，下面所列出的几种观察和分析方法也是十分重要的：

(1)数据点出现上、下循环移动的情形

对于 $\bar{x}$ 图，其原因可能是季节性的环境影响或操作人员的轮换；

对于 R 图，其原因可能是维修计划安排上的问题或操作人员疲劳。

(2)数据点出现朝单一方向变化的趋势

对于 $\bar{x}$ 图，其原因可能是工具磨损，设备未按期进行检验；

对于 R 图，原材料的均匀性改变（变好或变坏）。

（3）连续若干点集中出现在某些不同的数值上

对于 $\bar{x}$ 图，其原因可能是工具磨损，设备未按期进行检验；

对于 R 图，原因同上。

（4）太多的数据点接近中心线

若连续13点以上落在中心线 $\pm\sigma$ 的带型区域内，此为小概率事件，该情况也应判为异常。出现的原因是：控制图使用太久没有加以修改而失去了控制作用，或者数据不真实。

7.2.4 “QC七种工具”中的其他工具

1. 排列图

意大利经济学家 Vilfredo Pareto 在1897年提出：80%的财富集中在20%的人手中（80/20法则）。排列图（又称柏拉图、Pareto 图）是基于帕累托原理，其主要功能是帮助人们确定那些相对少数但重要的问题，以使人们把精力集中于这些问题的改进上。在任何过程中大部分缺陷也通常是由相对少数的问题引起的。对于过程质量控制，排列图常用于不合格品数或缺陷数的分类分析。在6Sigma中，也用于对项目的主要问题如顾客抱怨等进行分类。

［例7-4］ 对曲轴加工进行抽样检验，得出不合格品共160个，造成不合格的因素有：①蓄油孔扣环占50%；②动平衡超差占29%；③开档大占10%；④法兰销孔大占6%；⑤小头直径大占5%。画出排列图。

解： 排列图如图7.5所示，柱图为不合格数分类统计量，折线图为累积比例。可以看出前两种因素占79%，应作为关键急需解决因素。

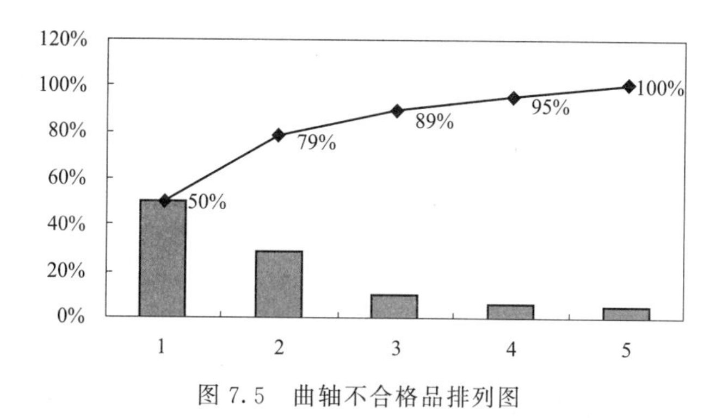

图7.5 曲轴不合格品排列图

2. 因果图

因果图由日本质量学家石川馨发明，是用于寻找造成质量问题的原因、表达质量问题因果关系的一种图形分析工具。一个质量问题的产生，往往不是一个因素，而是多种复杂因素综合作用的结果。通常，可以从质量问题出发，首先分析那些影响产品质量最大的原因，进而从大原因出发寻找中原因、小原因和更小的原因，并检查和确定主要因素。这些原因可归纳成原因类别与子原因，形成类似鱼刺的样子，因此因果图又称鱼刺图。图7.6是在制造中出现次品后，寻找其原因形成的因果图。图中可以看出，原因被归为工人、机械、测试方法等

6类,每一类下面又有不同的子原因。

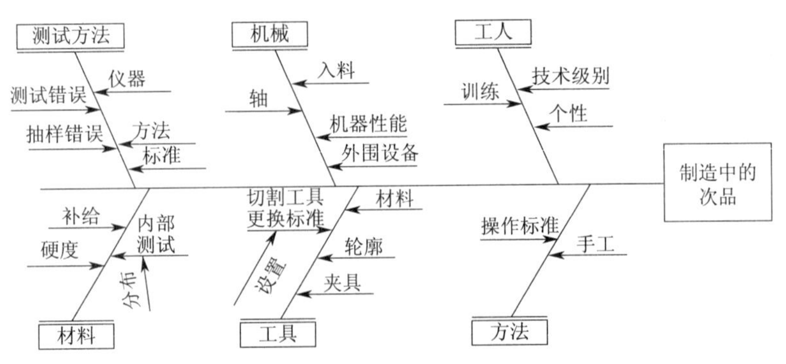

图7.6 制造中次品出现原因的因果分析图

3. 分层法

分层法又称层别法,是将不同类型的数据按照同一性质或同一条件进行分类,从而找出其内在的统计规律的统计方法。常用分类方式:按操作人员分、按使用设备分、按工作时间分、按使用原材料分、按工艺方法分、按工作环境分等。

4. 散布图

散布图又称散点图、相关图,是表示两个变量之间相互关系的图表法。横坐标通常表示原因特性值,纵坐标表示结果特性值,交叉点表示它们的相互关系。相关关系可以分为:正相关、负相关、不相关。图7.7表示了某化工厂产品收率和反应温度之间的相关关系,可以看出,这是正相关。

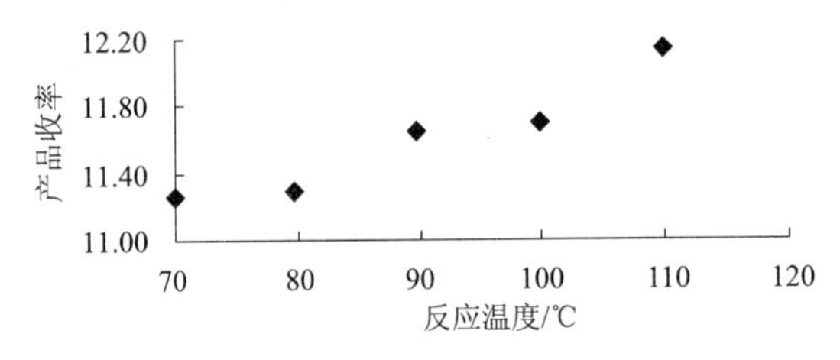

图7.7 反应温度和产品收率之间相关图

5. 检查表

检查表又称核查表、调查表、统计分析表,是利用统计表对数据进行整体和初步原因分析的一种表格型工具,常用于其他工具的前期统计工作。表7.6为不合格品分项检查表。

表7.6 不合格项检查表

不合格项目	检查记录	小计
表面缺陷	正正正正	20
砂眼	正	5
形状不良	一	1
裂纹	正正正一	16
其他	正正	10

7.2.5 QC 新七种工具

质量控制新七种工具是日本质量管理专家于 20 世纪 70 年代末提出的,用于全面质量管理 PDCA 的计划阶段。它们与上述主要运用于生产过程质量控制和预防的 QC 七种工具相互补充,见表 7.7。

表 7.7 QC 新七种工具

名称与描述	图示	名称与描述	图示
关联图:用于将关系纷繁复杂的因素按原因-结果或目的-手段等有逻辑地连接起来的一种图形	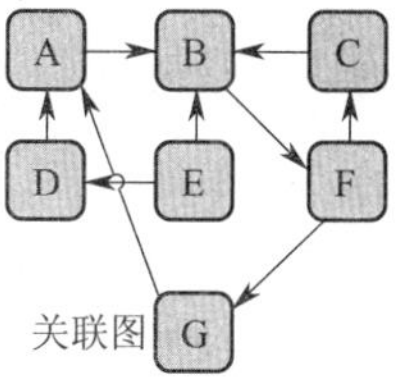 A B C D E F 关联图 G	**矩阵图**:以矩阵的形式分析因素间相互关系及其强弱的图形。它由对应事项、事项中的具体元素和对应元素交点处表示相关关系的符号构成	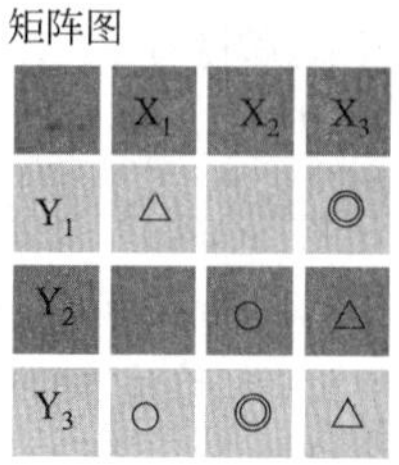 矩阵图 X_1 X_2 X_3 Y_1 △ ◎ Y_2 ○ △ Y_3 ○ ◎ △
PDPC 法:又称过程决策程序图法,是将运筹学中过程决策程序图应用于质量管理。它是指在制订达到目标的实施计划时加以全面分析,对于事态进展中各种障碍进行预测,从而制订相应的处置方案和应变措施的方法	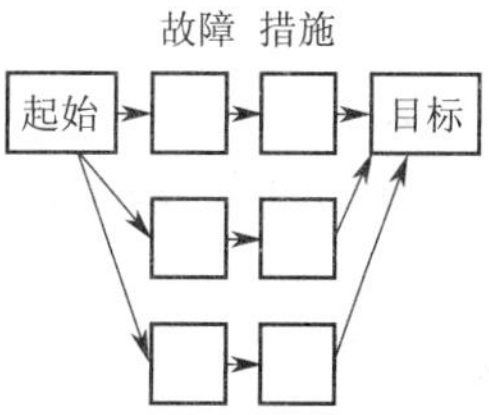 故障 措施 起始 目标	**箭线图法**:又称矢线图法,计划评审法 KERT、关键路线法 CPM,是网络图在质量管理中的应用。是制订某项质量工作的最佳日程计划和有效地进行进度管理的一种方法	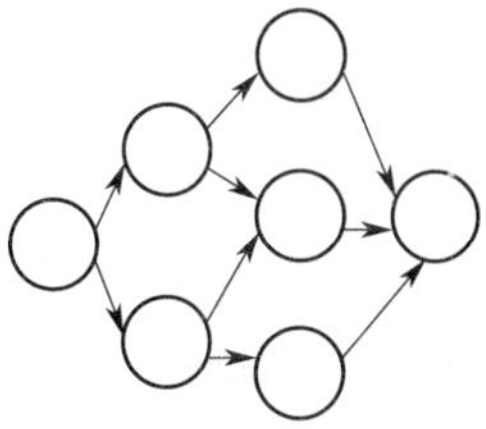
亲和图:用于归纳、整理由“头脑风暴”法产生的观点、想法等,按它们之间亲近关系加以归类、汇总的一种图示方法。别名卡片法、KJ 法、A 型图解法	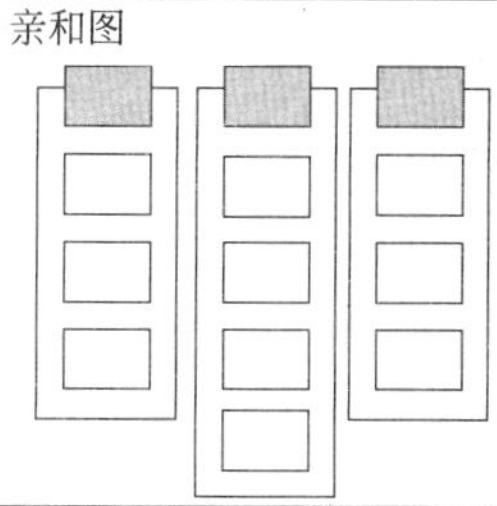 亲和图	**头脑风暴法**:又称集思广益法,它是采用会议的方式。引导每个人广开言路、激发灵感,畅所欲言地发表独立见解的一种集体创造思维的方法	 头脑风暴法
树图:又称系统图,它把要实现的目的与需要采取的措施或手段,一级一级系统地展开,以明确问题的重点,寻找最佳手段或措施	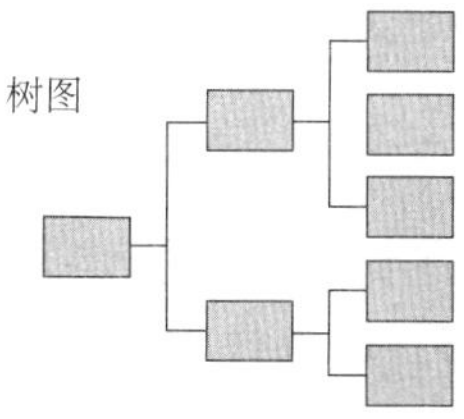 树图		

7.3 质量检验与抽样检验技术

7.3.1 质量检验概述

1. 质量检验的定义

(1)检验就是通过观察和判断,适当结合测量、试验所进行的符合性评价。对产品而言,是指根据产品标准或检验规程对原材料、中间产品、成品进行观察，适当的进行测量或试验，并把所得到的特性值和规定值做比较，判定出各个物品或成批产品合格与不合格的技术性检查活动。

(2)质量检验就是对产品的一个或多个质量特性进行观察、测量、试验，并将结果和规定的质量要求进行比较，以确定每项质量特性合格情况的技术性检查活动。

2. 质量检验的基本要点

(1)一种产品为满足顾客要求或预期的使用要求和政府法律、法规的强制性规定，都要对其技术性能、安全性能、互换性能及对环境和人身安全、健康影响的程度等多方面的要求做出规定，这些规定组成对产品相应质量特性的要求。不同的产品会有不同的质量特性要求，同一产品的用途不同，其质量特性要求也会有所不同。

(2) 对产品的质量特性要求一般都转化为具体的技术要求在产品技术标准(国家标准、行业标准、企业标准)和其他相关的产品设计图样、作业文件或检验规程中明确规定，成为质量检验的技术依据和检验后比较检验结果的基础。经对照比较，确定每项检验的特性是否符合标准和文件规定的要求。

(3)产品质量特性是在产品实现过程形成的，是由产品的原材料、构成产品的各个组成部分(如零、部件)的质量决定的，并与产品实现过程的专业技术、人员水平、设备能力甚至环境条件密切相关。因此，不仅要对过程的作业(操作)人员进行技能培训，对设备能力进行核定，对环境进行监控，明确规定作业(工艺)方法，必要时对作业(工艺)参数进行监控，而且还要对产品进行质量检验，判定产品的质量状态。

(4)质量检验是要对产品的一个或多个质量特性，通过物理的、化学的和其他科学技术手段和方法进行观察、试验、测量，取得证实产品质量的客观证据。因此，需要有适用的检测手段，包括各种计量检测器具、仪器仪表、试验设备等，并且对其实施有效控制，保持所需的准确度和精密度。

(5)质量检验的结果，要依据产品技术标准和相关的产品图样、过程(工艺)文件或检验规程的规定进行对比，确定每项质量特性是否合格，从而对单件产品或批产品质量进行判定。

3. 质量检验的主要功能

(1)鉴别功能

根据技术标准、产品图样、作业(工艺)规程或订货合同的规定，采用相应的检测方法观察、试验、测量产品的质量特性，判定产品质量是否符合规定的要求，这是质量检验的鉴别功能。鉴别是“把关”的前提，通过鉴别才能判断产品质量是否合格。不进行鉴别就不能确定产品的质量状况，也就难以实现质量“把关”。鉴别主要由专职检验人员完成。

(2)把关功能

质量把关是质量检验最重要、最基本的功能。产品实现的过程往往是一个复杂过程，影响质量的各种因素(人、机、料、法、环)都会在这过程中发生变化和波动，各过程(工序)不可能始终处于等同的技术状态，质量波动是客观存在的。因此，必须通过严格的质量检验，剔除不合格品并予以“隔离”，实现不合格的原材料不投产，不合格的产品组成部分及中间产品不转序、不放行，不合格的成品不交付(销售、使用)，严把质量关，实现把关功能。

（3）预防功能

现代质量检验不单纯是事后把关，还同时起到预防的作用。检验的预防作用体现在以下几个方面：

①通过过程（工序）能力的测定和控制图的使用起预防作用。无论是测定过程（工序）能力或使用控制图，都需要通过产品检验取得批数据或一组数据，但这种检验的目的，不是为了判定这一批或一组产品是否合格，而是为了计算过程（工序）能力的大小和反映过程的状态是否受控。如发现能力不足，或通过控制图表明出现了异常因素，需及时调整或采取有效的技术、组织措施，提高过程（工序）能力或消除异常因素，恢复过程（工序）的稳定状态，以预防不合格品的产生。

②通过过程（工序）作业的首检与巡检起预防作用。当一个班次或一批产品开始作业（加工）时，一般应进行首件检验，只有当首件检验合格并得到认可时，才能正式投产。此外，当设备进行了调整又开始作业（加工）时，也应进行首件检验，其目的都是为了预防出现成批不合格品。而正式投产后，为了及时发现作业过程是否发生了变化，还要定时或不定时到作业现场进行巡回抽查，一旦发现问题，可以及时采取措施予以纠正。

③广义的预防作用。实际上对原材料和外购件的进货检验，对中间产品转序或入库前的检验，既起把关作用，又起预防作用。前过程（工序）的把关，对后过程（工序）就是预防，特别是应用现代数理统计方法对检验数据进行分析，就能找到或发现质量变异的特征和规律。利用这些特征和规律就能改善质量状况，预防不稳定生产状态的出现。

（4）报告功能

为了使相关的管理部门及时掌握产品实现过程中的质量状况，评价和分析质量控制的有效性，把检验获取的数据和信息，经汇总、整理、分析后写成报告，为质量控制、质量改进、质量考核以及管理层进行质量决策提供重要信息和依据。

质量报告的主要内容包括：

①原材料、外购件、外协件进货验收的质量情况和合格率。

②过程检验、成品检验的合格率、返修率、报废率和等级率，以及相应的废品损失金额。

③按产品组成部分（如零、部件）或作业单位划分统计的合格率、返修率、报废率及相应废品损失金额。

④产品报废原因的分析。

⑤重大质量问题的调查、分析和处理意见。

⑥提高产品质量的建议。

4. 质量检验的步骤

（1）检验的准备。熟悉规定要求，选择检验方法，制定检验规范。首先要熟悉检验标准和技术文件规定的质量特性和具体内容，确定测量的项目和量值。为此，有时需要将质量特性转化为可直接测量的物理量；有时则要采取间接测量方法，经换算后才能得到检验需要的量值。有时则需要有标准实物样品（样板）作为比较测量的依据。要确定检验方法，选择精密度、准确度适合检验要求的计量器具和测试、试验及理化分析用的仪器设备。确定测量、试验的条件，确定检验实物的数量，对批量产品还需要确定批的抽样方案。将确定的检验方法和方案用技术文件形式做出书面规定，制定规范化的检验规程（细则）、检验指导书，或绘成图表形式的检验流程卡、工序检验卡等。在检验的准备阶段，必要时要对检验人员进行相关知识和技能的培训和考核，确认能否适应检验工作的需要。

(2)测量或试验。按已确定的检验方法和方案，对产品质量特性进行定量或定性的观察、测量、试验，得到需要的量值和结果。测量和试验前后，检验人员要确认检验仪器设备和被检物品试样状态正常，保证测量和试验数据的正确、有效。

(3)记录。对测量的条件、测量得到的量值和观察得到的技术状态用规范化的格式和要求予以记载或描述，作为客观的质量证据保存下来。质量检验记录是证实产品质量的证据，因此数据要客观、真实，字迹要清晰、整齐，不能随意涂改，需要更改的要按规定程序和要求办理。质量检验记录不仅要记录检验数据，还要记录检验日期、班次，由检验人员签名，便于质量追溯，明确质量责任。

(4)比较和判定。由专职人员将检验的结果与规定要求进行对照比较，确定每一项质量特性是否符合规定要求，从而判定被检验的产品是否合格。

(5)确认和处置。检验有关人员对检验的记录和判定的结果进行签字确认。对产品(单件或批)是否可以接收、放行做出处置。

①对合格品准予放行，并及时转入下一作业过程(工序)或准予入库、交付(销售、使用)。对不合格品，按其程度不同分别做出返修、返工、让步接收或报废处置。

②对批量产品，根据产品批质量情况和检验判定结果分别做出接收、拒收、复检处置。

5. 产品验证及监视

1)产品验证

产品验证是指通过提供客观证据，证实规定要求已得到满足的认定。产品验证就是对产品实现过程形成的有形产品和无形产品，通过物理的、化学的和其他科学技术手段和方法进行观察、试验、测量后所提供的客观证据，证实规定要求已经得到满足的认定。它是一种管理性的检查活动。

(1)产品放行、交付前要通过两个过程，第一是产品检验，提供能证实产品质量符合规定要求的客观证据；第二是对提供的客观证据进行规定要求是否得到满足的认定，二者缺一不可。产品检验所提供的客观证据经按规定程序得到认定后才能放行和交付使用。

(2)证实规定要求已得到满足的认定就是对提供的客观证据有效性的确认。其含义如下：

①对产品检验得到的结果进行核查，确认检测得到的质量特性值符合检验技术依据的规定要求；

②要确认产品检验的工作程序、技术依据及相关要求符合程序(管理)文件规定。

③检验(或监视)的原始记录及检验报告数据完整、填写及签章符合规定要求。

(3)产品验证必须有客观证据，这些证据一般都是通过物理的、化学的和其他科学技术手段和方法进行观察、试验、测量后取得的。因此，产品检验是产品验证的基础和依据，是产品验证的前提，产品检验的结果要经规定程序认定，因此，产品验证即是产品检验的延伸，又是产品检验后放行、交付必经的过程。

(4)产品检验出具的客观证据是产品实现的生产者提供的。对采购产品进行验证时，产品检验出具的客观证据则是供货方提供的，采购方根据需要也可以按规定程序进行复核性检验，这时产品检验即是供货方产品验证的补充，又是采购方采购验证的一种手段。

(5)产品检验是对产品质量特性是否符合规定要求所做的技术性检查活动，而产品验证则是规定要求已得到满足的认定，是管理性检查活动，两者性质是不同的，是相辅相成的。

(6)产品验证的主要内容：

①查验提供的质量凭证。核查物品名称、规格、编号(批号)、数量、交付(或作业完成)单位、日期、产品合格证或有关质量合格证明，确认检验手续、印章和标记，必要时核对主要技术指标或质量特性值。它主要适用于采购物资的验证。

②确认检验依据的技术文件的正确性、有效性。检验依据的技术文件，一般有国家标准、行业标准、企业标准、采购(供货)合同(或协议)。具体依据哪一种技术文件需要在合同(或协议)中明确规定。对于采购物资，必要时要在合同(或协议)中另附验证方法协议，确定验证方法、要求、范围、接收准则、检验文件清单等。

③查验检验凭证(报告、记录等)的有效性，凭证上检验数据填写的完整性，产品数量、编号和实物的一致性，确认签章手续是否齐备。这主要适用于过程(作业)完成后准予放行。

④需要进行产品复核检验的，由有关检验人员提出申请，送有关检验部门(或委托外部检验机构)进行检验并出具检验报告。

2)监视

(1)监视是对某项事物按规定要求给予应有的观察、注视、检查和验证。现代工业化国家的质量管理体系要求对产品的符合性、过程的结果实施监视和测量。这就要求对产品的特性和对影响过程能力的因素进行监视，并对其进行测量，获取证实产品特性符合性的证据，及证实过程结果达到预定目标的能力的证据。

(2)在现代工业化生产中，过程监视是经常采用的一种有效的质量控制方式，并作为检验的一种补充形式广泛地在机械、电气、化工、食品等行业中使用。

在自动化生产线中，对重要的过程(工序)和环节实施在线主动测量，不间断地对过程的结果进行自动监视和控制(包括测量后的反馈、修正和自适应调整)，以实现对中间产品和最终产品进行监视和控制。但主动测量结果要有对标准试样的检验结果作为比较的基准与参照的对象。

有些产品在形成过程中，过程的结果不能通过其后的检验(或试验)来确认(如必须对样品破坏才能对产品内在质量进行检测；检测费用昂贵，不能作为常规检测手段)，或产品(流程性材料)的形成过程是连续不断的，其产品特性取决于过程参数，而停止作业过程来进行检测调整参数是十分困难、代价很大或者是不可能的。对这些过程，生产者往往通过必要的监视手段(如仪器、仪表)实施对作业有决定性影响的过程参数进行监视，并在必要时进行参数调整，确保过程稳定，实现保证产品质量符合规定要求的目的。

因此，在产品实现过程的质量控制中，监视和检验是不可能相互替代的，两者的作用是相辅相成、互为补充的。

(3)为确保过程的结果达到预期的质量要求，应对过程参数按规定进行监视，并对过程运行、过程参数做出客观、完整无误的记录，作为验证过程结果的质量满足规定要求的证据。

检验人员对作业过程应实施巡回检查，并在验证过程记录后签字确认。

7.3.2 抽样检验技术

抽样检验指从批量为 N 的一批产品中随机抽取其中的一部分单位产品组成样本，然后对样本中的所有单位产品按产品质量特性逐个进行检验，根据样本的检验结果判断产品批合格与否的过程。抽样检验的研究起始于20世纪20年代，那时就开始了利用数理统计方法制订抽样检查表的研究。1944年，道奇和罗米格发表了“一次和二次抽样检查表”，这套抽样检查表目前在国际上仍被广泛地应用。1974年，ISO发布了“计数抽样检查程序及表”(ISO 2859—1974)，后在1999年发布了ISO 2859—1:1999。我国在ISO标准基础上建立了抽样检验国家标准GB/T 2828.1—2012，标准建立了“逐批检查计数抽样程序及抽样表”。此外，我国于1991年发布了GB/T 13262—1991《不合格品率的计算标准型 一次抽样检查程序及抽样表》(适用于孤立批的检查)等国家标准，2008年更新发布了GB/T 13262—2008。

1. 抽样检验基本术语与分类

1)术语

(1)批：相同条件下制造出来的一定数量的产品，称为“批”。在5M1E(人、机、料、法、测、环6个因素)基本相同的生产过程中，连续生产的一系列批称为连续批；不能定为连续批的批称为孤立批。

(2)单位产品：为了实施抽样检查而对产品划分的基本单位。单位产品可按自然划分，如一批灯泡中的每个灯泡称为一个单位产品。有些时候必须人为规定，如一米布、一匹布等。

(3)批量和样本大小：批量是指批中包含的单位产品个数，以 N 表示。样本大小是指随机抽取的样本中单位产品个数，以 n 表示。抽样检验方案：规定样本大小和一系列接收准则的一个具体方案。

(4)两类风险 α 和 β：由于抽样检验的随机性，将本来合格的批，误判为拒收的概率，这对生产方是不利的，因此称为第Ⅰ类风险或生产方风险，以 α 表示；而本来不合格的批，也有可能误判为可接收，将对使用方产生不利，该概率称为第Ⅱ类风险或使用方风险，以 β 表示。

2)抽样方案分类

(1)按产品质量特性分类，抽样方案有两大类。

①计数抽样方案：单位产品质量特征值为计点值(缺陷数)或计件值(不合格品数)的抽样方案。

②计量抽样方案：单位产品质量特性值为计量值(强度、尺寸等)的抽样方案。

(2)按抽样方案的制订原理来分类，有三大类。

①标准型抽样方案：该方案是为保护生产方利益，同时保护使用方利益，预先限制生产方风险 α 的大小而制定的抽样方案。

②挑选型抽样方案：所谓挑选型方案是指，对经检验判为合格的批，只需要替换样本中的不合格品；而对于经检验判为拒收的批，必须全检，并将所有不合格品全替换成合格品。

③调整型抽样方案：该类方案由一组方案(正常方案、加严方案和放宽方案)及一套转移规则组成，根据过去的检验资料及时调整方案的宽严。该类方案适用于连续批产品。

(3)按抽样的程序分类

①一次抽样方案：仅需从批中抽取一个大小为 n 样本，便可判断该批接收与否。

②二次抽样方案：抽样可能要进行两次，对第一个样本检验后，可能有三种结果：接收、拒收、继续抽样。若得出“继续抽样”的结论，抽取第二个样本进行检验，最终做出接收还是拒收的判断。

③多次抽样：多次抽样可能需要抽取两个以上具有同等大小样本，最终才能对批做出接收与否判定。是否需要第 i 次抽样要根据前次（$i-1$ 次）抽样结果而定。多次抽样操作复杂，需做专门训练。通常采用一次或二次抽样方案。

下面介绍两个常用抽样方案：计数标准型一次抽样方案和计数调整型抽样方案。

2. 计数标准型一次抽样方案（GB/T 13262—2008）

1）基本概念

（1）接收上界 p_0 和拒收下界 p_1

接收上界 p_0：设交验批的不合格率为 p，当 $p \leqslant p_0$ 时，交验批为合格批，可接收。

拒收下界 p_1：设交验批的不合格率为 p，当 $p \geqslant p_1$ 时，交验批为不合格批，应拒收。

（2）一次抽样方案（n；A）

一次抽样方案（n；A）是指从批中抽取一个大小为 n 的样本，如果样本的不合格品个数 d 不超过预定指定的数 A，判定此批为合格，否则判为不合格。A 称为“合格判定数”或“接受数”。一次抽样实施程序如图7.8所示。

（3）OC 函数和 OC 曲线

OC 函数又称操作特性函数，表示不合品率为 p 的交验批被抽样方案（n；A）判定为接收的概率，计算公式如下：

$$P(p) = P(d \leqslant A) = \sum_{d=0}^{A} C_n^d p^d (1-p)^{n-d} \tag{7.18}$$

式（7.18）中，$p = d/n$。

OC 函数具有下列性质：

①$P(0)=1$，即当交验批没有不合格品时，应被百分之百接收。

(2)$P(1)=0$，即当交验批有不合格品时，应被百分之百拒绝接收。

(3)$P(p)$为 p 的减函数，即当交验批不合格品率变大时，被接收的概率应相应减小。

OC 函数的图形如图7.9所示。

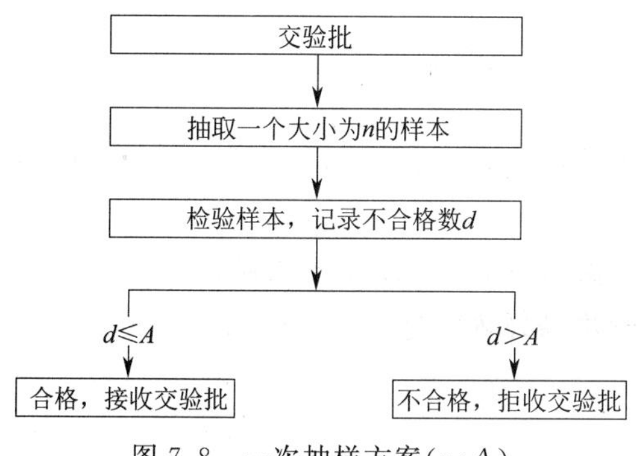

图7.8　一次抽样方案（n；A）

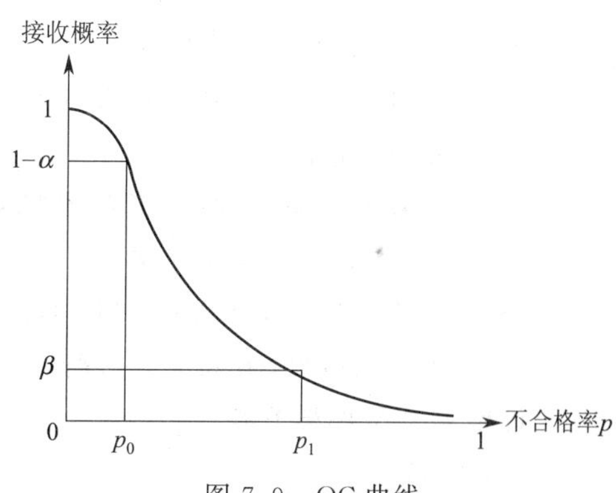

图7.9　OC 曲线

2）方案制订原理

标准型抽样方案是为了同时保障生产方和顾客利益，预先限制两类风险 α 和 β 前提下制订的，也即要求

(1) $p \leqslant p_0$ 时，$P(p) \geqslant 1-\alpha$，也就是当样本抽样合格时，接收概率应该保证大于 $1-\alpha$。

(2) $p \geqslant p_1$ 时，$P(p) \leqslant \beta$，即当样本抽样不合格时，接收概率应该保证小于 β。

根据 OC 函数的递减性，上述要求等价于 $(n;A)$ 满足下列方程组：

$$\begin{cases} \sum_{d=0}^{A} C_n^d p_0^d (1-p_0)^{n-d} = 1-\alpha \\ \sum_{d=0}^{A} C_n^d p_1^d (1-p_1)^{n-d} = \beta \end{cases} \tag{7.19}$$

因此，如果预先确定好 p_0, p_1, α, β 的大小，就可以根据式(7.19)求出 n 和 A 的大小，也就是能确定标准型一次抽样方案 $(n;A)$。对于 α 和 β 的值，经过长期实践和理论证明，一般取 $\alpha=5\%$，$\beta=10\%$ 比较合适，国家标准 GB/T 13262—2008 就是按此制定的（表 7.8 列出了该标准的部分方案）。

表 7.8 部分计数标准型一次抽样方案(GB/T 13262—2008) $\alpha=5\%$，$\beta=10\%$

p_1,% / p_0,%	7.11~8.00	8.01~9.00	9.01~10.00	10.1~11.2	11.3~12.5	12.6~14.0	14.1~16.0
0.711~0.800	49,1	46,1	42,1	38,1	34,1	31,1	27,1
0.801~0.900	47,1	44,1	40,1	38,1	34,1	31,1	27,1
0.901~1.00	74,2	42,1	39,1	36,1	34,1	30,1	27,1
1.01~1.12	72,2	64,2	37,1	35,1	32,1	30,1	27,1

3)标准型一次抽样方案制订和实行步骤

(1)规定单位产品需要检验的质量特性值。

(2)生产方和使用方共同协商 p_0, p_1, α, β 的大小。

(3)组成交验批。

(4)按照国家标准 GB/T 13262—2008 检索出对应的抽样方案。

(5)随机抽取大小为 n 的样本。

(6)检查样本，记录不合格数 d。

(7)交验批判断：若 $d \leqslant A$，接收交验批；若 $d > A$，拒收交验批。

(8)交验批的处置。

[例 7-5] 某批产品交验，供需双方规定 $p_0=10\%$，$p_1=10\%$，$\alpha=5\%$，$\beta=10\%$，求检验该批产品的标准型一次抽样方案。

解：查国家标准 GB/T 13262—2008，$p_0=1\%$ 在 0.901%~1.00% 范围内，$p_1=10\%$ 在 9.01%~10.00% 范围内，由表 7.8 可得，标准型一次抽样方案 $(n;A)=(39;1)$。

3. 计数调整型抽样方案

1)基本概念

(1)可接收质量水平(AQL)。

AQL 是指对于连续批系列，为进行抽样检验，可以接收的过程平均的最低质量水平。

AQL 不是针对某一批产品或某一个抽样方案的描述，而是生产方和使用方商定的过程平均的不合格品率的上限。当 AQL 小于或等于 10 的合格质量水平数值时，可以是每百单位不合格品数，也可以是每百单位产品不合格数；当 AQL 大于 10 时仅表示每百单位产品不合格数。AQL 参考数值与产品适用范围的关系见表 7.9。

表 7.9　AQL 参考数值

使用要求	特高	高	中	低
AQL	≤0.1	≤0.65	≤2.5	≥4.0
适用范围	导弹、卫星宇宙飞船	飞机、舰艇、重要军工产品	一般军用、工农业产品	一般民用产品

(2)检查水平

调整型抽样方案中，除了预定一个 AQL 外，还要选定一个检查水平。所谓检查水平是指经过综合考虑所需的抽检费用和被拒收可能造成的损失而确定的样本大小。在 AQL 相同条件下，如检查水平低，样本就小，检验费用也少。GB/T 2828.1—2012 把检查水平由低到高分为 7 个等级：S-1、S-2、S-3、S-4、Ⅰ、Ⅱ、Ⅲ；前四个为特殊检查水平，适用于军品检验或破坏性检验等检验费用高的产品；后三个为一般检查水平，用于民品，常选用检查水平Ⅱ。

(3)样本大小字码

为了简化抽样方案表，可以预先将抽样样本大小 n 用一组字码表示，再通过字码和 AQL 查得抽样方案。由于样本大小是根据检查水平和批量确定的，所以 GB/T 2828.1—2012 专门制订了一个字码表(见表 7.10)，每种字码代表一个样本大小。

表 7.10　计数调整型抽样字码表

批量范围 N	特殊检查水平				一般检查水平		
	S-1	S-2	S-3	S-4	Ⅰ	Ⅱ	Ⅲ
2～8	A	A	A	A	A	A	B
9～15	A	A	A	A	A	B	C
16～25	A	A	B	B	B	C	D
26～50	A	B	B	C	C	D	E
51～90	B	B	C	C	C	E	F
91～150	B	B	C	D	D	F	G
151～280	B	C	D	E	E	G	H
281～500	B	C	D	E	F	H	J
501～1 200	C	C	E	F	G	J	K
1 201～3 200	C	D	E	G	H	K	L
3 201～10 000	C	D	F	G	J	L	M
10 001～35 000	C	D	F	H	K	M	N
35 001～150 000	D	E	G	J	L	N	P

(4)转移规则

调整型抽样方案是根据连续交验批的产品质量及时调整抽样方案的宽严，以控制质量波动，并刺激生产方主动、积极地不断改进质量。GB/T 2828.1—2012 的具体转移规则如

图 7.10 所示。

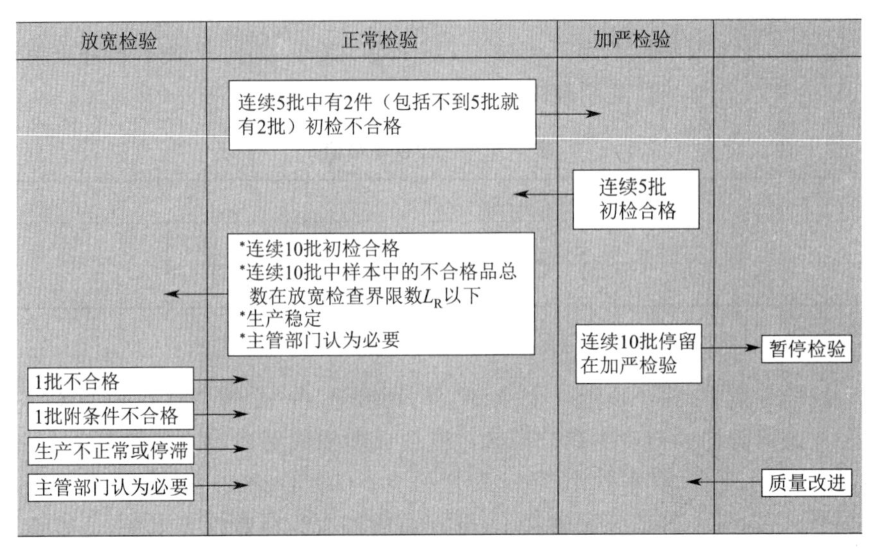

图 7.10　调整方案的转移规则

①正常转为加严。在采用一般检查水平抽检时，如果质量变为低劣，则应由正常检验转换为加严检验。加严意味着样本大小 n 不变，但合格判定数 A 变小；

②加严转换为正常。当采用加严方案时，如果连续 5 批抽检合格，则转为正常抽检。

③正常转为放宽。如果连续批检验发现质量稳定，则可将正常检验方案转为放宽方案。

(5)调整型抽样方案(n；A_c，A_e)

方案中 n 表示样本大小，A_c 表示接收判定数，A_e 表示拒收判定数。若不合格数小于或等于 A_c，则接收该批；若不合格数大于或等于 A_e，则拒收该批。当不合格数 $A_c<d<A_e$ 时，如果此时为放宽检验，则表示要该批产品可以接收，但要由放宽检验转为正常检验(图 7.11 所示的“1 批附条件不合格”规则)；若抽样方案为二次或多次抽样检验，$A_c<d<A_e$ 表示应该继续进行下一次抽样检验，如图 7.11 所示。

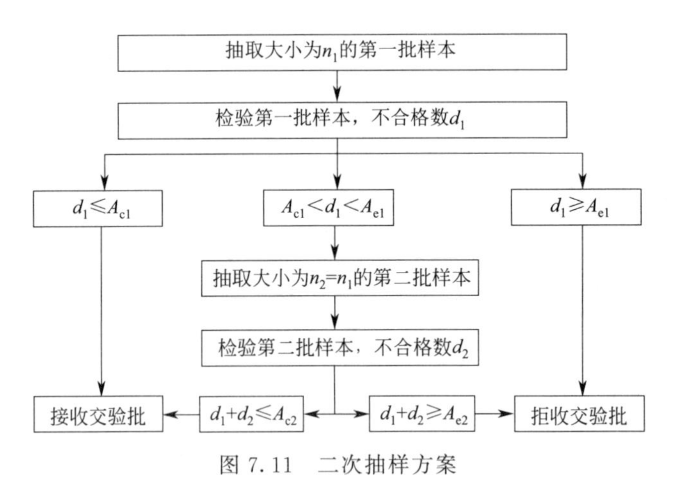

图 7.11　二次抽样方案

2)计数调整型方案制定程序

(1)规定单位产品的待检验质量特性值。

(2)规定AQL和检查水平。

(3)组成交验批,确定批量 N。

(4)规定抽样的次数。

(5)根据批量和检查水平通过GB/T 2828.1—2012检索样本大小字码。

(6)根据字码和AQL通过GB/T 2828.1—2012正常抽检方案表检索出正常方案。

(7)同样检索出加严方案和放宽方案。

(8)查取放宽界限数 L_R。

(9)制订调整型抽样方案组(包括正常方案、加严方案、放宽方案)。

(10)从正常方案开始抽取样本。

(11)交验批判断。

(12)交验批处置。

(13)按照转移规则确定下一次抽样方案的宽严。

[例7-6]　已知批量 $N=1\ 000$,交验批质量指标为不合格品率 p,预先规定AQL=2.5%,采用一般检查水平Ⅱ,试制订计数调整型一次抽样方案和计数调整型二次抽样方案。

解:(1)由 $N=1\ 000$,一般检查水平Ⅱ,查表7.10,得样本大小字码为J。

(2)由样本大小字码J,AQL=2.5%,查附录表B-1 GB/T 2828.1—2012正常检查一次抽样方案为(80;5,6)。

(3)同样可查得加严检查一次抽样方案见附录B表B-2(80;3,4)和放宽检查一次抽样方案见附录B表B-3(32;2,5)。

(4)由 $10n=800$,AQL=2.5%,查得 $L_R=14$。

(5)将上述三个方案连同一套转移规则组成表7.11调整型一次抽样方案组。

表7.11　调整型一次抽样方案组

方案宽严	样本大小	A_c,A_e	转移规则
正常方案	80	5,6	$L_R=14$(略)
加严方案	80	3,4	
放宽方案	32	2,5	

(6)根据(1)～(5)类似方法,可以查出调整型二次抽样方案组(见表7.12)。

表7.12　调整型二次抽样方案组

方案宽严	样本大小 n_1/n_2	$A_{c1},A_{e1}/A_{c2},A_{e2}$	转移规则
正常方案	80/80	2,5/6,7	(略)
加严方案	80/80	1,4/4,5	
放宽方案	20/20	0,4/3,6	

4. 标准型抽样方案和调整型抽样方案的选用

通常来讲,无论什么情况下均可使用标准型抽样方案。在给定两类风险 $\alpha=5\%,\beta=$

10%的情况下,我国制定了标准型抽样方案国家标准 GB/T 13262—2008。实际上,两类风险如此规定也符合国际惯例。而对于调整型方案,由于是根据过去的检验资料进行抽样方案的调整,因此,它只适用于在生产稳定的条件下连续批的检查,批与批之间关系密切,待检批可以利用已检批的质量信息,以便决定抽样方案的宽严。通常,GB/T 2828.1—2012 制订的调整型方案标准不适用于孤立批。但也有一些单位把调整型抽样方案中的正常方案当作标准型抽样方案使用,也是可行的。

【思考题与习题】

1. 什么是直方图?其作用如何?怎样使用直方图?

2. 质量管理新 7 种工具是哪些?

3. 某厂生产某零件,技术标准要求公差范围为(320±25)mm,经随机抽样得到 100 个数据见表 7.13,根据表中数据做直方图。

表 7.13　抽样得到的 100 个数据

302	304	305	306	306	307	307	308	308	309
309	310	310	310	311	311	311	311	312	312
312	313	313	313	314	314	314	313	315	315
315	316	316	316	316	317	317	317	317	317
317	318	318	318	318	318	318	318	318	319
319	319	319	320	320	320	320	320	320	320
320	320	320	321	321	320	320	320	320	320
321	322	322	322	323	323	323	323	324	324
324	325	325	325	326	326	327	327	328	328
319	329	330	331	331	332	333	334	335	337

4. 简述过程能力和过程能力指数。

5. 控制图的作用是什么?

6. 已知某零件尺寸要求为 $50^{+0.3}_{-0.1}$ mm,取样实际测定后求得 $\overline{X}=50.05$mm,标准差 δ 为 0.061,求过程能力指数及不合格品率。

7. 某一产品含某一杂质要求最高不能超过 12.2 mg,样本标准偏差为 0.038,$\overline{X}$ 为 12.1,求过程能力指数。

8. 什么是质量检验?质量检验主要功能是什么?

9. 什么是调整型抽样方案?它的基本原理和特点是什么?

10. 已知批量 $N=7\ 000$,指定 AQL=1.5%,采用一般检查水平 II,试制订计数调整型一次抽样方案和计数调整型二次抽样方案。

11. 某制药厂片剂车间生产某种药品对颗粒水分的数据见表7.14，试做$\bar{X}$-R控制图。

表7.14 药品对颗粒水分的数据表

子样号	检查值				$\bar{X}_i$	R_i	备注
	X_1	X_2	X_3	X_4			
1	3.0	4.2	3.5	3.8	3.62	1.2	
2	4.3	4.1	3.7	3.9	4.0	0.6	
3	4.2	3.6	3.2	3.4	3.60	1.0	
4	3.9	4.3	4.0	3.6	3.95	0.7	
5	4.4	3.4	3.8	3.9	3.88	1.0	
6	3.7	4.7	4.3	3.6	4.08	0.9	
7	3.8	3.9	4.3	4.5	4.12	0.7	
8	4.4	4.3	3.8	3.9	4.10	0.6	
9	3.7	3.2	3.4	4.2	3.62	1.0	
10	3.1	3.9	4.2	3.0	3.50	1.2	
11	3.2	3.8	3.8	3.7	3.62	1.0	
12	3.1	4.4	4.8	4.2	4.05	1.4	
13	3.4	3.5	3.8	3.9	3.70	0.5	
14	4.4	4.2	4.31	3.5	4.05	0.9	
15	3.4	3.5	3.8	4.4	3.78	1.0	
16	3.9	3.7	3.2	4.8	3.70	0.8	
17	4.4	4.3	4.0	3.7	4.10	0.7	
18	3.6	3.2	3.6	4.4	3.70	1.2	
19	3.2	4.4	4.2	4.5	4.08	1.3	
20	4.7	4.6	3.8	3.2	4.08	1.5	
21	4.8	4.2	4.0	3.0	4.0	1.8	
22	4.5	3.5	3.0	4.8	3.95	1.8	
23	4.8	3.2	4.2	3.0	3.55	1.2	
24	4.2	4.0	3.8	3.5	3.88	0.7	
25	4.3	3.6	3.2	4.4	3.82	1.4	

第 8 章　质量管理体系

8.1　质量管理体系的基本知识

8.1.1　概述

1. 体系、管理体系和质量管理体系

2005 版 ISO 9000 族标准的作用是帮助各种类型和规模的组织实施并运行有效的质量管理体系。可以认为，不了解体系，就不能理解标准，更不能建立和实施有效的质量管理体系。

在管理领域，体系和系统并无严格区别，既可称为体系，也可称为系统。2015 版 ISO9000 族标准将两者视为同义词，所以，质量管理体系，也就是质量管理系统；系统科学的有关理论，同样可用来研究质量管理体系。

质量管理原则之一“管理的系统方法”强调：“将相互关联的过程作为系统加以识别、理解和管理，有助于组织提高实现目标的有效性和效率。”

研究体系（系统）的主要“工具”是系统工程。系统工程是以系统为对象的一门跨学科的边缘科学，是对所有系统都具有普遍意义的一种现代化管理技术，也是研究和解决复杂问题的有效手段。

体系（系统）可以说无所不在，大到宇宙、太阳系、社会，小到企业、产品和过程，都可视为一个体系（系统）。人们总是通过体系认识自然，了解社会。成功的管理者总是通过体系（系统）去管理组织，通过体系（系统）来提高管理效率和总体业绩。

在系统理论中，将体系（系统）的组成部分称为体系的单元或元素，当体系的组成部分不很明确或组成部分数量较多时，我们习惯将组成部分称为“要素”，以强调体系中的主要元素。

ISO 9000 标准将体系（系统）、管理体系和质量管理体系三个术语定义为：

体系（系统），相互关联或相互作用的一组要素。

管理体系，建立方针和目标并实现这些目标的体系。

质量管理体系，在质量方面指挥和控制组织的管理体系。

根据 ISO 9000 族标准约定的术语替代规则，管理体系是：建立方针和目标并实现这些目标的“相互关联或相互作用的一组要素”。

同样质量管理体系中的“管理体系”也可用管理体系的定义所替代。

不难看出，质量管理体系和管理体系都具有术语“体系”的所有属性，其实质都强调相互关联和相互作用的一组要素，而质量管理体系还具有管理体系的属性。

从定义可看出，质量管理体系具有以下特征：

(1)具有(在质量方面)指挥、控制组织的管理特征。

(2)在建立和实现(质量)方针和目标方面，具有明确的目标特征。

(3)与组织的其他管理体系一样，其组成要素具有相互关联和相互作用的体系特征。

2. 质量管理体系的主要特性

1)总体性

尽管组成体系的各要素在体系中都有自己特定的功能或职能，但就体系总体而言，系统的功能必须由系统的总体才能实现。体系的总体功能可以大于组成体系各要素功能之和，或具有其要素所没有的总体功能。

体系和要素是辩证的统一。以汽车发动机为例，它本身即可以作为一个"系统"，而在研究对象是汽车时，发动机这个系统就转化为汽车这个体系中的一个"要素"。

2)关联性

组成体系的要素，既具独立性，又具相关性，而且各要素和体系之间同样存在这种"相互关联或相互作用"的关系。过程控制，特别是统计过程控制的任务之一就是识别、控制和利用"要素"之间的关联性或相互作用。如：由于日本的一些企业采用了"三次设计"(系统设计、参数设计、容差设计)，充分利用了有关参数之间的关联作用(统计上称"交互作用")，从而做到了用次于美国的元器件组装优于美国的整机。相反，如果对要素之间的关联性不加识别和控制，就有可能造成不良后果。又如：在设计更改中，如果只考虑更改部位的合理性，而不考虑更改对其他部件和整机的影响，这在客观上就有可能"制造"了一个质量隐患。

3)有序性

所谓有序性，通俗地讲，就是将实现体系目标的全过程按照严格的逻辑关系程序化。通常我们不能保证执行体系目标的每个人在认识上完全一致，但必须使他们的行为做到井然有序。体系功能的有效性，不仅取决于要素(内在)的作用，在一定程度上也取决于有序化程度，而这种有序化程度又与组织的产品类别、过程复杂性和人员素质相关。

为了做到有序性，可以编制一个经过优化了的形成文件的程序，以规定一项活动的目的和范围，由谁来做，如何做，在什么时间、什么场合做等。对于一些约定俗成的活动，只要大家能习惯地遵循，也不一定通过编制文件来达到有序化。

4)动态性

所谓动态性，是指体系的状态和体系的结构在时间上的演化趋势。

应当强调，体系的结构(包括其管理职责)总是相对保守和稳定的因素，而市场和顾客的需求则是相对活跃和变化的因素，一般而言，前者总是落后于后者，但又必须服从于或适应于后者。为了保持体系的动态平衡，为了使体系能适应于市场和顾客的不断变化的需求，就要求一个组织不仅应当理解顾客当前的需求以满足顾客的要求，而且应当理解顾客未来的需求并争取超越顾客的期望。

8.1.2 质量管理的基本原则

1. 质量管理基本原则的内容

多年来，基于质量管理的理论和实践经验，在质量管理领域，形成了一些有影响的质量管理的基本原则和思想。国际标准化组织(ISO)吸纳了当代国际最受尊敬的一批质量管理专家在质量管理方面的理念,结合实践经验及理论分析,用高度概括又易于理解的语言,总结为质量管理的八项原则。这些原则适用于所有类型的产品和组织,成为质量管理体系建立的理论基础。

七项质量管理基本原则是:

(1)以顾客为关注焦点。

(2)领导作用。

(3)全员参与。

(4)过程方法。

(5)改进。

(6)循证决策。

(7)管理关系。

2. 质量管理基本原则的理解

1)以顾客为关注焦点

组织依存于顾客。因此,组织应当理解顾客当前和未来的需求,满足顾客要求并争取超越顾客期望。

顾客是组织存在的基础,如果组织失去了顾客,就无法生存下去,所以组织应把满足顾客的需求和期望放在第一位。将其转化成组织的质量要求,采取措施使其实现;同时还应测量顾客的满意程度,处理好与顾客的关系,加强与顾客的沟通,通过采取改进措施,以使顾客和其他相关方满意。由于顾客的需求和期望是不断变化的,也是因人因地而异的,因此需要进行市场调查,分析市场变化,以此来满足顾客当前和未来的需求并争取超越顾客的期望,以创造竞争优势。

2)领导作用

领导者确立组织统一的宗旨及方向。他们应当创造并保持能使员工充分参与实现组织目标的内部环境。

领导的作用即最高管理者具有的决策和领导一个组织的关键作用。为了给全体员工实现组织的目标创造良好的工作环境,最高管理者应建立质量方针和质量目标,以体现组织总的质量宗旨和方向,以及在质量方面所追求的目的。应时刻关注组织经营的国内外环境,制订组织的发展战略,规划组织的蓝图。质量方针应随着环境的变化而变化,并与组织的宗旨相一致。最高管理者应将质量方针、目标传达落实到组织的各职能部门和相关层次,让全体员工理解和执行。

为了实施质量方针和目标,组织的最高管理者应身体力行,建立、实施和保持一个有效的质量管理体系,确保提供充分的资源,识别影响质量的所有过程,并管理这些过程,使顾客和相关方满意。

为了使建立的质量管理体系保持其持续的适宜性、充分性和有效性,最高管理者应亲自主持对质量管理体系的评审,并确定持续改进和实现质量方针、目标的各项措施。

3)全员参与

"各级人员都是组织之本,只有他们的充分参与,才能使他们的才干为组织带来收益。"

全体员工是每个组织的根本,人是生产力中最活跃的因素。组织的成功不仅取决于正确的领导,还有赖于全体人员的积极参与。所以应赋予各部门、各岗位人员应有的职责和权限,为全体员工制造一个良好的工作环境,激励他们的创造性和积极性,通过教育和培训,增长他们的才干和能力,发挥员工的革新和创新精神;共享知识和经验,积极寻求增长知识和经验的机遇,为员工的成长和发展创造良好的条件。这样才会给组织带来最大的收益。

4)过程方法

“将活动和相关的资源作为过程进行管理,可以更高效地得到期望的结果。”

任何使用资源将输入转化为输出的活动即认为是过程。组织为了有效地运作,必须识别并管理许多相互关联的过程。系统地识别并管理组织所应用的过程,特别是这些过程之间的相互作用,称为“过程方法”。

在建立质量管理体系或制订质量方针和目标时,应识别和确定所需要的过程,确定可预测的结果,识别并测量过程的输入和输出,识别过程与组织职能之间的接口和联系,明确规定管理过程的职责和权限,识别过程的内部和外部顾客,在设计过程时还应考虑过程的步骤、活动、流程、控制措施、投入资源、培训、方法、信息、材料和其他资源等。只有这样才能充分利用资源,缩短周期,以较低的成本实现预期结果。

5)改进

“持续改进总体业绩应当是组织的一个永恒目标。”

组织所处的环境是在不断变化的,科学技术在进步、生产力在发展。人们对物质和精神的需求在不断提高,市场竞争日趋激烈,顾客的要求越来越高。因此组织应不断调整自己的经营战略和策略,制订适应形势变化的策略和目标,提高组织的管理水平,才能适应这样的竞争的生存环境。所以持续改进是组织自身生存和发展的需要。

持续改进是一种管理的理念,是组织的价值观和行为准则,是一种持续满足顾客要求、增加效益、追求持续提高过程有效性和效率的活动。

持续改进应包括:了解现状,建立目标,寻找、实施和评价解决办法,测量、验证和分析结果,把它纳入文件等活动,其实质也是一种 PDCA 的循环,从策划、计划开始,执行并检查效果,直至采取纠正和预防措施,将它纳入改进成果加以巩固。

6)循证决策

“有效决策是建立在数据和信息分析的基础上。”

成功的结果取决于活动实施之前的精心策划和正确决策。决策的依据应采用准确的数据和信息,分析或依据信息做出判断是一种良好的决策方法。在对数据和信息进行科学分析时,可借助于其他辅助手段。统计技术是最重要的工具之一。

应用基于事实的决策方法,首先应对信息和数据的来源进行识别,确保获得充分的数据和信息的渠道,并能将得到的数据正确方便地传递给使用者,做到信息的共享,利用信息和数据进行决策并采取措施。其次用数据说话,以事实为依据,有助于决策的有效性,减少失误并有能力评估和改变判断和决策。

7)关系管理

“组织与供方等相关方的关系是相互依存的,互利的关系可增强双方创造价值的能力。”

供方提供的产品对组织向顾客提供满意的产品可以产生重要的影响。因此把供方、协作方、合作方都看作是组织经营战略同盟中的合作伙伴，形成共同的竞争优势，可以优化成本和资源，有利于组织和供方共同得到利益。

组织在形成经营和质量目标时，应及早让供方参与合作，帮助供方提高技术和管理水平，形成彼此相关的利益共同体。

因此，需要组织识别、评价和选择供方，处理好与供方或合作伙伴的关系，与供方共享技术和资源，加强与供方的联系和沟通，采取联合改进活动，并对其改进成果进行肯定和鼓励，都有助于增强供需双方创造价值的能力和对变化的市场做出灵活和迅速反应的能力，从而达到优化成本和资源的目的。

8.1.3 ISO 9000族质量管理体系标准的产生和发展

第二次世界大战期间，军事工业得到了迅猛的发展，各国政府在采购军品时，不但提出产品特性要求，还对供应厂商提出了质量保证的要求。20世纪50年代末，美国发布了MIL-Q-9858A《质量大纲要求》，成为世界上最早的有关质量保证方面的标准。而后，美国国防部制定和发布了一系列的生产武器和承包商评定的质量保证标准。

20世纪70年代初，借鉴了军用质量保证标准的成功经验，美国标准化协会（ANSI）和机械工程师协会（ASME）分别发布一系列有关原子能发电和压力容器生产的质量保证标准。

美国军品生产方面的质保活动的成功经验，在世界范围内产生了很大的影响，一些工业发达国家，如英国、法国、加拿大等，在20世纪70年代末先后制定和发布了用于民品生产的质量管理和质量保证标准。随着各国经济的相互合作和交流，对供方质量体系审核已逐渐成为国际贸易和国际合作的前提。世界各国先后发布了许多关于质量体系及审核的标准。由于各国标准的不一致，给国际贸易带来了障碍，质量管理和质量保证的国际化成为当时世界各国的迫切需要。

随着地区化、集团化、全球化经济的发展，市场竞争日趋激烈，顾客对质量的期望越来越高，每个组织为了竞争和保持良好的经济效益，努力设法提高自身的竞争能力以适应市场竞争的需要。为了成功地领导和运作一个组织，需要采用一种系统的和透明的方式进行管理，针对所有顾客和相关方的需求，必须建立、实施并保持持续改进其业绩的管理体系，从而使组织获得成功。

顾客要求产品具有满足其需求和期望的特性，这些需求和期望在产品规范中表述。如果提供和支持产品的组织质量管理体系不完善，规范本身就不能始终满足顾客的需要。因此，这方面的关注导致了质量管理体系标准的产生，并以其作为对技术规范中有关产品要求的补充。

国际标准化组织（ISO）于1979年成立了质量保证技术委员会（TC 176），1987年更名为质量管理和质量保证技术委员会，负责制定质量管理和质量保证标准。1986年发布了ISO 8402《质量——术语》标准，1987年发布了ISO 9000《质量管理和质量保证标准——选择和使用指南》、ISO 9001《质量体系——设计开发、生产、安装和服务的质量保证模式》、ISO 9002《质量体系——生产和安装的质量保证模式》、ISO 9003《质量体系——最终检验和试验的质量保证模式》、ISO 9004《质量管理和质量体系要素——指南》等6项标准，通称为

ISO 9000系列标准。

ISO 9000系列标准的颁布，使各国的质量管理和质量保证活动统一在ISO 9000系列标准的基础上。标准总结了工业发达国家先进企业的质量管理的实践经验，统一了质量管理和质量保证的术语和概念，并对推动组织的质量管理、实现组织的质量目标、消除贸易壁垒、提高产品质量和顾客的满意程度等产生了积极的影响，受到了世界各国的普遍关注和采用。迄今为止，它已被全世界150多个国家和地区等同采用为国家标准，并广泛用于工业、经济和政府的管理领域，有50多个国家建立了质量管理体系认证制度，世界各国质量管理体系审核员注册的互认和质量管理体系认证的互认制度也在广泛范围内得以建立和实施。

为了使1987年版的ISO 9000系列标准更加协调和完善，ISO/TC 176质量管理和质量保证技术委员会于1990年决定对标准进行修订，提出了《90年代国际质量标准的实施策略》(国际上通称为《2000年展望》)。

按《2000年展望》提出的目标，标准分两阶段修改。第一阶段修改称为："有限修改"，即修改为1994年版本的ISO 9000族标准。第二阶段修改是在总体结构和技术内容上作较大的全新修改。其主要任务是："识别并理解质量保证及质量管理领域中顾客的需求，制定有效反映顾客期望的标准；支持这些标准的实施，并促进对实施效果的评价。"

2000年12月15日，ISO/TC 176正式发布了2000年版本的ISO 9000族标准。该标准的修订充分考虑了1987年和1994年版标准，以及现有其他管理体系标准的使用经验，因此，它将使质量管理体系更加适合组织的需要，可以更适应组织开展其商业活动的需要。

2008年11月15日，ISO/TC 176正式发布了2008版的ISO 9001标准。ISO 9001:2008《质量管理体系——要求》与2000版标准变化不大，标准的框架和结构完全一样，只是对一些细节进行了修改。

ISO/TC 176在对122个国家和地区应用质量管理体系标准实践进行了充分调研的基础上，考虑市场全球化和知识的变化，组织对质量管理体系进行了较大范围的技术性修订，并于2015年9月23日正式发布ISO:9001:2015标准。

ISO:9001:2015标准将原8项质量管理原则，整合为7项质量管理原则，包括以顾客为关注焦点、领导作用、全员参与、过程方法、改进、循证决策、管理关系等，并在内容上进行了调整和丰富。ISO:9001:2015标准将术语和定义从2008版的84个扩容到138个，并对部分术语的定义进行了修订或重写。ISO:9001:2015标准按照ISO Directive附录SL所确定的高级结构将标准结构调整为10章，包括范围、规范性引用文件、术语和定义、组织环境、领导作用、策划、支持、运行、绩效评价、改进。

8.2 质量管理体系的基本要求

GB/T 19001—2015《质量管理体系——要求》规定了质量管理体系应满足的基本要求，本节描述了这些要求，省略了引用标准、术语和定义。

8.2.1 质量管理体系的范围

1. 总则

任一组织都有其质量管理体系，或在客观上都存在质量管理体系，组织根据其对质量管理体系的不同需要，都会对质量管理体系提出各自的要求。GB/T 19001—2015 标准(以下简称标准)为有下列需求的组织提出了质量管理体系应满足的基本要求。

(1)需要证实其有能力稳定地提供满足顾客和适用的法律法规要求的产品。

(2)通过体系的有效应用，包括体系持续改进的过程以及保证符合顾客与适用的法律法规要求，旨在增强顾客满意度。

2. 标准应用

标准所提出的所有要求都是为了满足组织上述两项需求而规定的，对所有要求的理解和实施应基于组织的上述两项需求。所有要求对各种类型、不同规模和提供不同产品的组织都是适用的。当某一组织因其产品的特点等因素而不适用其中某些要求时，可以考虑对这些不适用的要求进行删减。

当某一组织拟通过 GB/T 19001—2015 标准的质量管理体系认证或拟声明符合 GB/T 19001—2015 标准的要求，又因组织及其产品的特点而需要考虑对标准中的某些不适用的要求进行删减时，这种删减必须符合 GB/T 19001—2015 标准对删减的要求。

8.2.2 组织环境

组织环境是一个过程，此过程决定影响组织的宗旨、目标和可持续性的各种因素。它既考虑组织诸如价值观、文化、知识和绩效等内部因素，还考虑诸如法律、技术、竞争、市场、文化、社会和经济环境等外部因素。组织的宗旨表达方式的示例包括：组织的愿景、使命、方针和目标。

组织应积极采用过程方法，按下列过程建立、实施质量管理体系并改进其有效性，通过满足顾客要求，增强顾客满意度。

(1)识别质量管理体系所需的过程及其在组织中的应用。

(2)确定这些过程的顺序和相互作用。

(3)确定为确保这些过程的有效运行和控制所需的准则和方法。

(4)确保可以获得必要的资源和信息，以支持这些过程的运行和对这些过程的监视。

(5)监视、测量和分析这些过程。

(6)实施必要的措施，以实现对这些过程策划的结果和对这些过程的持续改进。

如图 8-1 所示，上述过程体现了"PDCA"方法，组织应按本节所提出的要求管理这些过程。

若存在影响产品符合性的外包过程，组织应在质量管理体系中明确对这类外包过程的控制，并确保对外包过程的控制满足标准所提出的相应要求。

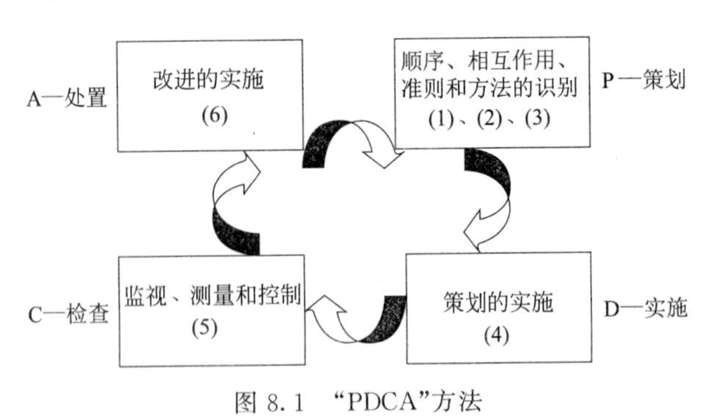

图 8.1 "PDCA"方法

8.2.3 领导作用

2015版的ISO 9001强化了领导作用的要求，具体包括：

（1）最高管理者应对质量管理体系的有效运行发挥领导作用和承诺，可概括为责任担当、确定方向、重视过程、增强意识、保障资源、支持沟通、关注结果、营造环境、促进改进和团队合作等10个方面。

（2）最高管理者在实现“顾客为关注焦点”的领导作用和承诺方面，应做到以下几点：①确定、理解并持续地满足满足顾客要求及适用的法律法规要求；②确定和应对风险和机遇；③始终致力于增强顾客满意。

（3）最高管理者应制订、实施和保持质量方针，确保所发布的质量方针能在组织内得到沟通和理解，并以组织的宗旨和环境支持其战略方向。

（4）最高管理者应确保规定组织内相关角色的职责、权限得到分配、沟通和理解。

8.2.4 策划

质量管理体系策划对一个组织来讲是一项战略性决策。组织应从风险和机遇的应对措施、质量目标的建立及其实现，以及以上策划的变更等方面进行策划。

（1）组织应识别需要面对的风险和机遇，策划应对的措施，整合和实施这些措施，并对措施的有效性进行评价。

（2）组织应从5个方面进行质量目标建立和实现。①做什么（what）；②所需的资源（which）；③责任人（who）；④完成的时间表（when）；⑤结果如何评价（how）。

（3）当组织确定需要对质量管理体系进行变更时，变更应按所策划的方式实施，应考虑①变更目的及其潜在后果；②质量管理体系的完整性；③资源的可获得性；④责任和权限的分配或再分配等问题。

8.2.5 支持

支持是质量管理体系及其过程的一个重要组成部分，包括资源、能力、意识、沟通和成文信息等。

（1）资源。组织应从现有的资源、能力、局限和外包的产品和服务，确定、提供为建立、实施、保持和改进质量管理体系所需的资源。2015版的ISO 9001标准规定的资源支持包括人员、基础设施、过程运行环境、监视和测量资源、知识5种。

（2）能力。组织应对人员的能力进行以下管理：①确定在组织控制下从事影响质量绩效工作的人员所必要的能力；②采取教育、培训等措施确保具有胜任力；③适用时，采取措施以获取必要的能力，并评价这些措施的有效性；④保留成文信息。

（3）意识。组织应确保员工人员了解：①质量方针；②相关的质量目标；③员工对质量管理体系有效性的贡献，包括改进质量绩效的益处；④偏离质量管理体系要求的后果。

（4）沟通。组织应确定与质量管理体系相关的内部和外部沟通的需求，包括：沟通的内容、时机、对象、方式和主体。

（5）成文信息。组织确定的为确保质量管理体系有效运行所需的形成文件的信息。编制和更新成文信息时，组织应确保适当的标识和说明、格式和媒介以及评审和批准等。适用时，组织应通过分发、访问、回收、使用，存放、保护，更改的控制，保留和处置等活动控制成文信息。

8.2.6 运行

满足产品和服务提供的要求，组织应通过以下措施对所需的过程进行策划、实施和控制。

1. 产品和服务的要求

组织应实施与顾客有效的沟通，充分和准确了解顾客的需求，以确定向顾客提供的产品和服务的要求，并对其评审，确保组织理解和有能力实现这些要求。

2. 产品和服务的设计与开发

组织应采用过程方法策划和实施产品和服务的设计与开发过程，确保后续的产品和服务的提供，具体包括设计和开发的策划、输入、控制、输出和更改等。

3. 外部供应的产品和服务的控制

组织应根据外部供方按组织的要求提供产品的能力，建立和实施对外部供方的评价、选择和重新评价的准则，确保外部提供的产品和服务满足规定的要求。组织应与外部供方充分沟通，确保所规定的要求是充分与适宜的。

4. 生产和服务的提供

组织应采用过程方法策划和实施产品和服务开发过程，应在受控条件下进行产品生产和服务提供，适当时组织应使用适宜的方法识别过程输出，以确保产品和服务合格，按照监视和测量要求识别过程输出的状态，并进行必要的追溯。组织应识别、验证、保护和维护供其使用或构成产品和服务一部分的顾客、外部供方财产。

5. 产品和服务的放行

组织应按策划的安排，在适当的阶段验证产品和服务已满足要求。除非得到有关授权人员的批准，适用时得到顾客的批准，否则在策划的符合性验证已圆满完成之前，不应向顾客放行产品和交付服务。

6. 不合格产品和服务

组织应确保对不符合要求的产品和服务得到识别和控制，以防止非预期的使用和交付，通过纠正、隔离、制止、召回和暂停对产品和服务的提供，告知顾客，获得让步接收的授权等途径处置不合格输出，并验证其是否符合要求。

8.2.7 绩效评价

（1）组织应对监视、测量、分析和评价等活动进行策划，明确其对象、方法、时间、评价质量管理体系的绩效和有效性；组织应监视顾客对其需求和期望已得到满足的程度的感受并确定获取、监视和评审该信息的方法；组织应分析、评价和利用监视和测量获得的信息和数据。

（2）组织应按照计划的时间间隔进行内部审核，以确定质量管理符合质量管理体系的要求，并得到有效的实施和保持，以及及时发现存在的风险，并采取措施持续改进。

（3）最高管理者应按策划的时间间隔评审质量管理体系，以确保其持续的适宜性、充分性和有效性，据此做出决策并采取措施进行改进。

8.2.8　改进

（1）组织应持续改进质量管理体系的适宜性、充分性和有效性。组织应评价、确定优先次序及决定需实施的改进。必要时，组织应通过提升产品和服务，纠正、预防或减少不利影响等，改进其质量管理体系、过程、产品和服务。

（2）当出现不合格时，组织应采取措施以控制和纠正不合格，处理不合格造成的后果，评价是否需要采取措施消除产生不合格的原因，防止不合格再次发生或在其他区域发生，并评审纠正措施的有效性，以确定持续改进的需求。

8.3　质量管理体系的建立与实施

8.3.1　基本原则

1. 七项质量管理原则是基础

七项质量管理原则体现了质量管理应遵循的基本原则，包括了质量管理的指导思想和质量管理的基本方法，提出了组织在质量管理中应处理好与顾客、员工和供方三者之间的关系。质量管理七项原则构成了2015版质量管理体系标准的基础，也是质量管理体系建立与实施的基础。

2. 领导作用是关键

最高管理者通过其领导作用及所采取的各种措施可以创造一个员工充分参与的内部环境，质量管理体系只有在这样的环境下才能确保其有效运行。领导作用，特别是最高管理者的作用是质量管理体系建立与实施的关键。最高管理者应做出有关建立和实施质量管理体系并持续改进其有效性方面的承诺，并带头以增强顾客满意度为目的，确保顾客要求得到确定并予以满足。

3. 全员参与是根本

全员参与是质量管理体系建立与实施的根本，因为只有全员充分参与，才能使他们的才干为组织带来收益，才能确保最高管理者所做出的各种承诺得以实现。组织应采取措施确保在整个组织内提高满足顾客要求的意识，确保使每一位员工认识到所在岗位的相关性和重要性以及如何为实现质量目标做出贡献。

4. 注重实效是重点

GB/T 19001—2015标准所规定的质量管理体系要求是通用性要求，适用于各种类型、不同规模和提供不同产品的组织。因此，质量管理体系的建立与实施一定要结合本组织及其产品的特点，重点放在如何结合实际、如何注重实施上来，重在过程、重在结果、重在有效性，即不要脱离现有的那些行之有效的管理方式而另搞一套，也不要不切实际地照抄他人的模式、死搬硬套、流于形式。尤其是在编制质量管理体系文件时，一定要依据质量策划的结果确定本组织对文件的需求。若确需文件，则文件一定是有价值的、适用的。

5. 持续改进求发展

顾客的需求和期望在不断变化，以及市场的竞争、科技的发展等，这些都促使组织持续改进，持续改进是组织的永恒目标。持续改进的目的在于增加顾客和其他相关方满意的机会。组织应通过各种途径促进质量管理体系的持续改进。尤其是在通过 GB/T 19001—2015 质量管理体系认证后，组织应进一步参照 GB/T 19004—2015 所提出的指南，持续改进组织的总体业绩与效率，不断提高顾客和其他相关方满意的程度，进而建立和实施一个有效且高效的质量管理体系。

8.3.2 主要活动

1. 学习标准

首先应组织各级员工，尤其是各管理层认真学习 2015 版 ISO 9000 族质量管理体系四项核心标准，重点是学习质量管理体系的基本概念和基本术语，质量管理体系的基本要求，通过学习，端正思想，找出差距，明确方向。

2. 确定质量方针和质量目标

应根据组织的宗旨、发展方向确定与组织的宗旨相适应的质量方针，对质量做出承诺，在质量方针提供的质量目标框架内规定组织的质量目标以及相关职能和层次上的质量目标。质量目标应是可测量的。

3. 质量管理体系策划

组织应依据质量方针、质量目标，应用过程方法对组织应建立的质量管理体系进行策划，并确保质量管理体系的策划满足质量目标要求。在质量管理体系策划的基础上，进一步对产品实现过程及其他过程进行策划，确保这些过程的策划满足所确定的产品质量目标和相应的要求。

4. 确定职责和权限

组织应依据质量管理体系策划以及其他策划的结果，确定各部门、各过程及其他与质量工作有关人员应承担的相应职责，并赋予相应的权限并确保其职责和权限能得到沟通。

最高管理者还应在管理层中指定一名管理者代表，代表最高管理者负责质量管理体系的建立和实施。

5. 编制质量管理体系文件

组织应依据质量管理体系策划以及其他策划的结果确定质量管理体系文件的框架和内容，在质量管理体系文件的框架里确定文件的层次、结构、类型、数量、详略程度，规定统一的文件格式，编制质量管理体系文件。

6. 质量管理体系文件的发布和实施

质量管理体系文件在正式发布前应认真听取多方面意见，并经授权人批准发布。质量手册必须经最高管理者签署发布。质量手册的正式发布实施即意味着质量手册所规定的质量管理体系正式开始实施和运行。

7. 学习质量管理体系文件

在质量管理体系文件正式发布或即将发布而未正式实施之前，认真学习质量管理体系文件对质量管理体系的真正建立和有效实施至关重要。各部门、各级人员都要通过学习，清楚地了解质量管理体系文件对本部门、本岗位的要求以及与其他部门、岗位的相互关系的要求，只有这样才能确保质量管理体系文件在整个组织内得以有效实施。

8. 质量管理体系的运行

质量管理体系运行主要反映在两个方面：一是组织所有质量活动都在依据质量策划的安排以及质量管理体系文件要求实施，二是组织所有质量活动都在提供证实，证实质量管理体系运行符合要求并得到有效实施和保持。

9. 质量管理体系内部审核

组织在质量管理体系运行一段时间后，应组织内审员对质量管理体系进行内部审核，以确定质量管理体系是否符合策划的安排、GB/T 19001—2015 标准要求以及组织所确定的质量管理体系要求，是否得到有效实施和保持。内部审核是组织自我评价、自我完善机制的一种重要手段。组织应每年按策划的时间间隔坚持实施内部审核。

10. 管理评审

在内部审核的基础上，组织的最高管理者应就质量方针、质量目标，对质量管理体系进行系统的评审（管理评审），确保质量管理体系持续的适宜性、充分性和有效性（评审也可包括效率，但不是认证要求）。管理评审包括评价质量管理体系改进的机会和变更的需要，包括质量方针、目标变更的需要。管理评审与内部审核都是组织自我评价、自我完善机制的一种重要手段，组织应每年按策划的时间间隔坚持实施管理评审。

通过内部审核和管理评审，在确认质量管理体系运行符合要求且有效的基础上，组织可向质量管理体系认证机构提出认证的申请。

8.3.3　质量管理体系方法

建立、实施、保持和改进质量管理体系可采用下列八个步骤：

1. 确定顾客和其他相关方的需求和期望

识别和确定顾客（市场）需求，对一个组织而言，实质是树立一个正确的营销观念。一个组织生产的产品能否长期满足顾客和市场的需求，在很大程度上取决于营销质量。营销是一种以顾客和市场为中心的经营思想，其特征是：一个组织所关心的不仅是生产适销产品满足顾客当前需求，还要着眼于通过对顾客和市场调查分析和预测，不断开发新产品，满足顾客和市场的未来需求。

2. 建立组织的质量方针和质量目标

一个组织的质量方针和质量目标不仅应与组织的宗旨和发展方向相一致，而且应能体现顾客的需求和期望。

质量方针应能体现一个组织在质量上的追求，对顾客在质量方面的承诺，也是规范全体员工质量行为的准则，但一个好的质量方针必须有好的质量目标的支持。质量目标的主要要求应包括：

（1）适应性

质量方针是制订质量目标的框架，质量目标必须能全面反映质量方针要求和组织特点。

(2) 可测量

方针可以原则一些，但目标必须具体。这里讲的可测量不仅指对事物大小或质量参数的测定，也包括可感知的评价。通俗地说，所有制订的质量目标都应该是可以衡量的。

(3) 分层次

“最高管理者应确保在组织的相关职能和层次上建立质量目标”。一个组织的质量方针和质量目标实质上是一个目标体系。质量方针应有组织的质量目标支持，组织的质量目标应有部门的具体目标或举措支持，只要每个员工都能完成本组织的目标，就应能实现本部门的目标，能实现各部门的目标，就能完成本组织的目标。

(4) 可实现

质量目标是“在质量方面所追求的目的”。这就是说现在已经做到或轻而易举就能做到的不能称为目标；另一方面，根本做不到的也不能称为目标。一个科学而合理的质量目标，应该是在某个时间段内经过努力能达到的要求。

(5) 全方位

即在目标的设定上应能全方位地体现质量方针，应包括组织上的、技术上的、资源方面的、以及为满足产品要求所需的内容。

3. 确定实现质量目标必需的过程和职责

为实现质量目标，组织应：

(1) 系统识别并确定为实现质量目标所需的过程，包括一个过程应包括哪些子过程和活动。在此基础上，明确每一过程的输入和输出的要求。

(2) 用网络图、流程图或文字，科学而合理地描述这些过程或子过程的逻辑顺序、接口和相互关系。

(3) 明确这些过程的责任部门和责任人，并规定其职责。

4. 确定和提供实现质量目标必需的资源

这些资源主要包括：

(1) 人力资源

选择经过适当教育、培训、具有一定技能和经验的人员作为过程的执行者，以确保他们有能力完成过程要求。

(2) 基础设施

规定过程实施所必需的基础设施。基础设施包括工作场所、过程、设备（硬件和软件），以及通信、运输等支持性服务。

(3) 工作环境

管理者应关注工作环境对人员能动性和提高组织业绩的影响，营造一个适宜而良好的工作环境，既要考虑物的因素，也要考虑人的因素，或两种因素的组合。

(4) 信息

信息是一个组织的重要资源。信息可用来分析问题、传授知识、实现沟通，统一认识，促使组织持续发展，信息对实现“以事实为基础的决策”以及组织的质量方针和质量目标都是必不可少的资源。

此外，资源还包括财务资源、自然资源和供方及合作者提供的资源等。

5. 规定测量每个过程的有效性和效率的方法

根据术语定义，“有效性”是指“完成策划的活动和达到策划结果的程度”；“效率”是指“达到的结果与所使用的资源之间的关系”。因此，过程的有效性和效率是指在投入合理资源的前提下，过程实现所策划结果的能力。为了确保过程在受控状态下进行，应规定过程的输入、转换活动和输出的监视和测量方法。这些方法包括检验、验证、数据分析、内部审核和采用统计技术等。

6. 应用这些测量方法确定每个过程的有效性和效率

该条款是前述第五个问题的实施。确定过程的有效性和效率是评价质量管理体系的适宜性、充分性和有效性的基础。

7. 确定防止不合格并消除其产生原因的措施

“防止不合格”包括防止已发现的不合格和潜在的不合格。质量管理体系的重点是“防止”。对不合格不仅要纠正，重要的是要针对不合格产生的原因进行分析，确定所应采取的措施，防止已发现的不合格不再发生，潜在的不合格不发生。这些措施通常是指纠正措施和预防措施。

8. 建立和应用持续改进质量管理体系的过程

持续改进质量管理体系的目的在于增加顾客和其他相关方满意的机会，而这种改进是一种持续和永无止境的活动。持续改进是质量管理体系过程、PDCA 循环活动的终点，也是一个新的质量管理体系过程、PDCA 循环活动的起点。以过程为基础的质量管理体系模式就是建立在以“顾客为关注焦点”和“质量管理体系持续改进”基础上的。

上述八个步骤方法不能简单地理解为是一个工作程序，而是体现了质量管理原则，即：“过程方法”和“管理的系统方法”的应用。

8.4 质量管理体系审核

8.4.1 质量管理体系审核的基本概念

1. 主要术语

1）审核

为获得审核证据并对其进行客观的评价，以确定满足审核准则的程度所进行的系统的、独立的并形成文件的过程。

理解要点：

（1）审核是收集、分析和评价审核证据的过程。

（2）审核是系统的、独立的、形成文件的过程。

（3）审核是确定审核证据满足审核准则的程度的过程。

2）审核准则

用作依据的一组方针、程序或要求。

理解要点：

（1）审核准则用作确定符合性的依据。

（2）审核准则亦称审核依据。

（3）审核准则包括适用的方针、程序、标准、法律法规、管理体系要求、合同要求或行业规范。

3）审核证据

与审核准则有关的并且能够证实的记录、事实陈述或其他信息。

理解要点：

（1）审核证据可以是定性或定量的。

（2）审核证据是与审核准则有关的信息。

（3）审核证据是可证实的信息。

（4）审核证据可以是形成文件的，也可以不是形成文件的信息。

（5）审核证据是基于可得到的信息样本。

4）审核委托方

要求审核的组织或人员。

理解要点：

（1）委托方可以是一个组织或某个人。

（2）审核委托方委托的事项是审核。

（3）委托方可以是受审核方自己、顾客或被授权的独立的机构（如审核机构）。

5）审核发现

将收集到的审核证据对照审核准则进行评价的结果。

理解要点：

（1）某一审核发现是对某一或某些审核证据进行评价的结果。

（2）审核发现能表明审核证据是否符合准则。

（3）审核发现包括符合和不符合。

（4）审核发现能指出改进的机会。

2. 审核的目的和分类

1）审核目的

审核目的是确定审核应完成什么，包括：

（1）确定受审核方管理体系或其一部分与审核准则的符合程度。

（2）评价管理体系确保满足法律法规和合同要求的能力。

（3）评价管理体系实现特定目标的有效性。

（4）识别管理体系潜在的改进方面。

2）审核分类

按审核委托方，可将审核划分为第一方审核、第二方审核和第三方审核：

（1）第一方审核，亦称内部审核，由组织自己或以组织的名义进行，出于管理评审或其他内部目的，可作为组织自我合格声明的基础。

（2）第二方审核由对组织感兴趣的相关方（如顾客）或由其他组织或人员以相关方的名义进行。

（3）第三方审核由外部独立的组织进行，如提供符合 GB/T 19001 标准和 GB/T

24001标准要求的认证的认证机构。

3）质量管理体系审核

除上述分类外，审核还可依其对象不同分为体系审核、过程审核和产品审核。

体系审核又可分为质量管理体系审核、环境管理体系审核、职业健康和安全管理体系审核、信息安全管理体系审核、食品安全管理体系审核等。

依据审核的定义，质量管理体系审核可定义为：为获得质量管理体系审核证据并对其进行客观的评价，以确定满足质量管理体系审核准则的程度而进行的系统的、独立的、形成文件的过程。

当质量管理体系与环境管理体系及其他管理体系一起接收审核时，这种情况称为“一体化审核”。

当两个或两个以上的审核机构合作，共同审核一个受审核方时，这种情况称为“联合审核”。

8.4.2 质量管理体系审核的实施

1. 质量管理体系审核的主要活动

典型的质量管理体系审核的主要活动包括：

（1）审核的启动。

（2）文件评审。

（3）现场审核的准备。

（4）现场审核的实施。

（5）审核报告的编制、批准和分发。

（6）审核的完成。

（7）审核后续活动（通常不视为审核的一部分）。

2. 质量管理体系认证的主要活动

质量管理体系认证的主要活动包括：

（1）认证申请与受理。

（2）审核的启动。

（3）文件评审。

（4）现场审核的准备。

（5）现场审核的实施。

（6）审核报告的编制、批准和分发。

（7）纠正措施的验证。

（8）颁发认证证书。

（9）监督审核与复评。

3. 质量管理体系审核与质量管理体系认证的主要区别及联系

（1）质量管理体系认证包括了质量管理体系审核的全部活动。

（2）质量管理体系审核是质量管理体系认证的基础和核心。

（3）审核仅需要提交审核报告，而认证需要颁发认证证书。

（4）当审核报告发出后，审核即被告知结束；而颁发认证证书后、认证活动并未终止。

（5）纠正措施的验证通常不视为审核的一部分，而对于认证来说，却是一项必不可少的活动。

（6）质量管理体系审核不仅只有第三方审核，而对于认证来说，就是一种第三方审核。

【思考题与习题】

1. 什么是质量管理体系及其主要特性？简述质量管理七项原则。
2. 简述 ISO 9000 族质量管理体系标准。
3. 简述质量管理体系总要求和质量手册的内容。
4. 简述产品实现及其所需的过程。
5. 简述测量、分析和改进的方法。
6. 简述质量管理体系建立的主要活动。
7. 简述建立、实施、保持和改进质量管理体系的七个步骤。
8. 质量管理体系审核的基本概念是什么？简述质量管理体系审核的实施方法。

附　录

附录 A　标准正态分布函数表

$$\Phi(u)=\int_{-\infty}^{u}\frac{1}{\sqrt{2\pi}}e^{-u^2/2}du$$

表 A.1　标准正态分布函数表

$\Phi(u)$ / u	0.00	0.01	0.02	0.03	0.04	0.05	0.06	0.07	0.08	0.09
0.0	0.500 000	0.503 989	0.507 989	0.511 966	0.515 953	0.519 939	0.523 922	0.527 903	0.531 881	0.535 856
0.1	0.539 828	0.543 795	0.547 758	0.551 717	0.555 670	0.559 618	0.563 559	0.567 495	0.571 424	0.575 345
0.2	0.579 260	0.583 166	0.587 064	0.590 954	0.594 835	0.598 706	0.602 568	0.606 420	0.610 261	0.614 092
0.3	0.617 911	0.621 720	0.625 516	0.629 300	0.633 072	0.636 831	0.640 576	0.644 309	0.64 8 027	0.651 732
0.4	0.655 422	0.659 097	0.662 757	0.666 402	0.670 031	0.673 645	0.677 242	0.680 822	0.684 386	0.687 933
0.5	0.691 462	0.694 974	0.698 468	0.701 944	0.705 401	0.708 840	0.712 260	0.715 661	0.71 9 043	0.722 405
0.6	0.725 747	0.729 069	0.732 371	0.735 653	0.738 914	0.742 154	0.745 373	0.748 571	0.751 748	0.754 903
0.7	0.758 036	0.761 148	0.764 238	0.767 305	0.770 350	0.773 373	0.776 373	0.779 350	0.782 305	0.785 236
0.8	0.788 145	0.791 030	0.793 892	0.796 731	0.799 546	0.802 337	0.805 105	0.807 850	0.810 570	0.813 267
0.9	0.815 940	0.818 589	0.821 214	0.823 814	0.826 391	0.828 944	0.831 472	0.833 977	0.836 457	0.838 913
1.0	0.841 345	0.843 752	0.846 136	0.848 495	0.850 830	0.853 141	0.855 428	0.857 690	0.859 929	0.862 143
1.1	0.864 334	0.866 500	0.868 643	0.870 762	0.872 857	0.874 928	0.876 976	0.879 000	0.881 000	0.882 977
1.2	0.884 930	0.886 861	0.888 768	0.890 651	0.892 512	0.894 350	0.896 165	0.897 958	0.899 727	0.901 475
1.3	0.903 200	0.904 902	0.906 582	0.908 241	0.909 877	0.911 492	0.913 085	0.914 657	0.916 207	0.917 736
1.4	0.919 243	0.920 730	0.922 196	0.923 641	0.925 066	0.926 471	0.927 855	0.929 219	0.930 563	0.931 888
1.5	0.933 193	0.934 478	0.935 745	0.936 992	0.938 220	0.939 429	0.940 620	0.941 792	0.94947	0.944 083
1.6	0.945 201	0.946 301	0.947 384	0.948 449	0.949 497	0.950 529	0.951 543	0.952 540	0.953 521	0.954 486
1.7	0.955 435	0.956 367	0.957 284	0.958 185	0.959 070	0.959 941	0.960 796	0.961 636	0.962 462	0.963 273
1.8	0.964 070	0.964 852	0.965 620	0.966 375	0.967 116	0.967 843	0.968 557	0.969 258	0.969 946	0.970 621

续表

$\Phi(u)$ / u	0.00	0.01	0.02	0.03	0.04	0.05	0.06	0.07	0.08	0.09
1.9	0.971 283	0.971 933	0.972 571	0.973 197	0.973 810	0.974 412	0.975 002	0.975 581	0.976 148	0.976 705
2.0	0.977 250	0.977 784	0.978 308	0.978 822	0.979 325	0.979 818	0.980 301	0.980 774	0.981 237	0.981 691
2.1	0.982 136	0.982 671	0.982 997	0.983 414	0.983 823	0.984 222	0.984 614	0.984 997	0.985 371	0.985 738
2.2	0.986 097	0.986 447	0.986 791	0.987 126	0.987 455	0.987 776	0.988 089	0.988 396	0.988 696	0.988 989
2.3	0.969 276	0.989 556	0.989 830	0.990 097	0.990 358	0.990 613	0.990 863	0.991 106	0.991 344	0.991 576
2.4	0.991 802	0.992 024	0.992 240	0.992 451	0.992 656	0.992 857	0.993 053	0.993 244	0.993 431	0.993 613
2.5	0.993 790	0.993 963	0.994 132	0.994 297	0.994 457	0.994 614	0.994 766	0.994 915	0.995 060	0.995 201
2.6	0.995 339	0.995 473	0.995 604	0.995 731	0.995 855	0.995 975	0.996 093	0.996 207	0.996 319	0.996 427
2.7	0.996 533	0.996 636	0.996 736	0.996 833	0.996 928	0.997 020	0.997 110	0.997 197	0.997 282	0.997 365
2.8	0.997 445	0.997 523	0.997 599	0.997 673	0.997 744	0.997 814	0.997 882	0.997 948	0.998 012	0.998 074
2.9	0.998 134	0.998 193	0.998 250	0.998 305	0.998 359	0.998 411	0.998 462	0.998 511	0.998 559	0.998 605
3.0	0.998 650	0.998 694	0.998 736	0.998 777	0.998 817	0.998 856	0.998 893	0.998 930	0.998 965	0.998 999
3.1	0.999 032	0.999 065	0.999 096	0.999 126	0.999 155	0.999 184	0.999 211	0.999 238	0.999 264	0.999 289
3.2	0.999 313	0.999 336	0.999 359	0.999 381	0.999 402	0.999 423	0.999 443	0.999 462	0.999 481	0.999 499
3.3	0.999 517	0.999 534	0.999 550	0.999 566	0.999 581	0.999 596	0.999 610	0.999 624	0.999 630	0.999 660
3.4	0.999 663	0.999 675	0.999 687	0.999 698	0.999 709	0.999 720	0.999 730	0.999 740	0.999 749	0.999 760
3.5	0.999 767	0.999 776	0.999 784	0.999 792	0.999 800	0.999 807	0.999 815	0.999 822	0.999 828	0.999 885
3.6	0.999 841	0.999 847	0.999 853	0.999 858	0.999 864	0.999 869	0.999 874	0.999 879	0.999 883	0.999 880
3.7	0.999 892	0.999 896	0.999 900	0.999 904	0.999 908	0.999 912	0.999 915	0.999 918	0.999 922	0.999 926
3.8	0.999 928	0.999 931	0.999 933	0.999 936	0.999 938	0.999 941	0.999 943	0.999 946	0.999 948	0.999 950
3.9	0.999 952	0.999 954	0.999 956	0.999 958	0.999 959	0.999 961	0.999 963	0.999 964	0.999 966	0.999 967
4.0	0.999 968	0.999 970	0.999 971	0.999 972	0.999 973	0.999 974	0.999 975	0.999 976	0.999 977	0.999 978
4.1	0.999 979	0.999 980	0.999 981	0.999 982	0.999 983	0.999 983	0.999 984	0.999 985	0.999 985	0.999 986
4.2	0.999 987	0.999 987	0.999 988	0.999 988	0.999 989	0.999 989	0.999 990	0.999 990	0.999 991	0.999 991
4.3	0.999 991	0.999 992	0.999 992	0.999 930	0.999 993	0.999 993	0.999 993	0.999 994	0.999 994	0.999 994
4.4	0.999 995	0.999 995	0.999 995	0.999 995	0.999 996	0.999 996	0.999 996	1.000 000	0.999 996	0.999 996
4.5	0.999 997	0.999 997	0.999 997	0.999 997	0.999 997	0.999 997	0.999 997	0.999 998	0.999 998	0.999 998
4.6	0.999 998	0.999 998	0.999 998	0.999 998	0.999 998	0.999 998	0.999 998	0.999 998	0.999 999	0.999 999
4.7	0.999 999	0.999 999	0.999 999	0.999 999	0.999 999	0.999 999	0.999 999	0.999 999	0.999 999	0.999 999
4.8	0.999 999	0.999 999	0.999 999	0.999 999	0.999 999	0.999 999	0.999 999	0.999 999	0.999 999	0.999 999
4.9	1.000 000	1.000 000	1.000 000	1.000 000	1.000 000	1.000 000	1.000 000	1.000 000	1.000 000	1.000 000

本表对于 u 给出正态分布函数 $\Phi(u)$ 的数值。

附录 B GB/T 2828.1—2012 抽样方案

表 B.1 GB/T 2828.1—2012 正常检查一次抽样方案

样本大小字码	样本大小	合格质量水平（AQL）																				
		0.010	0.015	0.025	0.040	0.065	0.10	0.15	0.25	0.40	0.65	1.0	1.5	2.5	4.0	6.5	10	15	25	40	65	100
		Ac Re	Ac Re	Ac Re	Ac Re	Ac Re	Ac Re	Ac Re	Ac Re	Ac Re	Ac Re	Ac Re	Ac Re	Ac Re	Ac Re	Ac Re	Ac Re	Ac Re	Ac Re	Ac Re	Ac Re	Ac Re
A	2														↓	0 1		↓	1 2	2 3	3 4	5 6
B	3													↓	0 1	↑	↓	1 2	2 3	3 4	5 6	7 8
C	5												↓	0 1	↑	↓	1 2	2 3	3 4	5 6	7 8	10 11
D	8											↓	0 1	↑	↓	1 2	2 3	3 4	5 6	7 8	10 11	14 15
E	13										↓	0 1	↑	↓	1 2	2 3	3 4	5 6	7 8	10 11	14 15	21 22
F	20									↓	0 1	↑	↓	1 2	2 3	3 4	5 6	7 8	10 11	14 15	21 22	↑
G	32								↓	0 1	↑	↓	1 2	2 3	3 4	5 6	7 8	10 11	14 15	21 22	↑	
H	50							↓	0 1	↑	↓	1 2	2 3	3 4	5 6	7 8	10 11	14 15	21 22	↑		
J	80						↓	0 1	↑	↓	1 2	2 3	3 4	5 6	7 8	10 11	14 15	21 22	↑			
K	125					↓	0 1	↑	↓	1 2	2 3	3 4	5 6	7 8	10 11	14 15	21 22	↑				
L	200				↓	0 1	↑	↓	1 2	2 3	3 4	5 6	7 8	10 11	14 15	21 22	↑					
M	315			↓	0 1	↑	↓	1 2	2 3	3 4	5 6	7 8	10 11	14 15	21 22	↑						
N	500		↓	0 1	↑	↓	1 2	2 3	3 4	5 6	7 8	10 11	14 15	21 22	↑							
P	800	↓	0 1	↑	↓	1 2	2 3	3 4	5 6	7 8	10 11	14 15	21 22	↑								
Q	1250	0 1	↑	↓	1 2	2 3	3 4	5 6	7 8	10 11	14 15	21 22	↑									
R	2000	↑		1 2	2 3	3 4	5 6	7 8	10 11	14 15	21 22	↑										

注：1. ↓ 表示使用箭头下面的第一个抽样方案；

2. ↑ 表示使用箭头上面的第一个抽样方案。

表 B.2 GB/T 2828.1—2012 加严检查一次抽样方案

样本大小字码	样本大小	合格质量水平（AQL）																									
		0.010	0.015	0.025	0.040	0.065	0.10	0.15	0.25	0.40	0.65	1.0	1.5	2.5	4.0	6.5	10	15	25	40	65	100	150	250	400	550	1000
		AcRe	AcRe	AcRe	AcRe	AcRe	AcRe	AcRe	AcRe	AcRe	AcRe	AcRe	AcRe	AcRe	AcRe	AcRe	AcRe	AcRe	AcRe	AcRe	AcRe	AcRe	AcRe	AcRe	AcRe	AcRe	AcRe
A	2	↓	↓	↓	↓	↓	↓	↓	↓	↓	↓	↓	↓	↓	↓	↓	0 1	↓	↓	1 2	2 3	3 4	5 6	8 9	12 13	18 19	27 28
B	3	↓	↓	↓	↓	↓	↓	↓	↓	↓	↓	↓	↓	↓	↓	0 1	↓	↓	1 2	2 3	3 4	5 6	8 9	12 13	18 19	27 28	41 42
C	5	↓	↓	↓	↓	↓	↓	↓	↓	↓	↓	↓	↓	↓	0 1	↓	↓	1 2	2 3	3 4	5 6	8 9	12 13	18 19	27 28	41 42	↑
D	8	↓	↓	↓	↓	↓	↓	↓	↓	↓	↓	↓	↓	0 1	↓	↓	1 2	2 3	3 4	5 6	8 9	12 13	18 19	27 28	41 42	↑	↑
E	13	↓	↓	↓	↓	↓	↓	↓	↓	↓	↓	↓	0 1	↓	↓	1 2	2 3	3 4	5 6	8 9	12 13	18 19	27 28	41 42	↑	↑	↑
F	20	↓	↓	↓	↓	↓	↓	↓	↓	↓	↓	0 1	↓	↓	1 2	2 3	3 4	5 6	8 9	12 13	18 19	↑	↑	↑	↑	↑	↑
G	32	↓	↓	↓	↓	↓	↓	↓	↓	↓	0 1	↓	↓	1 2	2 3	3 4	5 6	8 9	12 13	18 19	↑	↑	↑	↑	↑	↑	↑
H	50	↓	↓	↓	↓	↓	↓	↓	↓	0 1	↓	↓	1 2	2 3	3 4	5 6	8 9	12 13	18 19	↑	↑	↑	↑	↑	↑	↑	↑
J	80	↓	↓	↓	↓	↓	↓	↓	0 1	↓	↓	1 2	2 3	3 4	5 6	8 9	12 13	18 19	↑	↑	↑	↑	↑	↑	↑	↑	↑
K	125	↓	↓	↓	↓	↓	↓	0 1	↓	↓	1 2	2 3	3 4	5 6	8 9	12 13	18 19	↑	↑	↑	↑	↑	↑	↑	↑	↑	↑
L	200	↓	↓	↓	↓	↓	0 1	↓	↓	1 2	2 3	3 4	5 6	8 9	12 13	18 19	↑	↑	↑	↑	↑	↑	↑	↑	↑	↑	↑
M	315	↓	↓	↓	↓	0 1	↓	↓	1 2	2 3	3 4	5 6	8 9	12 13	18 19	↑	↑	↑	↑	↑	↑	↑	↑	↑	↑	↑	↑
N	500	↓	↓	↓	0 1	↓	↓	1 2	2 3	3 4	5 6	8 9	12 13	18 19	↑	↑	↑	↑	↑	↑	↑	↑	↑	↑	↑	↑	↑
P	800	↓	↓	0 1	↓	↓	1 2	2 3	3 4	5 6	8 9	12 13	18 19	↑	↑	↑	↑	↑	↑	↑	↑	↑	↑	↑	↑	↑	↑
Q	1250	↓	0 1	↓	↓	1 2	2 3	3 4	5 6	8 9	12 13	18 19	↑	↑	↑	↑	↑	↑	↑	↑	↑	↑	↑	↑	↑	↑	↑
R	2000	0 1	↑	↓	1 2	2 3	3 4	5 6	8 9	12 13	18 19	↑	↑	↑	↑	↑	↑	↑	↑	↑	↑	↑	↑	↑	↑	↑	↑
S	3150			1 2																							

注：1. ↓表示使用箭头下面的第一个抽样方案；

2. ↑表示使用箭头上面的第一个抽样方案。

表B.3 GB/T 2828.1—2012放宽检查一次抽样方案

样本量字码	样本量	接收质量限(AQL)																									
		0.01	0.015	0.025	0.040	0.065	0.10	0.15	0.25	0.40	0.65	1.0	1.5	2.5	4.0	6.5	10	15	25	40	65	100	150	250	400	650	1000
		Ac Re	Ac Re	Ac Re	Ac Re	Ac Re	Ac Re	Ac Re	Ac Re	Ac Re	Ac Re	Ac Re	Ac Re	Ac Re	Ac Re	Ac Re	Ac Re	Ac Re	Ac Re	Ac Re	Ac Re	Ac Re	Ac Re	Ac Re	Ac Re	Ac Re	Ac Re
A	2	↓	↓	↓	↓	↓	↓	↓	↓	↓	↓	↓	↓	↓	↓	01	↓	↓	12	23	34	5.6	78	1011	1415	2122	3031
B	2	↓	↓	↓	↓	↓	↓	↓	↓	↓	↓	↓	↓	↓	01	↑	↓	↓	12	23	34	5.6	78	1011	1415	2122	3031
C	2	↓	↓	↓	↓	↓	↓	↓	↓	↓	↓	↓	↓	01	↑	↓	↓	12	23	34	56	6.7	89	1011	1415	2122	↑
D	3	↓	↓	↓	↓	↓	↓	↓	↓	↓	↓	↓	01	↑	↓	↓	12	23	34	56	67	8.9	1011	1415	2122	↑	↑
E	5	↓	↓	↓	↓	↓	↓	↓	↓	↓	↓	01	↑	↓	↓	12	23	34	56	67	89	1011	1415	2122	↑	↑	↑
F	8	↓	↓	↓	↓	↓	↓	↓	↓	↓	01	↑	↓	↓	12	23	34	56	67	89	1011	↑	↑	↑	↑	↑	↑
G	13	↓	↓	↓	↓	↓	↓	↓	↓	01	↑	↓	↓	12	23	34	56	67	89	1011	↑	↑	↑	↑	↑	↑	↑
H	20	↓	↓	↓	↓	↓	↓	↓	01	↑	↓	↓	12	23	34	56	67	89	1011	↑	↑	↑	↑	↑	↑	↑	↑
J	32	↓	↓	↓	↓	↓	↓	01	↑	↓	↓	12	23	34	56	6.7	89	1011	↑	↑	↑	↑	↑	↑	↑	↑	↑
K	50	↓	↓	↓	↓	↓	01	↑	↓	↓	12	23	34	56	67	89	1011	↑	↑	↑	↑	↑	↑	↑	↑	↑	↑
L	80	↓	↓	↓	↓	01	↑	↓	↓	12	23	34	56	67	89	1011	↑	↑	↑	↑	↑	↑	↑	↑	↑	↑	↑
M	125	↓	↓	↓	01	↑	↓	↓	12	23	34	56	67	89	1011	↑	↑	↑	↑	↑	↑	↑	↑	↑	↑	↑	↑
N	200	↓	↓	01	↑	↓	↓	12	23	34	56	67	89	1011	↑	↑	↑	↑	↑	↑	↑	↑	↑	↑	↑	↑	↑
P	315	↓	01	↑	↓	↓	12	23	34	56	67	89	1011	↑	↑	↑	↑	↑	↑	↑	↑	↑	↑	↑	↑	↑	↑
Q	500	01	↑	↑	↓	12	23	34	56	67	89	1011	↑	↑	↑	↑	↑	↑	↑	↑	↑	↑	↑	↑	↑	↑	↑
R	800	↑	↑	↑	12	23	34	56	67	89	1011	↑	↑	↑	↑	↑	↑	↑	↑	↑	↑	↑	↑	↑	↑	↑	↑

注：1. ↓表示使用箭头下面的第一个抽样方案；

2. ↑表示使用箭头上面的第一个抽样方案。

附录C 中国计量基准管理办法

第一条 为了加强计量基准管理，根据《中华人民共和国计量法》、《中华人民共和国计量法实施细则》有关规定，制定本办法。

第二条 本办法所称计量基准是指经国家质量监督检验检疫总局（以下简称国家质检总局）批准，在中华人民共和国境内为了定义、实现、保存、复现量的单位或者一个或多个量值，用作有关量的测量标准定值依据的实物量具、测量仪器、标准物质或者测量系统。

第三条 在中华人民共和国境内，建立、保存、维护、改造、使用以及废除计量基准，应当遵守本办法。

第四条 计量基准由国家质检总局根据社会、经济发展和科学技术进步的需要，统一规划，组织建立。

基础性、通用性的计量基准，建立在国家质检总局设置或授权的计量技术机构，专业性强、仅为个别行业所需要，或工作条件要求特殊的计量基准，可以建立在有关部门或者单位所属的计量技术机构。

建立计量基准，可以由相应的计量技术机构向国家质检总局申报。

第五条 计量技术机构申报计量基准，必须按照规定的条件和程序报国家质检总局批准。

第六条 申报计量基准的计量技术机构应当具备以下条件：

（一）能够独立承担法律责任；

（二）具有从事计量基准研究、保存、维护、使用、改造等项工作的专职技术人员和管理人员；

（三）具有保存、维护和改造计量基准装置及正常工作所需实验室环境（包括工作场所、温度、湿度、防尘、防震、防腐蚀、抗干扰等）的条件；

（四）具有保证计量基准量值定期复现和保持计量基准长期可靠稳定运行所需的经费和技术保障能力；

（五）具有相应的质量管理体系；

（六）具备参与国际比对、承担国内比对的主导实验室和进行量值传递工作的技术水平。

第七条 计量技术机构申报计量基准，应当向国家质检总局提供以下文件：

（一）申请报告；

（二）研究报告；

（三）省部级以上有关主管部门主持或认可的科学技术鉴定报告和相应证明文件；

（四）试运行期间的考核报告、复现性和年稳定性运行记录；

（五）检定系统表方案；

（六）计量基准操作手册；

（七）主体设备、附属设备一览表及影像资料。

第八条 国家质检总局可以委托专家组对计量技术机构申报的计量基准进行文件资料审查和现场评审，并由专家组出具评审报告。

文件资料审查和现场评审的内容应当符合本办法第六条和第七条规定要求。

第九条 国家质检总局对专家评审报告进行审核；对审核合格的，批准该项计量基准的建立申报，颁发计量基准证书，并向社会公告。

经批准的计量基准，由提出申报的计量技术机构保存和维护，其负责保存和维护计量基准的实验室为国家计量基准实验室。

第十条 保存、维护计量基准的计量技术机构，应当保证持续满足第六条规定的条件。

第十一条 保存、维护计量基准的计量技术机构，应当定期或不定期进行以下活动：

（一）排除各种事故隐患，以免计量基准失准；

（二）参加国际比对，确保计量基准量值的稳定并与国际上量值的等效一致；

（三）定期进行计量基准单位量值的复现。

对于开展前款规定活动的有关情况，计量技术机构应当及时报告国家质检总局。

第十二条 计量技术机构不得擅自改造、拆迁计量基准。需要改造、拆迁的，应当报国家质检总局批准。

第十三条 计量基准改造、拆迁完成，并通过稳定性运行实验后，需要恢复该计量基准的，计量技术机构应当报国家质检总局批准。

前款规定事项的申请、批准，按本办法第七、八、九条规定执行。

第十四条 对计量基准改值或因相应计量单位改制而改变计量基准的，计量技术机构应当报国家质检总局批准。

第十五条 计量技术机构应当定期检查计量基准的技术状况，保证计量基准正常运行，按规范要求使用计量基准进行量值传递。

对因有关原因造成计量基准用于量值传递中断的，计量技术机构应当向国家质检总局报告。

第十六条 国家质检总局以及保存、维护计量基准的计量技术机构的有关主管部门应当加强对计量基准保存、维护、改造的投入。

第十七条 国家质检总局应当及时废除不适应计量工作需要或者技术水平落后的计量基准，撤销原计量基准证书，并向社会公告。

第十八条 国家质检总局可以对计量基准进行定期复核和不定期监督检查，复核周期一般为5年。

复核和监督检查的内容包括：计量基准的技术状态、运行状况、量值传递情况、人员状况、环境条件、质量体系、经费保障和技术保障状况等。

国家质检总局可以根据复核和监督检查结果，组织或责令有关计量技术机构对有关计量基准进行整改。

第十九条 从事计量基准保存、维护或使用的计量技术机构及其工作人员，不得有下列行为：

（一）利用计量基准进行不正当活动；

（二）未履行计量基准有关报告、批准制度；

（三）故意损坏计量基准设备，致使计量基准量值失准、停用或报废；

（四）不当操作，未履行或未正确履行相关职责，致使计量基准失准、停用或报废；

（五）故意篡改、伪造数据、报告、证书或技术档案等资料；

（六）不当处理、计算、记录数据，造成报告和证书错误。

违反前款规定的，由国家质检总局责令计量技术机构限期整改。情节严重的，撤销计量基准证书和国家计量基准实验室称号，并对有关责任人予以行政处分；构成犯罪的，依法追究刑事责任。

第二十条　从事计量基准管理的国家工作人员滥用职权、玩忽职守、徇私舞弊，情节轻微的，依法予以行政处分；构成犯罪的，依法追究刑事责任。

第二十一条　本办法由国家质检总局负责解释。

第二十二条　本办法自 2007 年 7 月 10 日起施行。1987 年 7 月 10 日原国家计量局发布的《计量基准管理办法》同时废止。《中国质量技术监督》计量基准是我国质量传递的源头，也是我国值量的国际接轨的接口。

参 考 文 献

[1] 李东生．计量学基础［M］．北京：机械工业出版社，2011.
[2] 赵军，郭天太．计量技术基础［M］．北京：清华大学出版社，2017.
[3] 王立吉．计量学基础［M］．北京：中国计量工业出版社，2003.
[4] 范巧成．计量基础知识［M］，3 版．北京：中国质检出版社，中国标准出版社，2016.
[5] 仝卫国，苏杰，赵文杰．计量技术与应用［M］．北京：中国质检出版社，中国标准出版社，2015.
[6] 张宝武，李东生，郭天太．量子计量学概论［M］．武汉：华中科技大学出版社，2015.
[7] 郑志荣．张钟华院士论文集［M］．北京：中国标准出版社，2014.
[8] 梁志国．计量测试标准化［M］．北京：中国标准出版社，2017.
[9] 张文娜，熊飞丽．计量技术基础［M］．北京：国防工业出版社，2008.
[10] 郭斯羽，刘波峰．计量测试技术基础［M］．北京：电子工业出版社，2015.
[11] 洪生伟．计量管理［M］．北京：中国质检出版社，2012.
[12] 周渭，于建国，刘海霞．测试与计量技术基础［M］．西安：西安电子科技大学出版社，2004.
[13] 李东生，郭天太．量值传递与溯源［M］．杭州：浙江大学出版社，2009.
[14] 刘春浩．测量不确定度评定方法与实践［M］．北京：电子工业出版社，2019.
[15] 倪育才．实用不确定度评定［M］．北京：中国质检出版社，中国标准出版社，2014.
[16] 叶德培．测量不确定度理解评定与应用［M］．北京：中国质检出版社，2013.
[17] 陶美娟．材料质量检测与分析技术［M］．北京：中国质检出版社，中国标准出版社，2018.
[18] 李红梅．标准物质质量控制及不确定度评定［M］．北京：中国质检出版社，中国标准出版社，2014.
[19] 江津河，王林同．典型高性能功能材料及其发展［M］．北京：科学出版社，2018.
[20] 邓少生，纪松．功能材料概论［M］．北京：化学工业出版社，2012.
[21] 李全林．前沿领域新材料［M］．南京：东南大学出版社，2008.
[22] 宋明顺．质量管理学［M］．3 版．北京：科学出版社，2017.
[23] 马义中，汪建均．质量管理学［M］．北京：机械工业出版社，2012.
[24] 龚益鸣．质量管理学［M］．上海：复旦大学出版社，2008.
[25] 韩福荣．现代质量管理学［M］．北京：机械工业出版社，2004.
[26] 王亚盛，吴希杰．质量检验与质量管理［M］．天津：天津大学出版社，2011.
[27] 陈俊水．分析检测中的质量控制［M］．上海：华东理工大学出版社，2015.